无纸化考试专用

# 全国计算机等级考试
# 一本通 二级C语言

策未来 编著

NATIONAL COMPUTER RANK EXAMINATION

人民邮电出版社
北京

图书在版编目（CIP）数据

全国计算机等级考试一本通. 二级C语言 / 策未来编著. -- 北京：人民邮电出版社，2022.11（2024.1重印）
ISBN 978-7-115-59687-1

Ⅰ. ①全… Ⅱ. ①策… Ⅲ. ①电子计算机－水平考试－自学参考资料②C语言－程序设计－水平考试－自学参考资料 Ⅳ. ①TP3

中国版本图书馆CIP数据核字(2022)第137892号

## 内 容 提 要

本书面向全国计算机等级考试"二级C语言程序设计"科目，严格依据新版考试大纲详细讲解知识点，并配有大量的真题和练习题，以帮助考生在较短的时间内顺利通过考试。

本书共15章，主要内容包括考试指南、公共基础知识、C语言概述、运算符与表达式、基本语句、选择结构、循环结构、数组、函数、指针、编译预处理和动态存储分配、结构体和共用体、文件、操作题高频考点精讲、新增无纸化考试套卷及其答案解析。

本书配有智能模考软件。该软件主要有精选真题、新增真题、模拟考场、试题搜索和超值赠送等模块。其中，"精选真题"模块包含 63 套历年真考试卷，"新增真题"模块包含 2 套新近真题试卷，考生可指定用某一套试卷进行练习。"模拟考场"模块采用随机组卷形式，其考试过程模拟真实考试环境，限时做题。"试题搜索"模块可按关键字或题型搜索本软件中的所有试题，便于考生重做。"超值赠送"模块包含本书的素材文件、PPT 课件、综合自测题的答案和解析。建议考生在了解、掌握书中知识点的基础上合理使用该软件进行模考与练习。图书与软件的完美结合能为考生顺利通过考试提供实实在在的帮助。

本书可作为全国计算机等级考试"二级 C 语言程序设计"科目的培训教材与自学用书，也可作为学习 C 语言的参考书。

◆ 编　著　策未来
　　责任编辑　牟桂玲
　　责任印制　胡　南

◆ 人民邮电出版社出版发行　北京市丰台区成寿寺路 11 号
　　邮编　100164　电子邮件　315@ptpress.com.cn
　　网址　https://www.ptpress.com.cn
　　北京九州迅驰传媒文化有限公司印刷

◆ 开本：880×1230　1/16
　　印张：16.25　　　　　　　2022 年 11 月第 1 版
　　字数：689 千字　　　　　2024 年 1 月北京第 4 次印刷

定价：59.90 元

读者服务热线：(010)81055410　印装质量热线：(010)81055316
反盗版热线：(010)81055315
广告经营许可证：京东市监广登字 20170147 号

# 前　言

全国计算机等级考试由教育部考试中心主办，是国内影响较大、参加考试人数较多的计算机水平考试。此类考试的目的在于以考试督促考生学习，因此该考试的报考门槛较低，考生不受年龄、职业、学历等背景的限制，任何人都可以根据自己学习和使用计算机的实际情况，选择参加不同级别的考试。

对于"二级C语言程序设计"科目，考生从报名到参加考试只有3个月左右的准备时间。由于备考时间短，不少考生存在选择题或操作题中某一项偏弱的情况。为帮助考生提高备考效率，我们精心编写了本书。

本书具有以下特点。

### 1. 针对选择题和操作题讲解与剖析

计算机等级考试"二级C语言程序设计"科目包括选择题和操作题两种题型。本书编者在对无纸化考试题库进行深入分析和研究后，总结出选择题和操作题的高频考点，通过知识点讲解及经典试题剖析，帮助考生更好地理解考点，并快速提高解题能力。

### 2. 考点考核概率总结及难易程度评析

要在有限的时间内掌握所有的知识点，考生可能会感到无从下手。本书通过对无纸化真考题库中的题目进行分析，总结各考点的考核概率，并对考点的难易程度进行评析，帮助考生了解考试的重点与难点。

### 3. 内容易学易懂

本书在内容组织上力求将复杂问题简单化，将理论难点通俗化，以帮助考生快速提高复习效率。

- 根据无纸化考试题库总结考点，精讲内容。
- 通过典型例题帮助考生强化巩固所学知识点。
- 采用大量插图，简化解题步骤的呈现形式。
- 提供大量习题，帮助读者巩固所学知识，以练促学，学练结合。

### 4. 考前模拟练习

为了帮助考生了解考试形式，熟悉命题方式，掌握命题规律，本书特意安排2套无纸化考试套卷，以贴近真实考试的全套样题的形式供考生进行模拟练习。

### 5. 配套智能模考软件

为了更好地帮助考生提高复习效率，本书提供配套的智能模考软件。该软件主要包含以下功能模块。

- 精选真题：包含63套历年考试题目，以套卷的形式提供，并且考生在练习时可以随时查看答案及解析。

- 新增真题：包含 2 套新近真题，供考生在备考的最后阶段进行冲刺训练。
- 模拟考场：模拟真实考试环境，帮助考生提前熟悉真考环境和考试流程。
- 试题搜索：可按关键字或题型搜索本软件中的所有试题，便于考生重做，以查缺补漏，提高复习效率。
- 超值赠送：本书的配套资源，包括 PPT 课件、素材文件，以及综合自测题的答案和解析。

扫描图书封底的二维码，关注微信公众号"异步图书"，添加异步助手为好友，发送"59687"，可获取本软件的下载链接。

尽管我们在编写过程中着力打磨内容，精益求精，但因水平有限，书中难免存在疏漏之处，恳请广大读者批评指正。考生在学习的过程中，可以访问未来教育考试网，及时获得考试信息及下载资源。如有疑问，可以发送邮件至 muguiling@ptpress.com.cn，我们将会为您提供满意的答复。

最后，祝愿各位考生顺利通过考试。

编 者

# 目 录

第0章 考试指南 ·········································································· 1
   0.1 考试方式简介 ································································ 2
   0.2 考试流程演示 ································································ 2
第1章 公共基础知识 ··································································· 5
   1.1 计算机系统 ···································································· 6
      考点1 计算机概述 ·························································· 6
      考点2 计算机硬件系统 ···················································· 7
      考点3 数据的内部表示 ·················································· 11
      考点4 操作系统 ···························································· 15
   1.2 数据结构与算法 ····························································· 21
      考点5 算法 ···································································· 21
      考点6 数据结构的基本概念 ············································ 22
      考点7 线性表及其顺序存储结构 ···································· 23
      考点8 栈和队列 ···························································· 24
      考点9 线性链表 ···························································· 25
      考点10 树和二叉树 ······················································· 26
      考点11 查找技术 ·························································· 28
      考点12 排序技术 ·························································· 29
   1.3 程序设计基础 ································································· 30
      考点13 程序设计方法与风格 ········································· 30
      考点14 结构化程序设计 ················································ 31
      考点15 面向对象的程序设计 ········································· 32
   1.4 软件工程基础 ································································· 33
      考点16 软件工程的基本概念 ········································· 33
      考点17 结构化分析方法 ················································ 34
      考点18 结构化设计方法 ················································ 35
      考点19 软件测试 ·························································· 37
      考点20 程序的调试 ······················································· 38
   1.5 数据库设计基础 ····························································· 39
      考点21 数据库系统的基本概念 ····································· 39
      考点22 数据模型 ·························································· 40
      考点23 关系代数 ·························································· 42
      考点24 数据库设计与管理 ············································ 43
   1.6 综合自测 ······································································· 45
第2章 C语言概述 ····································································· 47
   2.1 语言基础知识 ································································· 48
      考点1 C语言的基本概念 ················································ 48
      考点2 C语言的构成 ······················································· 48
   2.2 标识符、常量、变量 ····················································· 50
      考点3 标识符 ································································ 50
      考点4 常量 ···································································· 51
      考点5 变量 ···································································· 53
   2.3 综合自测 ······································································· 55
第3章 运算符与表达式 ····························································· 57
   3.1 C语言运算符 ·································································· 58
      考点1 C语言运算符简介 ················································ 58
      考点2 运算符的结合性和优先级 ···································· 59
      考点3 逗号运算符和逗号表达式 ···································· 60
   3.2 算术运算符和算术表达式 ·············································· 61
      考点4 基本的算术运算符 ·············································· 61

考点5　算术表达式和运算符的优先级与结合性 62
考点6　自加、自减运算符 63
3.3　赋值运算符和赋值表达式 65
考点7　赋值运算符和赋值表达式的一般形式 65
考点8　复合的赋值运算符 66
考点9　强制类型转换运算符与赋值运算中的类型转换 67
3.4　位运算 69
考点10　位运算符和位运算 69
3.5　综合自测 70

## 第4章　基本语句 72

4.1　C语句概述 73
考点1　C语句分类 73
4.2　赋值语句与输入/输出 74
考点2　字符输出函数 putchar() 74
考点3　字符输入函数 getchar() 75
考点4　格式输出函数 printf() 76
考点5　格式输入函数 scanf() 78
4.3　综合自测 80

## 第5章　选择结构 82

5.1　关系运算符和关系表达式 83
考点1　关系运算符和关系表达式的基本概念 83
5.2　逻辑运算符和逻辑表达式 85
考点2　逻辑运算符和逻辑表达式的基本概念 85
5.3　if 语句和用 if 语句构成的选择结构 87
考点3　if 语句的形式 87
考点4　if 语句的嵌套 89
考点5　由条件运算符构成的选择结构 90
5.4　switch 语句 91
考点6　switch 语句的使用 91
5.5　综合自测 93

## 第6章　循环结构 96

6.1　while 语句 97
考点1　while 语句的一般形式 97
6.2　do…while 语句 98
考点2　do…while 语句的一般形式 98
6.3　for 语句 100
考点3　for 语句的一般形式 100
6.4　循环嵌套 103
考点4　循环嵌套的一般形式 103
6.5　break 语句和 continue 语句 105
考点5　break 语句 105
考点6　continue 语句 106
6.6　综合自测 107

## 第7章　数组 111

7.1　一维数组的定义和引用 112
考点1　一维数组的定义及其元素的引用 112
考点2　一维数组的初始化 113
7.2　二维数组的定义和引用 115
考点3　二维数组的定义及其元素的引用 115
考点4　二维数组的初始化 117
7.3　字符数组 120
考点5　字符数组的定义及其初始化和引用 120
考点6　字符串和字符串结束标识 121
考点7　字符数组的输入/输出 122
考点8　字符串处理函数 123

7.4 综合自测 ································································································· 125

# 第 8 章 函数 ································································································· 130
## 8.1 库函数 ································································································· 131
考点 1 调用库函数的一般形式 ····················································································· 131
## 8.2 函数定义的一般形式 ················································································ 132
考点 2 函数的定义 ································································································· 132
## 8.3 函数参数和函数返回值 ·············································································· 133
考点 3 函数参数及函数的返回值的基本概念 ····································································· 133
## 8.4 函数的调用 ··························································································· 135
考点 4 函数调用的一般形式和调用方式 ·········································································· 135
考点 5 函数的说明及其位置 ······················································································· 137
## 8.5 函数递归调用 ························································································ 139
考点 6 函数递归调用的基本概念 ·················································································· 139
## 8.6 标识符的作用域和存储类别 ········································································ 141
考点 7 标识符的作用域和存储类别的基本概念 ·································································· 141
## 8.7 综合自测 ······························································································ 142

# 第 9 章 指针 ································································································· 146
## 9.1 关于地址和指针 ····················································································· 147
## 9.2 变量的指针和指向变量的指针变量 ································································ 148
考点 1 指针变量的定义和引用 ···················································································· 148
考点 2 指针变量作为函数参数 ···················································································· 150
## 9.3 数组与指针 ··························································································· 152
考点 3 移动指针 ····································································································· 152
考点 4 指向数组元素的指针及通过指针引用数组元素 ·························································· 153
考点 5 用数组名作为函数参数 ···················································································· 155
## 9.4 字符串与指针 ························································································ 156
考点 6 字符串及字符指针 ·························································································· 156
## 9.5 指向函数的指针及返回指针值的函数 ····························································· 157
考点 7 用函数指针变量调用函数 ·················································································· 157
## 9.6 综合自测 ······························································································ 158

# 第 10 章 编译预处理和动态存储分配 ······························································· 162
## 10.1 宏定义 ································································································ 163
考点 1 不带参数的宏定义 ·························································································· 163
考点 2 带参数的宏定义 ····························································································· 164
## 10.2 文件包含 ··························································································· 165
考点 3 文件包含的一般形式 ······················································································· 165
## 10.3 关于动态存储的函数 ·············································································· 166
考点 4 malloc( )函数 ································································································ 166
考点 5 free( )函数 ··································································································· 168
## 10.4 综合自测 ····························································································· 169

# 第 11 章 结构体和共用体 ················································································ 172
## 11.1 用 typedef 说明一种新类型名 ································································· 173
考点 1 用 typedef 说明一种新类型名的一般形式 ······························································· 173
## 11.2 结构体类型、结构体变量的定义和引用 ······················································· 174
考点 2 结构体类型的变量、数组和指针变量的定义 ···························································· 174
## 11.3 指向结构体类型数据的指针 ····································································· 177
考点 3 指向结构体变量的指针 ···················································································· 177
## 11.4 链表 ·································································································· 178
考点 4 链表的基本结构 ····························································································· 178
考点 5 建立单向链表 ······························································································· 180
考点 6 顺序访问链表中各节点的数据域 ········································································· 182
考点 7 在链表中插入和删除节点 ················································································· 183
## 11.5 共用体 ······························································································· 184
考点 8 共用体类型的定义和引用 ················································································· 185
## 11.6 综合自测 ····························································································· 186

## 第12章　文件 ... 191

### 12.1　C语言文件的概念 ... 192
考点1　文件的概念和文件指针 ... 192

### 12.2　文件的打开与关闭 ... 193
考点2　fopen( )函数和fclose( )函数 ... 193

### 12.3　文件的读、写 ... 195
考点3　fputc( )函数和fgetc( )函数 ... 195
考点4　fread( )函数和fwrite( )函数 ... 198
考点5　fscanf( )函数和fprintf( )函数 ... 198
考点6　fgets( )函数和fputs( )函数 ... 200

### 12.4　文件的定位 ... 201
考点7　fseek( )函数和随机读写 ... 202

### 12.5　综合自测 ... 203

## 第13章　操作题高频考点精讲 ... 206

### 13.1　C程序设计基础 ... 207
考点1　C程序结构特点 ... 207
考点2　常量与变量 ... 207
考点3　运算符及表达式 ... 208
考点4　强制类型转换 ... 208

### 13.2　C语言的基本结构 ... 208
考点5　格式输入与输出 ... 208
考点6　条件与分支语句（if、switch） ... 209
考点7　循环 ... 210

### 13.3　函数 ... 211
考点8　函数的定义、调用及参数传递 ... 211
考点9　迭代算法和递归算法 ... 212

### 13.4　指针 ... 212
考点10　指针变量的定义 ... 212
考点11　函数之间的地址传递 ... 212

### 13.5　数组 ... 213
考点12　一维数组 ... 213
考点13　排序算法 ... 214
考点14　二维数组 ... 215

### 13.6　字符串 ... 215
考点15　字符串的表示 ... 215
考点16　指向字符串的指针 ... 216
考点17　字符串处理函数 ... 216

### 13.7　结构体、链表和用户定义类型 ... 217
考点18　结构体变量的定义与表示方法 ... 217
考点19　链表 ... 217
考点20　命名类型 ... 218
考点21　宏定义 ... 218

### 13.8　文件 ... 219
考点22　文件的打开与关闭 ... 219
考点23　文件的读写 ... 219
考点24　文件检测函数 ... 219

## 第14章　新增无纸化考试套卷及其答案解析 ... 220

### 14.1　新增无纸化考试套卷 ... 221
第1套　新增无纸化考试套卷 ... 221
第2套　新增无纸化考试套卷 ... 232

### 14.2　新增无纸化考试套卷的答案及解析 ... 242
第1套　答案及解析 ... 242
第2套　答案及解析 ... 246

## 附录　综合自测参考答案 ... 250

# 第0章

# 考试指南

常言道:"知己知彼,百战不殆。"考生在备考之前,需要了解相关的考试信息,然后进行有针对性的复习,方可事半功倍。为此,特安排本章,以帮助考生在较短的时间内了解实用的信息。本章介绍上机考试环境及流程。各部分内容具体如下。

考试环境简介:介绍考试环境、考试题型及其分值、考试时间等。

考试流程演示:主要介绍真实考试的操作过程,以免考生因不了解答题过程而造成失误。

## 0.1 考试方式简介

全国计算机等级考试二级 C 语言程序设计的考试环境、题型、分值和考试时间如下。

**1. 考试环境**

全国计算机等级考试二级 C 语言程序设计的考试系统（以下简称考试系统）所需要的硬件环境如表 0.1 所示。

表 0.1　　　　　　　　　　　　硬件环境

| CPU | 双核，主频 2.1GHz |
|---|---|
| 内　　存 | 2GB 或以上 |
| 显　　卡 | 支持 DirectX 9 |
| 硬盘空间 | 10GB 以上可供考试使用的空间 |

考试系统所需要的软件环境如表 0.2 所示。

表 0.2　　　　　　　　　　　　软件环境

| 操作系统 | 中文版 Windows 7 |
|---|---|
| 应用软件 | Microsoft Visual C ++ 2010 学习版 |

> **小提示**
> 
> 　　本书配套的智能模考软件在教育部考试中心规定的考试环境下进行了严格的测试，适用于中文版 Windows 7 和 Microsoft Visual C ++ 2010 学习版。

**2. 题型及分值**

满分为 100 分，共有 4 种考查题型，即选择题（40 小题，共 40 分）、程序填空题（1 小题，18 分）、程序修改题（1 小题，18 分）和程序设计题（1 小题，24 分）。

**3. 考试时间**

考试时间为 120 分钟。考试时由考试系统自动倒数计时，计时结束后，考试系统将自动将计算机锁定，考生不能继续进行考试。

## 0.2 考试流程演示

考生考试流程分为登录、答题、交卷等阶段。

**1. 登录**

在实际答题之前，需要进行考试系统的登录。一方面，这是考生姓名等信息的记录凭据，考试系统可验证考生的"合法"身份；另一方面，考试系统需要为每一位考生随机抽题，生成一份二级 C 语言考试的试题。

（1）启动考试系统。双击桌面上的"NCRE 考试系统"快捷方式，或从"开始"菜单的"所有程序"中选择"第 × ×（××为考次号）次 NCRE"命令，启动"NCRE 考试系统"。

（2）考号验证。在"考生登录"界面中输入准考证号，单击图 0.1 中的"下一步"按钮，可能会出现以下情况的提示信息。

- 如果输入的准考证号存在，将弹出"考生信息确认"界面，要求考生对准考证号、考生姓名及证件号进行验证，如图 0.2 所示。如果输入的准考证号错误，则单击"重输准考证号"按钮重新输入；如果输入的准考证号正确，则单击"下一步"按钮继续。

图 0.1 输入准考证号

图 0.2 考生信息确认

• 如果输入的准考证号不存在，考试系统会显示图 0.3 所示的提示信息，并要求考生重新输入准考证号。

（3）登录成功。当考试系统抽取试题成功后，屏幕上会显示二级 C 语言的考试须知信息，考生须勾选"已阅读"复选框并单击"开始考试并计时"按钮，开始考试并计时，如图 0.4 所示。

图 0.3 准考证号无效

图 0.4 考试须知信息

**2. 答题**

（1）试题内容查阅窗口。登录成功后，考试系统将自动在屏幕中间生成试题内容查阅窗口，如图 0.5 所示。此时，系统已为考生抽取一套完整的试题。单击其中的"选择题""程序填空""程序修改"或"程序设计"按钮，可以分别查看各题型的题目要求及试题内容。

图 0.5 试题内容查阅窗口

当试题内容查阅窗口中显示上下或左右滚动条时，表示该窗口中的试题尚未完全显示，因此，考生可用鼠标拖动滚动条查看余下的试题内容，防止因漏做试题而影响考试成绩。

（2）考试状态信息条。屏幕中出现试题内容查阅窗口的同时，屏幕顶部会显示考试状态信息条，如图 0.6 所示。其中包括：①考试科目名称、考生的准考证号、考试剩余时间；②可以随时显示或隐藏试题内容查阅窗口的按钮；③退出考试系统进行交卷的按钮。"隐藏试题"字符表示屏幕中间的考试窗口正在显示。当用鼠标单击"隐藏试题"字符时，屏幕中间的考试窗口就被隐藏，且"隐藏试题"字符变成"显示试题"。

图 0.6 考试状态信息条

（3）进入答题界面。在试题内容查阅窗口中，单击"选择题"标签，再单击"开始作答"按钮，系统将自动进入作答选择题的界面，可根据要求进行答题。注意：选择题作答界面只能进入一次，退出后不能再次进入。对于程序填空题、程序修改题和程序设计题，可单击"考生文件夹"按钮，在打开的文件夹中双击相应文件，在启动的 Microsoft Visual C++ 2010 学习版中按照题目要求进行操作。

（4）考生文件夹。考生文件夹是考生存放答题结果的唯一位置。考生在考试过程中所操作的文件和文件夹绝对不能脱离考生文件夹，同时绝对不能随意删除此文件夹中的任何与考试要求无关的文件及文件夹，否则会影响考试成绩。考生文件夹的命名是系统默认的，一般为准考证号的前 2 位和后 6 位。假设某考生用于登录的准考证号为"2428999999000001"，则考生文件夹为"K:\考试机机号\24000001"。

### 3. 交卷

考试过程中，系统会为考生计算剩余考试时间。在剩余 5 分钟时，系统会显示提示信息，提示考生注意保存并准备交卷。计时结束后，系统会自动结束考试，强制交卷。

如果考生要提前结束考试并交卷，则可在屏幕顶部考试状态信息条中单击"交卷"按钮，考试系统将弹出图 0.7 所示的"作答进度"对话框，其中会显示已作答题量和未作答题量。此时考生如果单击"确定"按钮，系统会显示确认对话框，如果仍单击"确定"按钮，则退出考试系统进行交卷处理；如果单击"取消"按钮，则返回考试界面，继续进行考试。

图 0.7 "作答进度"对话框

如果确定进行交卷处理，系统首先会锁定屏幕，并显示"正在结束考试"；当系统完成交卷处理时，屏幕上会显示"考试结束，请监考老师输入结束密码："，这时只要输入正确的结束密码就可结束考试。（注意：只有监考人员才能输入结束密码。）

# 第1章

# 公共基础知识

本章主要介绍全国计算机等级考试二级的公共基础知识,包括计算机硬件系统、数据结构与算法、程序设计基础、软件工程基础和数据库设计基础等内容。

| 考 点 | 考核概率 | 难易程度 |
| --- | --- | --- |
| 计算机概述 | 10% | ★ |
| 计算机硬件系统 | 45% | ★★★ |
| 数据的内部表示 | 45% | ★★★ |
| 操作系统 | 90% | ★★★★★ |
| 算法 | 45% | ★★★ |
| 数据结构的基本概念 | 45% | ★★ |
| 线性表及其顺序存储结构 | 45% | ★ |
| 栈和队列 | 90% | ★★★ |
| 线性链表 | 35% | ★★★ |
| 树和二叉树 | 100% | ★★★★★ |
| 查找技术 | 35% | ★★ |
| 排序技术 | 25% | ★★ |
| 程序设计方法与风格 | 10% | ★ |
| 结构化程序设计 | 45% | ★★ |
| 面向对象的程序设计 | 65% | ★★★★ |
| 软件工程的基本概念 | 75% | ★★★ |
| 结构化分析方法 | 85% | ★★★ |
| 结构化设计方法 | 65% | ★★★ |
| 软件测试 | 75% | ★★ |
| 程序的调试 | 30% | ★ |
| 数据库系统的基本概念 | 90% | ★★ |
| 数据模型 | 90% | ★ |
| 关系代数 | 90% | ★★ |
| 数据库设计与管理 | 55% | ★★★★★ |

## 1.1 计算机系统

### 考点1　计算机概述

**1. 计算机的发展历程**

目前，公认的第一台电子数字计算机是 ENIAC（Electronic Numerical Integrator and Computer），它于 1946 年在美国宾夕法尼亚大学研制成功。ENIAC 每秒可进行 5000 次加法运算。它的诞生标志着计算机时代的到来，从此以后，计算机以极高的速度发展。

> **真考链接**
>
> 该知识点属于考试大纲中要求了解的内容，在选择题中的考核概率约为 10%。考生需了解计算机系统的基本组成。

根据计算机本身采用的物理器件不同，将其发展分为 4 个阶段。

第 1 阶段是电子管计算机时代，时间为 1946 年到 20 世纪 50 年代后期。
第 2 阶段是晶体管计算机时代，时间为 20 世纪 50 年代后期到 20 世纪 60 年代中期。
第 3 阶段是中小规模集成电路计算机时代，时间为 20 世纪 60 年代中期到 20 世纪 70 年代初期。
第 4 阶段是大规模和超大规模集成电路计算机时代，时间为 20 世纪 70 年代初期至今。

**2. 计算机体系结构**

虽然 ENIAC 可以大大提高计算速度，但它本身存在两大缺点：一是没有存储器；二是用布线接板进行控制，电路连接烦琐、耗时，在很大程度上抵消了 ENIAC 计算速度高带来的便利。因此，以美籍匈牙利数学家冯·诺依曼（John von Neumann）为首的研制小组于 1946 年提出了"存储程序控制"的思想，并开始研制存储程序控制的计算机 EDVAC（Electronic Discrete Variable Automatic Computer）。1951 年，EDVAC 问世。

EDVAC 的主要特点如下。

（1）在计算机内部，程序和数据采用二进制数表示。
（2）程序和数据存放在存储器中，即采用程序存储的概念。计算机执行程序时，无须人工干预，就能自动、连续地执行程序，并得到预期的结果。
（3）计算机硬件由运算器、控制器、存储器、输入设备及输出设备五大基本部件组成。

直到今天，计算机基本结构的设计仍采用冯·诺依曼提出的思想和原理，人们把符合这种设计的计算机称为"冯·诺依曼机"。冯·诺依曼也被誉为"现代电子计算机之父"。

**3. 计算机系统基本组成**

计算机系统由硬件系统和软件系统两大部分组成，如图 1.1 所示。

图 1.1　计算机系统的组成

**真题精选**

下列关于冯·诺依曼结构计算机硬件组成方式描述正确的是( )。
A. 由运算器和控制器组成
B. 由运算器、存储器和控制器组成
C. 由运算器、寄存器和控制器组成
D. 由运算器、存储器、控制器、输入设备和输出设备组成

【答案】D
【解析】计算机基本结构的设计采用冯·诺依曼提出的思想和原理,人们把符合这种设计的计算机称为冯·诺依曼机。冯·诺依曼思想中指出计算机硬件由运算器、存储器、控制器、输入设备和输出设备五大基本部件组成。本题答案为D选项。

## 考点2 计算机硬件系统

计算机硬件系统主要包含中央处理器、存储器(包括主存储器、高速缓冲存储器及辅助存储器)及其他外部设备,它们之间通过总线连接在一起。

> **真考链接**
> 该知识点属于考试大纲中要求了解的内容,在选择题中的考核概率约为45%。考生需了解计算机硬件系统各部件的结构及功能。

### 1. 中央处理器

中央处理器(Central Processing Unit,CPU)是计算机的运算和控制核心,是计算机的"大脑",其功能主要是解释计算机指令和处理软件中的数据。CPU主要包括运算器和控制器两个部件,它们都包含寄存器,并通过总线连接。

(1)运算器负责对数据进行加工处理(对数据进行算术运算和逻辑运算)。
(2)控制器负责对程序所规定的指令进行分析,控制并协调输入、输出操作或对主存储器的访问。
(3)寄存器是高速存储区域,用来暂时存放参与运算的数据和运算结果。寄存器的类型较多,包括指令寄存器、地址寄存器、存储寄存器及累加寄存器。根据CPU中寄存器的数量和每个寄存器的大小(多少位)可以确定CPU的性能和速度。例如,64位的CPU是指CPU中的寄存器是64位的,每个CPU指令可以处理64位的数据。
(4)CPU的主要技术性能指标有字长、主频、运算速度等。
 • 字长是指CPU一次能处理的二进制数据的位数。在工作频率不变和CPU体系结构相似的前提下,字长越长,CPU的数据处理速度越快。
 • 主频是指CPU的时钟频率,计算机的操作在时钟信号的控制下分步执行,每个时钟信号周期完成一步操作。主频越高,CPU的运算速度就越快。
 • 运算速度通常是指CPU每秒所能执行的加法指令数目,常用百万次/秒(Million Instructions Per Second,MIPS)来表示。这个指标能更直观地反映计算机的运算能力。

### 2. 存储器

存储器是存储程序和数据的部件,它可以自动完成程序或数据的存取。
(1)存储器的分类。
 • 按存储介质分类:半导体存储器、磁表面存储器、磁芯存储器、光盘存储器等。
 • 按存取方式分类:随机存储器(Random Access Memory,RAM)、只读存储器(Read-only Memory,ROM)、串行访问存储器、直接存取存储器等。
 • 按在计算机中的作用分类:主存储器(又称内存)、高速缓冲存储器(Cache)、辅助存储器(又称外存)等。
(2)主存储器。
存储器中最重要的是主存储器,它一般为半导体存储器,包括RAM和ROM两种。
①RAM。
RAM具有可读写性,即信息可读、可写,当写入时,原来存储的数据被擦除;具有易失性,即断电后数据会消失,且无法恢复。RAM又分为静态RAM和动态RAM。
 • 静态RAM(Static RAM,SRAM)的特点是集成度低,价格高,存储速度快,不需要刷新。
 • 动态RAM(Dynamic RAM,DRAM)的特点是集成度高,价格低,存储速度慢,需要刷新。
DRAM目前被各类计算机广泛使用,内存条采用的就是DRAM。

②ROM。

ROM 中信息只能读出不能写入，ROM 具有内容永久性特点，断电后信息不会丢失。根据半导体制造工艺的不同，可将其分为可编程只读存储器（Programmable ROM，PROM）、可擦可编程只读存储器（Erasable PROM，EPROM）、电擦除可编程只读存储器（Electrically EPROM，EEPROM）、掩模型只读存储器（Mask ROM，MROM）等。

（3）高速缓冲存储器。

高速缓冲存储器是介于 CPU 和内存之间的一种小容量、可高速存取信息的芯片，用于解决它们之间速度不匹配的问题。高速缓冲存储器一般用速度高的 SRAM 元件组成，其速度与 CPU 相当，但价格较高。

（4）辅助存储器。

辅助存储器的容量一般都比较大，而且大部分可以移动，便于不同计算机之间进行信息交流。辅助存储器中数据被读入内存后，才能被 CPU 读取，CPU 不能直接访问辅助存储器。

存储器主要有 3 个性能指标：速度、容量和位（bit）价格。一般来说，速度越快，位价格越高；容量越大，位价格越低；容量越大，速度越慢。

### 3．外部设备

（1）外部设备的分类。

计算机中 CPU 和主存储器构成主机，除主机以外，围绕着主机设置的各种硬件装置称为外部设备（外设）。外设的种类很多，应用比较广泛的有输入/输出（Input/Output，I/O）设备、辅助存储器及终端设备。

①输入/输出设备。

• 输入设备。输入设备是指向计算机输入数据和信息的设备，用于向计算机输入原始数据和处理数据。常用的输入设备有键盘、鼠标、摄像头、扫描仪、语音输入设备、触感器等。

• 输出设备。输出设备的功能是将各种计算结果数据或信息以数字、字符、图像、声音等形式表示出来。常见的输出设备有显示器、打印机、绘图仪、投影仪、音箱等。

• 有一些设备同时集成了输入和输出两种功能，如光盘刻录机。

②辅助存储器。

辅助存储器可存放大量的程序和数据，且断电后程序和数据不会丢失。目前常见的辅助存储器有硬盘、闪存（U 盘、SM 卡、SD 卡、记忆棒、TF 卡等）及光盘等。

③终端设备。

终端设备是指经由通信设施向计算机输入程序和数据或接收计算机的输出处理结果的设备。终端设备分为通用终端设备和专用终端设备两类。通用终端设备泛指具有通信处理控制功能的通用计算机输入/输出设备。专用终端设备是指具有特殊性能、适用于特定业务范围的终端设备。

（2）硬盘。

硬盘是计算机主要的外部存储设备，具有容量大、存取速度快等优点。

①硬盘的分类。

根据磁头是否可移动，硬盘可以分为固定磁头硬盘和活动磁头硬盘两类。磁头和磁臂是硬盘的重要组成部分，磁头安装在磁臂上，负责读/写各磁道上的数据。

• 固定磁头硬盘中，每个磁道对应一个磁头。工作时，磁头无径向移动，其特点是存取速度快，省去了磁头寻找磁道的时间，但造价比较高。

• 活动磁头硬盘中，每个盘面只有一个磁头，在存取数据时，磁头在盘面上做径向移动。由于增加了"寻道"时间，其存取速度比固定磁头硬盘的要慢。目前常用的硬盘都是活动磁头的。

②硬盘的信息分布。

• 记录面。硬盘通常由重叠的一组盘片构成，每个盘片的两面都可用作记录面，每个记录面对应一个磁头，所以记录面号就是磁头号。

• 磁道。当盘片旋转时，磁头若保持在一个位置上，则每个磁头都会在记录面上划出一个圆形轨迹，这些圆形轨迹就是磁道。一条条磁道形成一组同心圆，最外圈的磁道为 0 号，往内则磁道号逐步增加。

• 圆柱面。在一个硬盘中，各记录面上相同编号的磁道构成一个圆柱面。例如，某硬盘有 8 片（16 面），则 16 个 0 号磁道构成 0 号圆柱面，16 个 1 号磁道构成 1 号圆柱面……硬盘的圆柱面数就等于一个记录面上的磁道数，圆柱面号就对应磁道号。

• 扇区。通常将一个磁道划分为若干弧段，每个弧段称为一个扇区或扇段，扇区从 1 开始编号。

因此，硬盘寻址用的磁盘地址应该由硬盘（一台计算机可能有多个硬盘）号、记录面（磁头）号、圆柱面（磁道）号、扇区号等字段组成。

磁盘存储器的主要性能指标包括存储密度、存储容量、平均存取时间及数据传输率等。

(3) I/O 接口。

I/O 接口（I/O 控制器）用于主机和外设之间的通信，通过该接口可实现主机和外设之间的信息交换。

①I/O 接口的功能。
- 实现主机和外设的通信联络控制。
- 进行地址译码和设备选择。
- 实现数据缓冲以匹配速度。
- 实现信号格式的转换（如电平转换、并/串或串/并转换、模/数或数/模转换等）。
- 传输控制命令和状态信息。

②I/O 方式。

I/O 方式包括程序查询方式、程序中断方式、直接存储器访问（Direct Memory Access，DMA）方式及 I/O 通道控制方式等。
- 程序查询方式：一旦某一外设被选中并启动，主机将查询这个外设的某些状态位，看其是否准备就绪，若未准备就绪，主机将再次查询；若外设已准备就绪，则执行一次 I/O 操作。这种方式控制简单，但系统效率低。
- 程序中断方式：在主机启动外设后，无须等待查询，继续执行原来的程序。外设在做好输入/输出准备时，向主机发送中断请求，主机接到请求后就暂时中止原来执行的程序，转去执行中断服务程序对外部请求进行处理，在中断处理完毕后返回原来的程序继续执行。
- DMA 方式：在内存和外设之间开辟直接的数据通道，可以进行基本上不需要 CPU 介入的内存和外设之间的信息传输，这样不仅能保证 CPU 的高效率，也能满足高速外设的需要。
- I/O 通道控制方式：是 DMA 方式的进一步发展，在系统中设有通道控制部件，每个通道有若干外设。主机执行 I/O 指令启动有关通道，通道执行通道程序，完成 I/O 操作。通道是一种独立于 CPU 的专门管理 I/O 的处理机制，它控制设备与内存直接进行数据交换。通道有自己的通道指令，通道指令由 CPU 启动，并在操作结束时向 CPU 发出中断信号。

**4. 总线**

总线是一组能被多个部件分时共享的公共信息传输线路。分时是指同一时刻总线上只能传输一个部件发送的信息；共享是指总线上可以挂接多个部件，各个部件之间相互交换的信息都可以通过这组公共线路传输。

(1) 总线的分类。

总线按功能层次可以分为如下 3 类。
- 片内总线：指芯片内部的总线，如在 CPU 芯片内部寄存器与寄存器之间、寄存器与算术逻辑部件（Arithmetic and Logic Unit，ALU）之间都由片内总线连接。
- 系统总线：指计算机硬件系统内各功能部件（CPU、内存、I/O 接口）之间相互连接的总线。系统总线按传输的信息不同，又分为数据总线（双向传输）、地址总线（单向传输）及控制总线（部分"出"、部分"入"）。
- 通信总线：用于计算机之间或计算机与其他设备（远程通信设备、测试设备）之间信息传输的总线，也称外部总线。通信总线按传输的方式，又分为串行通信总线和并行通信总线。

(2) 总线的基本结构。

从系统总线的角度出发，总线的基本结构如下。
- 单总线结构：只有一条系统总线，CPU、内存、I/O 设备都挂在该总线上，允许 I/O 设备之间、I/O 设备与 CPU 之间或 I/O 设备与内存之间直接交换信息。
- 双总线结构：将低速 I/O 设备从单总线上分离出来，实现内存总线与 I/O 总线分离。
- 三总线结构：各部件之间采用 3 条各自独立的总线来构成信息通道。内存总线用于 CPU 和内存之间传输地址、数据及控制信息；I/O 总线用于 CPU 和外设之间通信；直接内存访问总线用于内存和高速外设之间直接传输数据。

(3) 总线的性能指标。

总线的性能指标主要如下。
- 总线周期：一次总线操作（包括申请阶段、寻址阶段、传输阶段及结束阶段）所需的时间简称总线周期。总线周期通常由若干总线时钟周期构成。
- 总线时钟周期：计算机的时钟周期。
- 总线的工作频率：总线上各种操作的频率，为总线周期的倒数。若总线周期 = $N$ × 时钟周期，则总线的工作频率 = 时钟频率/$N$。
- 总线宽度：通常指数据总线的根数，用位表示，如 32 根总线称为 32 位总线。
- 总线带宽：可理解为总线的数据传输率，即单位时间内总线上传输数据的位数，通常用每秒传输信息的字节数来衡量，单位可用兆字节每秒（MB/s）表示。例如，总线工作频率为 33MHz，总线宽度为 32 位（4B），则总线带宽为 33 × (32÷8) = 132 (MB/s)。

- 同步/异步总线：数据与时钟同步工作的总线称为同步总线，数据与时钟不同步工作的总线称为异步总线。
- 总线复用：一种总线在不同的时间传输不同的信息。
- 信号线数：地址总线、数据总线及控制总线3种总线数的总和。

（4）总线仲裁。

为了保证同一时刻只有一个申请者使用总线，总线控制机构中有总线判优和仲裁控制逻辑，即按照一定的优先次序来决定哪个部件首先使用总线，只有获得总线使用权的部件才能开始数据传输。总线判优按其仲裁控制机构的设置可分为如下两种。

- 集中式控制：仲裁控制逻辑基本集中于一个设备（如CPU）中。将所有的总线请求集中起来，利用一个特定的裁决算法进行裁决。
- 分布式控制：仲裁控制逻辑分散在连接于总线上的各个部件或设备中，即不需要中央仲裁器。

（5）总线操作。

在总线上的操作主要有读和写、块传输、写后读或读后写、广播和广集等。

（6）总线标准。

总线标准是国际上公布或推荐的连接各个模块的标准，是把各种不同的模块组成计算机系统时必须遵守的规范。

常见的系统总线标准有工业标准体系结构（Industry Standard Architecture，ISA）、扩展的ISA（Extended Industry Standard Architecture，EISA）、视频电子标准协会（Video Electronics Standards Association，VESA）、外部设备互连（Peripheral Component Interconnect，PCI）及加速图形接口（Accelerated Graphics Port，AGP）等。

常见的外部总线标准有集成设备电路（Integrated Drive Electronics，IDE）、小型计算机系统接口（Small Computer System Interface，SCSI）、美国电子工业协会推行的串行通信总线标准（Recommended Standard－232C，RS－232C）及通用串行总线（Universal Serial Bus，USB）等。

**5. 计算机的工作原理**

计算机在执行程序时须将要执行的相关程序和数据先放入内存中，在执行时CPU根据当前程序指针寄存器的内容取出指令并执行，然后取出下一条指令并执行，如此循环直到程序结束才停止执行。其工作过程就是不断地取指令和执行指令，最后将计算的结果放入指令指定的存储器地址中。

（1）计算机指令格式。

指令是指计算机完成某个基本操作的命令。指令能被计算机硬件理解并执行。一条计算机指令是用一串二进制代码表示的，它通常包括两方面的信息——操作码和操作数（地址码），如图1.2所示。

| 操作码 | 操作数（地址码） |
| --- | --- |

图1.2 计算机指令

操作码指明指令所要完成操作的性质和功能，即指出进行什么操作。操作码是二进制代码。对于一种类型的计算机来说，各种指令的操作码互不相同，分别表示不同的操作。指令中操作码的二进制位数决定了该类型计算机最多能具有的指令条数。

操作数指明操作码执行的操作对象。操作数可以是数据本身，也可以是存放数据的内存单元地址或寄存器名称。根据指令中操作数的性质，操作数又可以分为源操作数和目的操作数两类。例如，减法指令中减数和被减数为源操作数，它们的差为目的操作数。

如果指令中的操作码和操作数共占 $n$ 个字节，则称该指令为 $n$ 字节指令。

（2）计算机指令的寻址方式。

寻址方式是指找到当前正在执行指令的数据地址和下一条将要执行指令的地址的方式。

寻址方式分为两大类：找到下一条将要执行指令的地址，称为指令寻址；找到当前正在执行指令的数据地址，称为数据寻址。

指令寻址分为顺序寻址和跳跃寻址两种。常见的数据寻址有立即寻址、直接寻址、隐含寻址、间接寻址、寄存器寻址、寄存器间接寻址、基址寻址、变址寻址、相对寻址及堆栈寻址等。

（3）计算机指令系统。

一台计算机所能执行的全部指令的集合，称为该计算机的指令系统。不同类型的计算机的指令系统的指令数目与格式也不同。但无论是哪种类型的计算机，其指令系统都应该具有以下功能指令。

- 数据传输类指令：用来实现数据在内存和CPU之间的传输。
- 运算类指令：用来进行数据的运算。
- 程序控制类指令：用来控制程序中指令的执行顺序。
- 输入/输出指令：用来实现外设与主机之间的数据传输。
- 处理器控制和调试指令：用来实现计算机的硬件管理等。

(4) 指令的执行过程。

指令的执行过程可分为取指令、分析指令和执行指令 3 个步骤。

- 取指令：按照程序规定的次序，从内存取出当前执行的指令，并将其送到控制器的指令寄存器中。
- 分析指令：对所取的指令进行分析，即根据指令中的操作码确定计算机应进行什么操作。由指令中的地址码确定操作码存放的地址。
- 执行指令：根据指令分析结果，由控制器发出完成操作所需的一系列控制电位，以便指挥计算机有关部件完成这一操作，同时，为取下一条指令做好准备。

一般把计算机完成一条指令所花费的时间称为一个指令周期。指令周期越短，指令执行速度就越快。

计算机完成一条指令所花费的时间称为一个(　　)。

A. 执行时序　　　　B. 存取周期　　　　C. 执行速度　　　　D. 指令周期

【答案】D

【解析】一般把计算机完成一条指令所花费的时间称为一个指令周期。指令周期越短，指令执行速度就越快。本题答案为 D 选项。

## 考点 3　数据的内部表示

### 1. 计算机中的数据及其存储单位

(1) 计算机中的数据。

计算机内部均使用二进制数表示各种信息，但计算机在与外部沟通的过程中会采用人们比较熟悉和方便阅读的形式，如十进制数。其中涉及的转换，主要由计算机系统的硬件和软件来实现。

相对于十进制数而言，二进制数不但运算简单、易于物理实现、通用性强，而且所占的空间和所消耗的资源也少得多，可靠性较高。

(2) 计算机中的数据的存储单位。

**真考链接**

该知识点属于考试大纲中要求掌握的内容，在选择题中的考核概率约为 45%。考生需掌握各进制数据的转换方法。

位（bit）是计算机中数据的最小存储单位，二进制数码只有 0 和 1，计算机中采用多个数码表示一个数，每一个数码称为 1 位。

字节（Byte，B）是存储容量的基本单位，一个字节由 8 位二进制数组成。在计算机内部一个字节可以表示一个数据，也可以表示一个英文字母或其他特殊字符，两个字节可以表示一个汉字。为了便于衡量存储器的大小，统一以字节为单位。表 1.1 所示为常用的存储单位。

表 1.1　　　　　　　　　　　　　　　　常用的存储单位

| 存储单位 | 名称 | 换算 | 说明 |
| --- | --- | --- | --- |
| KB | 千字节 | $1KB = 1024B = 2^{10}B$ | 适用于文件计量 |
| MB | 兆字节 | $1MB = 1024KB = 2^{20}B$ | 适用于内存、软盘、光盘计量 |
| GB | 吉字节 | $1GB = 1024MB = 2^{30}B$ | 适用于硬盘计量 |
| TB | 太字节 | $1TB = 1024GB = 2^{40}B$ | 适用于硬盘计量 |

随着电子技术的发展，计算机的并行处理能力越来越强，人们通常将计算机一次能够并行处理的二进制数的个数称为字长，也称为计算机的一个"字"。字长是衡量计算机性能的一个重要指标，直接反映一台计算机的计算能力和精度。字长越长，表示计算机的数据处理速度越快。计算机的字长通常是字节的整数倍，如 8 位、16 位、32 位。发展到今天，微型机的字长已达到 64 位，大型机的字长已达到 128 位。

### 2. 进位记数制及其转换

(1) 进位记数制。

数的表示规则称为数制。如果 $R$ 表示任意整数，进位记数制为"逢 $R$ 进一"。处于不同位置的数码代表的值不同，与它所在位置的权值有关。任意一个 $R$ 进制数 $D$ 均可展开为

$$(D)_R = \sum_{i=-m}^{n-1} k_i \times R^i$$

其中，$R$ 为记数的基数，数制中固定的基本符号称为"数码"。$i$ 称为位数，$k_i$ 是第 $i$ 位的数码，为 $0 \sim R-1$ 中的任意

一个，$R^i$ 称为第 $i$ 位的权，$m$、$n$ 为最低位和最高位的位序号。例如，十进制数"5820"，基数 $R$ 为 10，数码"8"的位数 $i=2$（位数从 0 开始从右向左计），权值为 $R^i=10^2$，此时"8"代表 $k_i \times R^i = 8 \times 10^2 = 800$。

常用数制包括二进制、八进制、十进制、十六进制，其各个要素如表 1.2 所示。

表 1.2　　　　　　　　　　　　　　　常用数制的各个要素

| 数制 | 基数 | 数码 | 权 | 进位 | 形式表示 |
| --- | --- | --- | --- | --- | --- |
| 二进制 | 2 | 0、1 | $2^i$ | 逢二进一 | B |
| 八进制 | 8 | 0、1、2、3、4、5、6、7 | $8^i$ | 逢八进一 | O |
| 十进制 | 10 | 0、1、2、3、4、5、6、7、8、9 | $10^i$ | 逢十进一 | D |
| 十六进制 | 16 | 0、1、2、3、4、5、6、7、8、9、A、B、C、D、E、F | $16^i$ | 逢十六进一 | H |

通常用圆括号标识进制数，以数制基数作为下标的方式来表示不同的进制数，如二进制数 $(1100)_B$、八进制数 $(3567)_O$、十进制数 $(5820)_D$，也可直接表示为 $(1100)_2$、$(3567)_8$、$(5820)_{10}$。

十六进制除了数码 0~9 之外，还使用了 6 个英文字母 A、B、C、D、E、F，相当于十进制的 10、11、12、13、14、15。十进制数、二进制数、八进制数、十六进制数的对比如表 1.3 所示。

表 1.3　　　　　　　　　　　　　　　不同进制数的对比

| 十进制数 | 二进制数 | 八进制数 | 十六进制数 | 十进制数 | 二进制数 | 八进制数 | 十六进制数 |
| --- | --- | --- | --- | --- | --- | --- | --- |
| 0 | 0000 | 00 | 0 | 8 | 1000 | 10 | 8 |
| 1 | 0001 | 01 | 1 | 9 | 1001 | 11 | 9 |
| 2 | 0010 | 02 | 2 | 10 | 1010 | 12 | A |
| 3 | 0011 | 03 | 3 | 11 | 1011 | 13 | B |
| 4 | 0100 | 04 | 4 | 12 | 1100 | 14 | C |
| 5 | 0101 | 05 | 5 | 13 | 1101 | 15 | D |
| 6 | 0110 | 06 | 6 | 14 | 1110 | 16 | E |
| 7 | 0111 | 07 | 7 | 15 | 1111 | 17 | F |

（2）$R$ 进制数转换为十进制数。

$R$ 进制数转换为十进制数的方法是"按权展开"，举例如下。

二进制数转换为十进制数：$(11010)_2 = 1 \times 2^4 + 1 \times 2^3 + 0 \times 2^2 + 1 \times 2^1 + 0 \times 2^0 = (26)_{10}$。

八进制数转换为十进制数：$(140)_8 = 1 \times 8^2 + 4 \times 8^1 + 0 \times 8^0 = (96)_{10}$。

十六进制数转换为十进制数：$(A2B)_{16} = 10 \times 16^2 + 2 \times 16^1 + 11 \times 16^0 = (2603)_{10}$。

（3）十进制数转换为 $R$ 进制数。

将十进制数转换为 $R$ 进制数时，可将此数分成整数与小数两部分分别转换，然后连接起来即可。下面以十进制数转换为二进制数为例进行介绍。

十进制整数转换为二进制整数的方法是"除 2 取余法"，具体的操作步骤如下。

步骤 1：把十进制数除以 2 得到商和余数，将商再除以 2 又得到商和余数……依次除下去直到商是 0 为止。

步骤 2：以最先除得的余数为最低位，最后除得的余数为最高位，从最高位到最低位依次排列。

将十进制整数 13 转换为二进制整数，步骤如表 1.4 所示。

表 1.4　　　　　　　　　　　将十进制整数 13 转换为二进制整数的步骤

| 步骤 | 1 | 2 | 3 | 4 | 5 |
| --- | --- | --- | --- | --- | --- |
| 除式 | 13/2 | 6/2 | 3/2 | 1/2 | 将余数从高位向低位排列，即 $(1101)_2$ |
| 商 | 6 | 3 | 1 | 0 | |
| 余数 | 1 | 0 | 1 | 1 | |

十进制小数转换为二进制小数采用"乘 2 取整法"，具体的操作步骤如下。

步骤 1：把小数部分乘以 2 得到一个新数，然后取整数部分，再把剩下的小数部分继续乘以 2，然后取整数部分……一直取到小数部分为 0 为止。

步骤2：以最先得到的乘积整数部分为最高位，最后得到的乘积整数部分为最低位，从高位向低位依次排列。

将十进制小数0.125转换为二进制小数，步骤如表1.5所示。

表1.5 将十进制小数0.125转换为二进制小数的步骤

| 步骤 | 1 | 2 | 3 | 4 |
|---|---|---|---|---|
| 乘式 | 0.125×2 | 0.25×2 | 0.5×2 | 将整数部分从高位向低位排列，即$(0.001)_2$ |
| 乘积 | 0.25 | 0.5 | 1 | |
| 小数部分 | 0.25 | 0.5 | 0 | |
| 整数部分 | 0 | 0 | 1 | |

将十进制数转换为八进制数、十六进制数，均可以采用类似的"除以8取余""除以16取余""乘8取整""乘16取整"的方法来实现转换。

(4) 二进制数、十六进制数、八进制数之间的转换。

①二进制数转换为十六进制数。

将二进制数转换为十六进制数的具体操作步骤如下。

步骤1：二进制数从小数点开始，整数部分向左、小数部分向右，每4位分成1节。

步骤2：整数部分最高位不足4位或小数部分最低位不足4位时补"0"。

步骤3：将每节4位二进制数依次转换成1位十六进制数，再把这些十六进制数连接起来即可。

将二进制数$(10111100101.00011001101)_2$转换为十六进制数，步骤如表1.6所示。

表1.6 将二进制数$(10111100101.00011001101)_2$转换为十六进制数的步骤

| 二进制数 | 0101 | 1110 | 0101 | . | 0001 | 1001 | 1010 |
|---|---|---|---|---|---|---|---|
| 十六进制数 | 5 | E | 5 | . | 1 | 9 | A |

将十六进制数按顺序连接，即$(5E5.19A)_{16}$。

同理，将二进制数转换为八进制数，只要将二进制数按每3位为1节划分，并分别转换为1位八进制数即可。

②十六进制数转换为二进制数。

将十六进制数转换为二进制数，就是对每1位十六进制数用与其等值的4位二进制数代替。例如，将十六进制数$(1AC0.6D)_{16}$转换为二进制数，步骤如表1.7所示。

表1.7 将十六进制数$(1AC0.6D)_{16}$转换为二进制数的步骤

| 十六进制数 | 1 | A | C | 0 | . | 6 | D |
|---|---|---|---|---|---|---|---|
| 二进制数 | 0001 | 1010 | 1100 | 0000 | . | 0110 | 1101 |

将二进制数按顺序连接，即$(0001101011000000.01101101)_2$。

同理，将八进制数转换为二进制数，只需分别将每1位八进制数转换为3位二进制数即可。

### 3. 无符号数和带符号数

在计算机中，采用数字形式来表示数据，数据有无符号数和带符号数之分。

(1) 无符号数。

无符号数是指整个机器字长的全部二进制位均表示数值位（没有符号位），相当于数的绝对值。字长为$n$的无符号数的表示范围为$0 \sim 2^n - 1$。若机器字长为8位，则数的表示范围为$0 \sim 2^8 - 1$，即$0 \sim 255$。

(2) 带符号数。

日常生活中，把带有"+"或"-"符号的数称为真值。在机器中，数的"+""-"是无法识别的，因此需要把符号数字化。通常，约定二进制数的最高位为符号位，0表示正号，1表示负号。这种把符号数字化的数称为机器数。常见的机器数有原码、反码、补码及移码等不同的表示形式。

- 原码。原码是机器数中最简单的一种表示形式，符号位为0表示正数，符号位为1表示负数，数值位即真值的绝对值。用原码实现乘除运算的规则很简单，但实现加减运算的规则很复杂。
- 反码。正数的反码与原码相同；负数的反码是对该数的原码除符号位外的各位取反（将0变为1，将1变为0）。
- 补码。正数的补码与原码相同；负数的补码是在该数的反码的最低位（即最右边一位）上加1。
- 移码。一个真值的移码和补码只差一个符号位。将补码的符号位由0改为1，或由1改为0，即可得该真值的移码。

**4. 机器数的定点表示和浮点表示**

根据小数点的位置是否固定,在计算机中表示机器数的方法有两种,即定点表示和浮点表示。定点表示的机器数称为定点数,浮点表示的机器数称为浮点数。

(1) 定点表示。

定点表示即约定机器数中的小数点位置是固定不变的,小数点不再使用"."表示,而是约定它的位置。在计算机中通常采用两种简单的约定方法:将小数点的位置固定在最高位之前、符号位之后,或固定在最低位之后。一般常称前者为定点小数(纯小数),后者为定点整数(纯整数)。

定点数的运算除了加、减、乘、除外,还有移位运算。移位运算根据操作对象的不同分为算术移位(带符号数的移位)和逻辑移位(无符号数的移位)。

(2) 浮点表示。

计算机中处理的数不一定是纯小数或纯整数(如圆周率约为3.1416),而且在运算中常常会遇到非常大(如太阳的质量约为$2×10^{33}$ g)或非常小(如电子的质量约为$9×10^{-28}$ g)的数值,它们用定点表示非常不方便,可以用浮点表示。

浮点表示是指以适当的形式将比例因子表示在数据中,让小数点的位置根据需要"浮动"。例如,$679.32 = 6.7932 × 10^2 = 6793.2 × 10^{-1} = 0.67932 × 10^3$。

通常,浮点数被表示成

$$N = S × R^j$$

其中,$N$ 为浮点数,$S$ 为其尾数,$j$ 为其阶码,$R$ 是浮点数阶码的底(隐含,在机器数中不出现)。通常 $R = 2$,$j$ 和 $S$ 都是带符号的定点数。可见,浮点数由阶码和尾数两部分所决定,如图 1.3 所示。

图 1.3　浮点数的表示形式

阶码是整数,阶符 $j_f$ 和阶码的位数 $m$ 共同反映浮点数的表示范围和小数点的实际位置;数符 $S_f$ 反映浮点数的正/负;尾数的 $n$ 位反映浮点数的精度。

为了提高运算的精度,浮点数的尾数必须为规格化数(即尾数的最高位必须是一个有效值)。如果不是规格化数,需要修改阶码并左/右移尾数,使其变成规格化数。将非规格化数转换为规格化数的过程称为规格化操作。例如,二进制数 0.0001101 可以表示为 $0.001101 × 2^{-01}$、$0.01101 × 2^{-10}$、$0.1101 × 2^{-11}$……而其中只有 $0.1101 × 2^{-11}$ 是规格化数。

现代计算机中,浮点数一般采用 IEEE 754 标准。IEEE 754 标准浮点数的格式如图 1.4 所示。

图 1.4　IEEE 754 标准浮点数的格式

这种标准规定常用的浮点数格式有短浮点数(单精度,即 float 型)、长浮点数(双精度,即 double 型)、临时浮点数,如表1.8所示。除临时浮点数外,短浮点数和长浮点数的尾数用隐藏位的原码表示,阶码用移码表示。

表 1.8　IEEE 754 标准规定的常用浮点数格式

| 类型 | 数符位 | 阶码 | 尾数数值位 | 总位数 | 偏置值 | |
|---|---|---|---|---|---|---|
| | | | | | 十六进制 | 十进制 |
| 短浮点数 | 1 | 8 | 23 | 32 | 7FH | 127 |
| 长浮点数 | 1 | 11 | 52 | 64 | 3FFH | 1023 |
| 临时浮点数 | 1 | 15 | 64 | 80 | 3FFFH | 16383 |

以短浮点数为例,最高位为数符位;其后是 8 位阶码,以 2 为底,用移码表示,阶码的偏置值为 $2^{8-1} - 1 = 127$;其后 23 位是用原码表示的尾数数值位。对于规格化的二进制浮点数,数值的最高位总是"1",为了能使尾数多表示一位有效位,将这个"1"隐藏,因此尾数数值实际是 24 位。隐藏的"1"是一位整数。在浮点数格式中表示的 23 位尾数是纯小数。例如,$(12)_{10} = (1100)_2$,将它规格化后结果为 $1.1 × 2^3$,其中整数部分的"1"将不存储在 23 位尾数内。

**真题精选**

关于带符号的定点数，下面描述中正确的是(　　)。
A. 正数的补码与移码相同
B. 正数的原码、反码、补码均相同
C. 正数的原码、反码、补码、移码均相同
D. 正数的原码、反码、补码、移码均互不相同

【答案】B

【解析】带符号的定点数中，正数的原码、反码、补码均相同；负数的反码是对该数的原码除符号位外的各位取反，补码是在该数的反码的最后（即最右边）一位上加1；不管是正数还是负数，其补码的符号位取反即是移码。本题答案为B选项。

## 考点4　操作系统

**1. 操作系统概述**

（1）操作系统的功能与任务。

操作系统是现代计算机系统中最基本和最核心的系统软件之一，所有其他的软件都依赖于操作系统的支持。

操作系统是配置在计算机硬件上的第1层软件，是对硬件系统的首次扩充是其他软件运行的基础。其主要作用是管理好硬件设备，提高它们的利用率和系统的吞吐量，并为用户和软件提供简单的接口，便于用户使用。

> **真考链接**
> 该知识点属于必考内容，在选择题中的考核概率约为90%。考生需掌握操作系统的功能及任务，包括处理器管理、存储器管理、设备管理和文件管理等。

如果把操作系统看成计算机系统资源的管理者，则操作系统的任务及其功能主要有以下5个方面。

- 处理器（CPU）管理：对进程进行管理。其主要功能有创建和撤销进程，对多个进程的运行进行协调，实现进程之间的信息交换，以及按照一定的算法把处理器分配给进程等。
- 存储器管理：为多道程序的运行提供良好的环境，提高存储器的利用率，方便用户使用，并能从逻辑上扩充内存。因此，存储器管理应具有内存分配和回收、内存保护、地址映射及内存扩充等功能。
- 设备管理：完成用户进程提出的I/O请求，为用户进程分配所需的I/O设备，并完成指定的I/O操作；提高CPU和I/O设备的利用率，提高I/O速度，方便用户使用I/O设备。因此，设备管理应具有缓冲管理、设备分配、设备处理以及虚拟设备等功能。
- 文件管理：对用户文件和系统文件进行管理以方便用户使用，并保证文件的安全性。因此，文件管理应具有文件存储空间管理、目录管理、文件的读/写管理以及文件的共享与保护等功能。
- 提供用户接口：为了方便用户使用计算机和操作系统，操作系统向用户提供了"用户和操作系统的接口"。

（2）操作系统的发展。

操作系统经历了如下的发展过程：手工操作（无操作系统）、批处理系统、多道程序系统、分时系统、实时操作系统、个人计算机操作系统。

（3）操作系统的分类。

根据使用环境和作业处理方式的不同，操作系统分为多道批处理操作系统、分时操作系统、实时操作系统、网络操作系统、分布式操作系统、嵌入式操作系统等。

**2. 进程管理**

（1）程序的执行。

程序只有经过执行才能得到结果。程序的执行又分为顺序执行和并发执行。

一个具有独立功能的程序独占处理器直至执行结束的过程称为程序的顺序执行。顺序执行具有顺序性、封闭性及可再现性等特点。

程序顺序执行时，虽然可以给程序员带来方便，但系统资源的利用率很低。为此，在系统中引入多道程序技术，使程序或程序段间能并发执行。程序的并发执行是指一组在逻辑上互相独立的程序或程序段在执行过程中，其执行时间在客观上互相重叠，即一个程序段的执行尚未结束，另一个程序段的执行已经开始的执行方式。

并发程序在执行过程中有以下几个特点。

- 无封闭性。

- 不可再现性。
- 间断性，即程序之间可以互相制约。

并发程序具有并行性和共享性，而顺序程序则以顺序性和封闭性为基本特点。

（2）进程的基本概念。

进程是指一个具有一定独立功能的程序关于某个数据集合的一次运行活动。简单地说，进程是指可以并发执行的程序的执行过程。

进程与程序有关，但它与程序又有本质的区别，主要反映在以下几个方面。

- 进程是程序在处理器上的一次执行过程，它是动态的概念。程序只是一组指令的有序集合，其本身没有任何运行的含义，是一个静态的概念。
- 进程具有一定的生命周期，它能够动态地产生和消亡。程序可以作为一种软件资源长期保存，它的存在是永久的。
- 进程包括程序和数据，还包括记录进程相关信息的"进程控制块"。
- 一个程序可能对应多个进程。
- 一个进程可以包含多个程序。

（3）进程的状态及其转换。

进程从创建、运行、撤销至消亡的整个生命周期，有时占有处理器并运行，有时虽可运行但未分到处理器，有时虽有空闲处理器但因等待某个事件发生而无法运行，这说明进程是活动的且有状态变化。一般来说，一个进程的活动情况至少可以划分为以下5种基本状态。

- 运行状态：进程占有处理器、正在运行的状态。
- 就绪状态：进程具备运行条件、等待系统分配处理器以便运行的状态。
- 等待状态：又称阻塞状态或睡眠状态，指进程不具备运行条件、正在等待某个事件完成的状态。
- 创建状态：进程正在创建过程中、尚不能运行的状态。
- 终止状态：进程运行结束的状态。

处于运行状态的进程个数不能多于处理器个数，处于就绪和等待状态的进程可以有多个。进程的几种基本状态在一定的条件下是可以互相转换的。图1.5表示进程的5种基本状态在一定条件下的转换。

图1.5 进程的5种基本状态的转换

（4）进程控制块。

每个进程有且仅有一个进程控制块（Process Control Block，PCB）。它是进程存在的唯一标识，是操作系统用来记录和刻画进程状态及环境信息的数据结构，是进程动态特征的汇集，也是操作系统掌握进程的唯一资料结构和管理进程的主要依据。PCB包括进程执行时的状况，以及进程让出处理器之后所处的状态、断点等信息。

PCB中通常应包括以下基本内容。

- 进程名：唯一标识对应进程的标识符或数字，系统根据该标识符来识别进程。
- 特征信息：反映该进程是不是系统进程等信息。
- 执行状态信息：说明对应进程当前的状态。
- 通信信息：反映该进程与其他进程之间的通信关系。
- 调度优先数：分配处理器时参考的信息，它决定在所有就绪的进程中，究竟哪一个进程先得到处理器。
- 现场信息：在对应进程放弃处理器时，将处理器的一些现场信息（如指令计数器值、各寄存器值等）保留在该进程的PCB中，当下次恢复运行时，只要按保存值重新装配即可继续运行。
- 系统栈：主要反映对应进程在执行时的一条嵌套调用路径上的历史。
- 进程映像信息：用以说明该进程的程序和数据存储情况。
- 资源占有信息：指明对应进程所占有的外设种类、设备号等。
- 族关系：反映该进程与其他进程间的隶属关系。

除此之外，PCB中还包含文件信息、工作单元等内容。

（5）进程的组织。

进程的物理组织方式通常有线性方式、链接方式及索引方式。

- 线性方式:将系统中所有的 PCB 都组织在一个线性表中,将该表的首地址存放在内存的专用区域中。该方式实现简单、开销小,但每次查找时都需要扫描整个表,因此适合进程数目不多的系统。
- 链接方式:把具有相同状态进程的 PCB 通过 PCB 中的链接字链接成一个队列,这样可以形成就绪队列、若干个阻塞队列及空白队列等。在就绪队列中,往往按进程的优先级从高到低对 PCB 进行排列,将优先级高的进程的 PCB 排在队列的前面。
- 索引方式:系统根据所有进程不同的状态,建立索引表,如就绪索引表、阻塞索引表,并把各索引表在内存中的首地址记录在内存的一些专用单元中。在每个索引表的表目中,记录具有相应状态的某个 PCB 在 PCB 表中的地址。

(6)进程调度。

进程调度是指按一定策略动态地把 CPU 分配给处于就绪队列中的某一进程并使之执行的过程。进程调度亦可称为处理器调度或低级调度,相应的进程调度程序可称为分配程序或低级调度程序。进程调度仅负责对 CPU 进行分配。

进程调度方式分为抢占方式和非抢占方式。抢占方式指就绪队列中一旦有优先级高于当前正在运行的进程出现,系统便立即把 CPU 分配给高优先级的进程,并保存被抢占了 CPU 的进程的有关状态信息,以便以后恢复。而对于非抢占方式,一旦 CPU 分给了某进程,即使就绪队列中出现了优先级比它高的进程,高优先级进程也不能抢占现行进程的 CPU。

基本的进程调度算法有先来先服务调度算法、时间片轮转调度算法、优先级调度算法等。

(7)其他概念。

- 线程。线程是比进程更小的、能独立运行的基本单位,用它来提高程序的并行程度,减少系统开销,可进一步提高系统的吞吐量。
- 死锁。各进程互相独立地动态获得,不断申请和释放系统中的软硬件资源,这就有可能使系统中若干个进程均因互相"无知"地等待对方所占有的资源而无限地等待。这种状态称为死锁。

### 3. 存储管理

存储管理是操作系统的重要组成部分,管理的主要对象是内存。操作系统的主要任务之一是尽可能方便用户使用和提高内存利用率。此外,有效的存储管理是多道程序设计技术的关键支撑。

(1)存储管理的功能。
- 地址变换。
- 内存分配。
- 存储共享与保护。
- 存储器扩充。

(2)地址重定位。
- 地址变换。当用户程序进入内存执行时,必须把用户程序中的所有相对地址(逻辑地址)转换成内存中的实际地址(物理地址)。
- 地址重定位。在进行地址转换时,必须修改程序中所有与地址有关的项,也就是要对程序中的指令地址以及指令中有关地址的部分(有效地址)进行调整。

地址重定位建立用户程序的逻辑地址与物理地址之间的对应关系,实现方式包括静态地址重定位和动态地址重定位。

- 静态地址重定位是在程序执行之前将操作系统的重定位装入程序,程序必须占用连续的内存空间,且一旦装入内存后,程序便不再移动。
- 动态地址重定位则在程序执行期间进行,由专门的硬件机构来完成,通常采用的是重定位寄存器,在每次进行存储访问时,将取出的逻辑地址加上重定位寄存器的内容形成物理地址。

动态地址重定位的优点是不要求程序装入固定的内存空间,在内存中允许程序再次移动位置,而且可以部分地装入程序运行,同时也便于多个作业共享同一程序的副本。动态地址重定位技术被广泛采用。

(3)存储管理技术。

①连续存储管理。

基本特点:内存空间被划分成一个个分区,一个作业占一个分区,即系统和用户作业都以分区为单位享用内存。

在连续存储管理中,地址重定位采用静态地址重定位,分区的存储保护可采用上、下界寄存器保护方式。

分区分配方式分为固定分区和可变分区。固定分区存储管理的优点是操作简单,要求的硬件支持少;缺点是容易产生内部碎片。可变分区避免了固定分区中每个分区都可能有剩余空间的情况,但由于它的空闲区域仍是离散的,因此会出现外部碎片。

②分页式存储管理。

在分页式存储管理中,当作业提出存储分配请求时,系统首先根据存储块大小把作业分成若干页,每一页可存储在内存的任意一个空白块内。这样,只要建立起程序的逻辑页和内存的存储块之间的对应关系,借助动态地址重定位技术,分散在不连续物理存储块中的用户作业就能够正常运行。

分页式存储管理的优点是能有效解决碎片问题，内存利用率高，内存分配与回收算法比较简单；缺点是采用动态地址重定位会增加硬件成本，也会降低处理器的运行速度。

③分段式存储管理。

在分段式存储管理中，作业的地址空间由若干个逻辑段组成，每一个逻辑段是一组逻辑意义完整的信息集合，并有自己的名字（段名）。每一个逻辑段都是以0开始的连续的一维地址空间，所有作业则构成了二维地址空间。

分段式存储管理是以逻辑段为基本单位分配内存的，且每一个逻辑段必须分配连续的内存空间，但各个逻辑段之间不要求连续。由于各个逻辑段的长度不一样，因此分配的内存空间大小也不一样。

分段式存储管理较好地解决了程序和数据的共享以及程序动态链接等方面的问题。与分页式存储管理一样，分段式存储管理采用动态地址重定位技术来进行地址转换。分页式存储管理的优点体现在内存空间的管理上，而分段式存储管理的优点体现在地址空间的管理上。

④段页式存储管理。

段页式存储管理是分页式和分段式两种存储管理技术的结合，它同时具备两者的优点。

段页式存储管理是目前使用较多的一种存储管理技术，它有如下特点。

• 将作业地址空间分成若干个逻辑段，每段都有自己的段名。

• 每个逻辑段再分成若干大小固定的页，每个逻辑段都从0开始为自己的各页依次编写连续的页号。

• 对内存空间的管理仍然和分页式存储管理一样，将其分成若干个与页面大小相同的物理块，对内存空间的分配是以物理块为单位的。

• 作业的逻辑地址包括3个部分：段号、段内页号及页内位移。

⑤虚拟存储器管理。

连续存储管理和分页/分段式存储管理技术必须为作业分配足够的内存空间，装入其全部信息，否则作业将无法运行。把作业的全部信息装入内存后，实际上并非同时使用这些信息，有些部分使用一次，有些部分暂时不用或在某种条件下才使用。让作业的全部信息驻留于内存中是对内存资源的极大浪费，会降低内存利用率。

虚拟存储器管理技术的基本思路是把内存扩大到大容量外存上，把外存空间当作内存的一部分，作业运行过程中可以只让当前用到的信息进入内存，其他当前未用的信息留在外存；而当作业进一步运行，需要用到外存中的信息时，再把已经用过但暂时不会用到的信息换到外存中，把当前要用的信息换到已空出的内存中，从而给用户提供比实际内存空间大得多的地址空间。这种大容量的地址空间并不是真实的存储空间，而是虚拟的，因此，这样的存储器称为虚拟存储器。

虚拟存储器管理主要采用请求页式存储管理、请求段式存储管理及请求段页式存储管理技术来实现。

**4. 文件管理**

在操作系统中，无论是用户数据，还是计算机系统程序和应用程序，甚至各种外设，都是以文件形式提供给用户的。文件管理就是对用户文件和系统文件进行管理，方便用户使用，并保证文件的安全性，提高外存空间的利用率。

（1）文件与文件系统的概念。

文件是指一组带标识（文件名）的、具有完整逻辑意义的相关信息的集合。用户作业、源程序、目标程序、初始数据、输出结果、汇编程序、编译程序、连接装配程序、编辑程序、调试程序及诊断程序等，都是以文件的形式存在的。

各个操作系统的文件命名规则略有不同，文件名的格式和长度因系统而异。一般来说，文件名由文件名称部分和扩展名部分组成，前者用于识别文件，后者用于区分文件类型，中间用"."分隔开。

操作系统中与管理文件有关的软件和数据称为文件系统。它负责为用户建立、撤销、读/写、修改及复制文件，还负责对文件的按名称存取和存取控制。常用的、具有代表性的文件系统有EXT2/4、NFS、HPFS、FAT、NTFS等。

（2）文件类型。

文件依据不同标准可以分为多种类型，如表1.9所示。

表1.9　　　　　　　　　　　　　　　　　　文件类型

| 划分标准 | 文件类型 |
| --- | --- |
| 按用途划分 | 系统文件、库文件、用户文件 |
| 按性质划分 | 普通文件、目录文件、特殊文件 |
| 按保护级别划分 | 只读文件、读写文件、可执行文件、不保护文件 |
| 按文件数据的形式划分 | 源文件、目标文件、可执行文件 |

（3）文件系统模型。

文件系统的传统模型为层次模型，该模型由许多不同的层组成。每一层都会使用下一层的功能来创建新的功能，为上一层服务。层次模型比较适合支持单个文件系统。

（4）文件的组织结构。
①文件的逻辑结构。
文件的逻辑结构是用户可见结构。根据有无逻辑结构，文件可分为记录式文件和流式文件。

在记录式文件中，每个记录都用于描述实体集中的一个实体。各记录有着相同或不同数目的数据项，记录的长度可分为定长和不定长两类。

流式文件内的数据不再组成记录，只是一串有顺序的信息集合（有序字符流）。这种文件的长度以字节为单位。可以把流式文件看作记录式文件的特例：一个记录仅有一个字节。

②文件的物理结构。
文件按不同的组织方式在外存上存放，就会得到不同的物理结构。文件的物理结构有时也称为文件的"存储结构"。

文件在外存上有连续存放、链接块存放及索引表存放3种不同的存放方式，其对应的存储结构分别为顺序结构、链接结构及索引结构。

（5）文件目录管理。
①文件目录的概念。
为了能对文件进行正确的存取，必须为文件设置用于描述和控制文件的数据结构，称为文件控制块（File Control Block，FCB）。FCB一般应包括以下内容。

- 有关文件存取控制的信息：文件名、用户名、文件主存取权限、授权者存取权限、文件类型及文件属性等。
- 有关文件结构的信息：记录类型、记录个数、记录长度、文件所在设备名及文件物理结构类型等。
- 有关文件使用的信息：已打开文件的进程数、文件被修改的情况、文件最大长度及文件当前大小等。
- 有关文件管理的信息：文件建立日期、最近修改日期及最后访问日期等。

文件与FCB一一对应，而人们把多个FCB的有序集合称为文件目录，即一个FCB就是一个文件目录项。通常，一个文件目录也被看作一个文件，可称为目录文件。

对文件目录的管理就是对FCB的管理。对文件目录的管理除了要解决存储空间的有效利用问题外，还要解决快速搜索、文件命名冲突以及文件共享等问题。

②文件目录结构。
文件目录根据不同结构可分为单级目录、二级目录、多层级目录、无环图结构目录及图状结构目录等。

- 单级目录的优点是简单；缺点是查找速度慢，不允许重名，不便于实现文件共享。
- 二级目录提高了检索目录的速度。在不同的用户目录中，可以使用相同的文件名。不同用户还可以使用不同的文件名访问系统中的同一个共享文件。但对同一用户目录，不能有两个同名的文件存在。
- 多层级目录也叫树结构目录，既可以方便用户查找文件，又可以方便用户对不同类型和不同用途的文件分类；允许文件重名，不但不同用户目录可以使用相同名称的文件，同一用户目录也可以使用相同名称的文件；利用多级层次结构关系，可以更方便地设置保护文件的存取权限，有利于文件的保护。其缺点为不能直接支持文件或目录的共享等。
- 为了使文件或目录可以被不同的目录所共享，出现了结构更复杂的无环图结构目录和图状结构目录等。

③存取权限。
存取权限的设置可以通过建立访问控制表和存取权限表来实现。
大型文件系统主要采用两个措施来进行安全性保护，一是对文件和目录进行权限设置，二是对文件和目录进行加密。

（6）文件存储空间管理。
文件存储空间管理是文件系统的重要任务之一。文件存储空间管理实质上是空闲块管理问题，它包括空闲块的组织、空闲块的分配及空闲块的回收等问题。

空闲块管理方法主要有空闲文件项、空闲区表、空闲块链、位示图、空闲块成组链接法（UNIX操作系统中）等。

**5. I/O设备管理**

I/O设备类型繁多，且差异非常大，因此I/O设备管理是操作系统中最庞杂和琐碎的部分之一。

（1）I/O软件的层次结构。
I/O软件的设计目标是将I/O软件组织成一种层次结构，每一层都是利用其下层提供的服务完成I/O功能中的某些子功能，并屏蔽这些功能实现的细节，向上层提供服务。

通常把I/O软件设置成4个层次，如图1.6所示，图中的箭头表示I/O的控制流。各层次功能如下。

- 用户层软件：用于实现与用户交互的接口，用户可直接调用该层所提供的、与I/O操作有关的库函数对设备进行操作。
- 设备独立性软件：用于实现用户程序与设备驱动器的统一接口、设备命名、设备的保护以及设备的分配与释放等，同时为设备管理和数据传输提供必要的存储空间。
- 设备驱动程序：与硬件直接相关，用于具体实现系统对设备发出的操作指令，驱动I/O设备工作。

- 中断处理程序：用于保存被中断进程的 CPU 环境，转入相应的中断处理程序进行处理，处理完毕再恢复被中断进程的现场，并返回到被中断进程。

图 1.6 I/O 软件的层次结构

(2) 中断处理程序。

当一个进程请求 I/O 操作时，该进程将被"挂起"，直到 I/O 设备完成 I/O 操作后，设备控制器向 CPU 发送一个中断请求，CPU 响应后便转向中断处理程序。中断处理过程如下。

- CPU 检查响应中断的条件是否满足。
- 如果条件满足，CPU 响应中断，则 CPU 关中断，使其进入不可再次响应中断的状态。
- 保存被中断进程的 CPU 环境。
- 分析中断原因，调用中断处理子程序。
- 执行中断处理子程序。
- 退出中断，恢复被中断进程的 CPU 现场或调度新进程占用 CPU。
- 开中断，CPU 继续执行。

I/O 操作结束后，驱动程序必须检查本次 I/O 操作中是否发生了错误，并向上层软件报告，最终向调用者报告本次 I/O 操作的执行情况。

(3) 设备驱动程序。

设备驱动程序是驱动物理设备和 DMA 控制器或 I/O 控制器等直接进行 I/O 操作的子程序的集合。它负责启动 I/O 设备进行 I/O 操作，指定操作的类型和数据流向等。设备驱动程序有如下功能。

- 接收由设备独立性软件发来的命令和参数，并将命令中的抽象要求转换为与设备相关的低层次操作序列。
- 检查用户 I/O 请求的合法性，了解 I/O 设备的工作状态，传递与 I/O 设备操作有关的参数，设置 I/O 设备的工作方式。
- 发出 I/O 命令，如果设备空闲，便立即启动 I/O 设备，完成指定的 I/O 操作；如果设备忙碌，则将请求者的请求块挂在设备队列上等待。
- 及时响应由设备控制器发来的中断请求，并根据其中断类型调用相应的中断处理程序进行处理。

(4) 设备独立性软件。

为了实现设备独立性，必须在设备驱动程序之上设置一层软件，称设备独立性软件或与设备无关的 I/O 软件。其主要功能为：①向用户层软件提供统一接口；②设备命名；③设备保护；④提供一个独立于设备的块；⑤实现缓冲；⑥设备分配和状态跟踪；⑦错误处理和报告等。

(5) 用户层软件。

用户层软件在层次结构的最上层，它面向用户，负责与用户和设备独立性软件通信。当接收到用户的 I/O 指令后，该层会把具体的请求发送到设备独立性软件进行进一步处理。它主要包含用于 I/O 操作的库函数和 SPOOLing 系统。此外，用户层软件还会用到缓冲技术。

(6) 设备的分配与回收。

由于设备、控制器及通道资源的有限性，因此不是每一个进程都能随时随地得到这些资源。进程必须首先向设备管理程序提出资源申请，然后由设备分配程序根据相应的分配算法为进程分配资源。如果申请进程得不到它所申请的资源，将被放入资源等待队列等待，直到它所需要的资源被释放。如果进程得到了它所需要的资源，就可以使用该资源完成相关的操作，使用完之后通知系统，系统将及时回收这些资源，以便其他进程使用。

 **真题精选**

【例1】下列叙述中正确的是（　　）。
  A．进程调度也负责对内存进行分配
  B．进程调度负责对计算机系统中的所有系统资源进行分配
  C．进程调度仅负责对 CPU 进行分配
  D．进程调度也负责对外存进行分配

【答案】C
【解析】进程调度就是按一定策略动态地把CPU分配给处于就绪队列中的某一进程并使之执行的过程。进程调度亦可称为处理器调度或低级调度，相应的进程调度程序可称为分配程序或低级调度程序。因此，进程调度仅负责对CPU进行分配。本题答案为C选项。

【例2】下列叙述中错误的是(　　)。

A．虚拟存储器的空间大小就是实际外存的大小
B．虚拟存储器的空间大小取决于计算机的访存能力
C．虚拟存储器使存储系统既具有相当于外存的容量又有接近于主存的访问速度
D．实际物理存储空间可以小于虚拟地址空间

【答案】A
【解析】虚拟存储器是对主存的逻辑扩展，虚拟存储器的空间大小取决于计算机的访存能力而不是实际外存的大小。本题答案为A选项。

# 1.2　数据结构与算法

## 考点5　算　法

**1. 算法的基本概念**

算法是指对解题方案准确而完整的描述。

（1）算法的基本特征。

• 可行性：针对实际问题而设计的算法，执行后能够得到满意的结果，即必须有一个或多个输出。注意，即使某一算法在数学理论上是正确的，但如果在实际的计算工具上不能执行，则该算法是不具有可行性的。

• 确定性：算法中每一步骤都必须是有明确定义的。

• 有穷性：算法必须能在有限的时间内执行完。

• 拥有足够的情报：算法是否有效，还取决于为算法所提供的情报是否足够。

> **真考链接**
> 该知识点属于考试大纲中要求熟记的内容，在选择题中的考核概率约为45%。考生需熟记算法的概念，以及时间复杂度和空间复杂度的概念。

（2）算法的基本要素。

算法一般由以下两个基本要素构成：

• 对数据对象的运算和操作；
• 算法的控制结构，即运算和操作时间的顺序。

算法中对数据对象的运算和操作：算法就是按解题要求从指令系统中选择合适的指令组成的指令序列。计算机算法就是计算机能执行的操作所组成的指令序列。不同的计算机系统，其指令系统是有差异的，但一般的计算机系统中都包括的运算和操作有4类，即算术运算、逻辑运算、关系运算和数据传输。

算法的控制结构：算法中各操作之间的执行顺序称为算法的控制结构。算法的功能不仅取决于所选用的操作，还与各操作之间的执行顺序有关。基本的控制结构包括顺序结构、选择结构和循环结构。

（3）算法设计的基本方法。

算法设计的基本方法有列举法、归纳法、递推法、递归法、减半递推法和回溯法。

**2. 算法的复杂度**

算法的复杂度主要包括时间复杂度和空间复杂度。

（1）算法的时间复杂度。

所谓算法的时间复杂度，是指执行算法所需要的计算工作量，即算法的工作量。

一般情况下，算法的工作量用算法所执行的基本运算次数来度量，而算法所执行的基本运算次数是问题规模的函数，即

$$算法的工作量 = f(n)$$

其中，$n$ 表示问题规模。这个表达式表示随着问题规模 $n$ 的增大，算法执行时间的增长率和 $f(n)$ 的增长率相同。在同样的问题规模下，如果算法执行所需的基本运算次数取决于某一特定输入，则可以用两种方法来分析算法的工作量：平均性态分析和最坏情况分析。

(2) 算法的空间复杂度。

一个算法的空间复杂度，一般是指执行这个算法所需要的存储空间。算法执行期间所需要的存储空间包括3个部分：
- 算法程序所占的空间；
- 输入的初始数据所占的存储空间；
- 算法执行过程中所需要的额外空间。

在许多实际问题中，为了减少算法所占的存储空间，通常采用压缩存储技术。

## 考点6　数据结构的基本概念

**1. 数据结构的定义**

数据结构是指相互有关联的数据元素的集合，即数据的组织形式。

(1) 数据的逻辑结构。

所谓数据的逻辑结构，是指反映数据元素之间逻辑关系（即前、后件关系）的数据结构。它包括数据元素的集合和数据元素之间的关系。

(2) 数据的存储结构。

数据的逻辑结构在计算机存储空间中的存放形式称为数据的存储结构（也称为数据的物理结构）。数据结构的存储方法有顺序存储方法、链式存储方法、索引存储方法和散列存储方法。采用不同的存储结构，数据处理的效率是不同的。因此，在进行数据处理时，选择合适的存储结构是很重要的。

> **真考链接**
> 
> 该知识点属于考试大纲中要求熟记的内容，在选择题中的考核概率约为45%。考生需熟记数据结构的定义、分类，能区分线性结构与非线性结构。

数据结构研究的内容主要包括以下3个方面：
- 数据集合中各数据元素之间的逻辑关系，即数据的逻辑结构；
- 在对数据进行处理时，各数据元素在计算机中的存储关系，即数据的存储结构；
- 对各种数据结构进行的运算。

**2. 数据结构的图形表示**

数据元素之间最基本的关系是前、后件关系。前、后件关系指每一个二元组可以用图形来表示相互关系。用中间标有元素值的方框表示数据元素，一般称为数据节点，简称节点。对于每一个二元组，用一条有向线段从前件指向后件。

用图形表示数据结构具有直观、易懂的特点，在不引起歧义的情况下，前件节点到后件节点连线上的箭头可以省去。例如，树形结构中，通常是用无向线段来表示前、后件关系的。

**3. 线性结构与非线性结构**

根据数据结构中各数据元素之间前、后件关系的复杂程度不同，一般将数据结构分为两大类，即线性结构和非线性结构。

如果一个非空的数据结构有且只有一个根节点，并且每个节点最多有一个前件或后件，则称该数据结构为线性结构，又称线性表。不满足上述条件的数据结构称为非线性结构。

> **小提示**
> 
> 需要注意的是，在线性结构中插入或删除任何一个节点后，它应该还是线性结构，否则就不是线性结构。

### 真题精选

下列叙述中正确的是（　　）。

A．有且只有一个根节点的数据结构一定是线性结构
B．每一个节点最多有一个前件，也最多有一个后件的数据结构一定是线性结构
C．有且只有一个根节点的数据结构一定是非线性结构
D．有且只有一个根节点的数据结构可能是线性结构，也可能是非线性结构

【答案】D

【解析】一个非空线性结构应满足两个条件：①有且只有一个根节点；②每个节点最多有一个前件，也最多有一个后件。不满足以上两个条件的数据结构就称为非线性结构。本题答案为D选项。

## 考点7　线性表及其顺序存储结构

**1. 线性表的基本概念**

在数据结构中，线性结构也称为线性表，线性表是最简单，也是最常用的一种数据结构。

线性表是由 $n$（$n \geq 0$）个数据元素 $a_1$, $a_2$, $\cdots$, $a_n$ 组成的一个有限序列。除表中的第一个元素外，其他元素有且只有一个前件；除最后一个元素外，其他元素有且只有一个后件。

线性表要么是空表，要么可以表示为

$(a_1, a_2, \cdots, a_n)$

其中 $a_i$（$i = 1, 2, \cdots, n$）是线性表的数据元素，也称为线性表的一个节点。

每个数据元素的具体含义，在不同情况下各不相同，它可以是一个数或一个字符，也可以是一个具体的事物，甚至可以是其他更复杂的信息。但是需要注意的是，同一线性表中的数据元素必定具有相同的特性，即属于同一数据对象。

> **真考链接**
>
> 该知识点属于考试大纲中要求了解的内容，在选择题中的考核概率约为45%。考生需了解线性表的基本概念。

> **小提示**
>
> 非空线性表具有以下结构特征：
> - 有且只有一个根节点，即头节点，它无前件；
> - 有且只有一个终节点，即尾节点，它无后件；
> - 除头节点与尾节点外，其他所有节点有且只有一个前件，也有且只有一个后件。节点个数 $n$ 称为线性表的长度，当 $n = 0$ 时，线性表称为空表。

**2. 线性表的顺序存储结构**

将线性表中的元素一个接一个地存储在相邻的存储区域中，这种顺序表示的线性表也称为顺序表。

线性表的顺序存储结构具有以下两个基本特点：
- 元素所占的存储空间必须是连续的；
- 元素在存储空间中是按逻辑顺序存放的。

从这两个特点可以看出，线性表用元素在计算机内物理位置上的相邻关系来表示元素之间逻辑上的相邻关系。只要确定了首地址，线性表内任意元素的地址都可以方便地计算出来。

**3. 线性表的插入运算**

一个长度为 $n$ 的线性表，若在第 $i$ 个元素之前插入一个新元素，完成插入操作主要有以下3个步骤：

（1）把原来第 $n$ 个节点至第 $i$ 个节点依次往后移动一个元素位置；
（2）把新元素放在第 $i$ 个节点位置上；
（3）修正线性表的节点个数。

> **小提示**
>
> 一般会为线性表开辟一个大于线性表长度的存储空间，经过多次插入运算，可能出现存储空间已满的情况，如果此时仍继续做插入运算，将会产生错误，此类错误称为"上溢"。

如果需要在线性表末尾进行插入运算，则只需要在表的末尾增加一个元素，不需要移动线性表中的元素。
如果在第一个位置插入新的元素，则需要移动表中的所有元素。

**4. 线性表的删除运算**

一个长度为 $n$ 的线性表中，若删除第 $i$ 个位置的元素，则要将第 $i+1$ 个元素至第 $n$ 个元素共 $n-i$ 个元素依次向前移一个元素位置。完成删除运算主要有以下步骤：

（1）把第 $i$ 个元素（不包括第 $i$ 个元素）之后的 $n-i$ 个元素依次前移一个元素位置；
（2）修正线性表的节点个数。

显然，如果删除运算在线性表的末尾进行，即删除第 $n$ 个元素，则不需要移动线性表中的元素。
如果要删除第1个元素，则需要移动表中的所有元素。

> **小提示**
> 由线性表的以上性质可以看出，线性表的顺序存储结构适合用于长度较小的线性表或者建立之后其中元素不常变动的线性表，而不适用于需要经常进行插入和删除运算的线性表和长度较大的线性表。

## 真题精选

【例1】下列有关顺序存储结构的叙述，不正确的是（　　）。
　　A．存储密度大
　　B．逻辑上相邻的节点物理上不必相邻
　　C．可以通过计算机直接确定第 $i$ 个节点的存储地址
　　D．插入、删除操作不方便
【答案】B
【解析】顺序存储结构要求逻辑上相邻的元素物理上也相邻，所以只有选项 B 叙述错误。

【例2】在一个长度为 $n$ 的顺序表中，向第 $i$（$1 \leq i \leq n+1$）个元素位置插入一个新元素时，需要从后向前依次移动（　　）个元素。
　　A．$n-i$　　　　B．$i$　　　　C．$n-i-1$　　　　D．$n-i+1$
【答案】D
【解析】根据顺序表的插入运算的定义可知，在第 $i$ 个元素位置上插入 $x$，从 $a_i$ 到 $a_n$ 都要向后移动一个元素位置，共需要移动 $n-i+1$ 个元素。

## 考点8　栈和队列

**1. 栈及其基本运算**

（1）栈的基本概念。

栈实际上也是线性表，只不过是一种特殊的线性表。在这种特殊的线性表中，插入与删除运算都只在线性表的一端进行。

在栈中，允许插入与删除的一端称为栈顶（top），另一端称为栈底（bottom）。当栈中没有元素时，称其为空栈。栈也被称为"先进后出"表，或"后进先出"表。

> **真考链接**
> 该知识点在选择题中的考核概率约为90%，但难度适中。考生需理解栈和队列的概念和特点，掌握栈和队列的运算方法。

（2）栈的特点。

根据栈的上述定义，可知栈具有以下特点：
- 栈顶元素总是最后被插入的元素，也是最先被删除的元素；
- 栈底元素总是最先被插入的元素，也是最后才能被删除的元素；
- 栈具有记忆功能；
- 在顺序存储结构下，栈的插入和删除运算都不需要移动表中其他数据元素；
- 栈顶指针动态反映了栈中元素的变化情况。

（3）栈的状态及其运算。

栈的状态如图 1.7 所示。

图 1.7　栈的状态

根据栈的状态，可以得知栈的基本运算有以下 3 种。
- 入栈运算：在栈顶位置插入一个新元素。

- 退栈运算：取出栈顶元素并赋给一个指定的变量。
- 读栈顶元素：将栈顶元素赋给一个指定的变量。

**2. 队列及其基本运算**

（1）队列的基本概念。

队列是指允许在一端进行插入，而在另一端进行删除的线性表。允许插入的一端称为队尾，通常用一个称为尾指针（rear）的指针指向尾元素；允许删除的一端称为队头，通常用一个头指针（front）指向头元素的前一个位置。

因此，队列又称为"先进先出"（First In First Out，FIFO）或"后进后出"的线性表。插入元素称为入队运算，删除元素称为退队运算。

队列的基本结构如图1.8所示。

图1.8　队列的基本结构

（2）循环队列及其运算。

所谓循环队列，就是将队列存储空间的最后一个位置绕到第一个位置，形成逻辑上的环状空间，供队列循环使用。

在循环队列中，用尾指针指向队列的尾元素，用头指针指向头元素的前一个位置，因此，头指针指向的后一个位置到尾指针指向的位置之间的所有元素均为队列中的元素。循环队列的初始状态为空，即 rear = front。

循环队列的基本运算主要有两种：入队运算与退队运算。

- 入队运算是指在循环队列的队尾加入一个新的元素。
- 退队运算是指在循环队列的队头位置退出一个元素，并赋给指定的变量。

> **小提示**
>
> 栈是按照"先进后出"或"后进先出"的原则组织数据，而队列是按照"先进先出"或"后进后出"的原则组织数据。这就是栈和队列的不同点。

### 真题精选

**【例1】** 下列对队列的叙述，正确的是（　　）。

A. 队列属于非线性表　　　　　　　　B. 队列按"先进后出"原则组织数据
C. 队列在队尾删除数据　　　　　　　D. 队列按"先进先出"原则组织数据

【答案】D

【解析】队列是一种特殊的线性表，它只能在一端进行插入，在另一端进行删除。允许插入的一端称为队尾，允许删除的一端称为队头。队列又称为"先进先出"或"后进后出"的线性表，体现了"先到先服务"的原则。

**【例2】** 下列关于栈的描述，正确的是（　　）。

A. 在栈中只能插入元素而不能删除元素
B. 在栈中只能删除元素而不能插入元素
C. 栈是特殊的线性表，只能在一端插入或删除元素
D. 栈是特殊的线性表，只能在一端插入元素，而在另一端删除元素

【答案】C

【解析】栈是一种特殊的线性表。在这种特殊的线性表中，其插入和删除操作只在线性表的一端进行。

## 考点9　线性链表

**1. 线性链表的基本概念**

线性表的链式存储结构称为线性链表。

为了存储线性链表中的每一个元素，一方面要存储数据元素的值，另一方面要存储各数据元素之间的前、后件关系。为此，在链式存储结构中，每个节点由两部分组成：一部分称为数据域，用于存放数据元素值；另一部分称为指针域，用于存放下一个数据元素的存储序号，即指向后件节点。链式存储结构既可以表示线性结构，也可以表示非线性结构。

> **真考链接**
>
> 该知识点属于考试大纲中要求熟记的内容，在选择题中的考核概率约为35%。考生需熟记线性链表的概念和特点，以及顺序表和链表的优缺点等。

线性链表的特点：用一组不连续的存储单元存储线性表中的各个元素。因为存储单元不连续，数据元素之间的逻辑关系就不能依靠数据元素的存储单元之间的物理关系来表示。

**2. 线性链表的基本运算**

线性链表主要有以下几种运算：

- 在线性链表中包含指定元素的节点之前插入一个新元素；
- 在线性链表中删除包含指定元素的节点；
- 将两个线性链表按要求合并成一个线性链表；
- 将一个线性链表按要求进行分解；
- 逆转线性链表；
- 复制线性链表；
- 线性链表的排序；
- 线性链表的查找。

**3. 循环链表**

（1）循环链表的基本概念。

在单链表的第一个节点前增加一个表头节点，队头指针指向表头节点，将最后一个节点的指针域的值由 NULL 改为指向表头节点，这样的链表称为循环链表。在循环链表中，所有节点的指针构成一个环状链。

（2）循环链表与单链表的比较。

对单链表的访问是一种顺序访问，从其中某一个节点出发，只能找到它的直接后件，但无法找到它的直接前件，而且对于空表和第一个节点的处理必须单独考虑，空表与非空表的操作不统一。

在循环链表中，只要指出表中任何一个节点的位置，就可以从它出发访问表中其他节点。并且，由于表头节点是循环链表所固有的节点，因此，即使在表中没有数据元素的情况下，表中也至少有一个节点存在，从而使空表和非空表的操作统一。

 **真题精选**

下列叙述中，正确的是（　　）。

A．线性链表是线性表的链式存储结构  
B．栈与队列是非线性结构  
C．双向链表是非线性结构  
D．只有根节点的二叉树是线性结构

【答案】A

【解析】根据数据结构中各数据元素之间前、后件关系的复杂程度，可将数据结构分为两大类：线性结构与非线性结构。如果一个非空的数据结构满足两个条件：①有且只有一个根节点；②每个节点最多有一个前驱，也最多有一个后继。则称该数据结构为线性结构，也叫作线性表。若不满足上述条件，则称之为非线性结构。线性表、栈、队列和线性链表都是线性结构，而二叉树是非线性结构。

## 考点 10　树和二叉树

**1. 树的基本概念**

树是一种简单的非线性结构，直观地看，树是以分支关系定义的层次结构。树是由 $n$（$n \geq 0$）个节点构成的有限集合，$n = 0$ 的树称为空树；当 $n \neq 0$ 时，树中的节点应该满足以下两个条件：

- 有且仅有一个没有前件的节点称为根节点；
- 其余节点分成 $m$（$m > 0$）个互不相交的有限集合 $T_1$，$T_2$，…，$T_m$，其中每一个集合又都是一棵树，称 $T_1$，$T_2$，…，$T_m$ 为根节点的子树。

在树的结构中，主要涉及下面几个概念。

- 每一个节点只有一个前件，其称为父节点。没有前件的节点只有一个，称为树的根节点，简称树的根。
- 每一个节点可以有多个后件，其称为该节点的子节点。没有后件的节点称为叶子节点。
- 一个节点所拥有的后件个数称为该节点的度。
- 所有节点最大的度称为树的度。

**真考链接**

该知识点的考核概率约为100％，属于必考知识点，特别是关于二叉树的遍历。考生需熟记二叉树的概念及其相关术语，掌握二叉树的性质以及二叉树的3种遍历方法。

- 树的最大层次称为树的深度。

**2. 二叉树及其基本性质**

（1）二叉树的定义。

二叉树是一种非线性结构，是一个有限的节点集合，该集合或者为空，或者由一个根节点及其两棵互不相交的左、右二叉子树所组成。当集合为空时，称该二叉树为空二叉树。

二叉树具有以下特点：

- 二叉树可以为空，空的二叉树没有节点，非空二叉树有且只有一个根节点；
- 每一个节点最多有两棵子树，且分别称为该节点的左子树与右子树。

（2）满二叉树和完全二叉树。

满二叉树：除最后一层外，每一层上的所有节点都有两个子节点，即在满二叉树的第 $k$（$k≥1$）层上有 $2^{k-1}$ 个节点，且深度为 $m$ 的满二叉树中有 $2^m-1$ 个节点。

完全二叉树：除最后一层外，每一层上的节点数都达到最大值；在最后一层上只缺少右边的若干节点。

满二叉树与完全二叉树的关系：满二叉树一定是完全二叉树，但完全二叉树不一定是满二叉树。

（3）二叉树的主要性质。

- 一棵非空二叉树的第 $k$ 层上最多有 $2^{k-1}$ 个节点（$k≥1$）。
- 深度为 $m$ 的满二叉树中有 $2^m-1$ 个节点。
- 对任何一棵二叉树，度为 0 的节点（即叶子节点）总是比度为 2 的节点多一个。
- 具有 $n$ 个节点的完全二叉树的深度 $k$ 为 $\lfloor \log_2 n \rfloor + 1$（此处 $\lfloor \rfloor$ 表示向下取整）。

**3. 二叉树的存储结构**

在计算机中，二叉树通常采用链式存储结构。用于存储二叉树中各元素的存储节点由数据域和指针域组成。由于每一个元素可以有两个后件（即两个子节点），所以用于存储二叉树的存储节点的指针域有两个：一个指向该节点的左子节点的存储地址，称为左指针域；另一个指向该节点的右子节点的存储地址，称为右指针域。二叉树的链式存储结构称为二叉链表。

对于满二叉树与完全二叉树可以按层次进行顺序存储。

**4. 二叉树的遍历**

二叉树的遍历是指不重复地访问二叉树中的所有节点。二叉树的遍历主要是针对非空二叉树的，对于空二叉树，则结束遍历并返回。

二叉树的遍历分为前序遍历、中序遍历和后序遍历。

（1）前序遍历（DLR）。

首先访问根节点，然后遍历左子树，最后遍历右子树。

（2）中序遍历（LDR）。

首先遍历左子树，然后访问根节点，最后遍历右子树。

（3）后序遍历（LRD）。

首先遍历左子树，然后遍历右子树，最后访问根节点。

> **小提示**
>
> 已知一棵二叉树的前序遍历序列和中序遍历序列，可以唯一地确定这棵二叉树。已知一棵二叉树的后序遍历序列和中序遍历序列，也可以唯一地确定这棵二叉树。已知一棵二叉树的前序遍历序列和后序遍历序列，不能唯一地确定这棵二叉树。

> **常见问题**
>
> 为什么只有二叉树的前序遍历和后序遍历不能唯一确定一棵二叉树？
>
> 在二叉树的前序遍历和后序遍历中都可以确定根节点，但中序遍历是由左至根及右的顺序，所以知道前序遍历（或后序遍历）和中序遍历肯定能唯一确定二叉树；在前序遍历和后序遍历中只能确定根节点，而对于左、右子树的节点元素没办法正确选取，所以很难确定一棵二叉树。由此可见，确定一棵二叉树的基础是必须知道中序遍历。

### 真题精选

对图1.9所示的二叉树进行后序遍历的结果为（　　）。
A. ABCDEF　　　　　　　　　　　　B. DBEAFC
C. ABDECF　　　　　　　　　　　　D. DEBFCA

【答案】D

【解析】进行后序遍历，应依次执行以下操作：
①按照后序遍历的顺序遍历根节点的左子树；
②按照后序遍历的顺序遍历根节点的右子树；
③访问根节点。

图1.9　二叉树

## 考点11　查找技术

**1. 顺序查找**

顺序查找一般是指在线性表中查找指定的元素。其基本思路：从表中的第一个元素开始，依次将线性表中的元素与被查找元素进行比较，直到两者相符，查到所要找的元素为止；否则，表中没有要找的元素，查找不成功。

在最好的情况下，第一个元素就是要查找的元素，则比较次数为1。
在最坏的情况下，顺序查找需要比较 $n$ 次。
在平均情况下，需要比较 $n/2$ 次。因此，查找算法的时间复杂度为 $O(n)$。

在下列两种情况下只能采取顺序查找：
- 如果线性表中元素的排列是无序的，则无论是顺序存储结构还是链式存储结构都只能采用顺序查找；
- 即便是有序线性表，若采用链式存储结构，则也只能进行顺序查找。

> **真考链接**
> 该知识点属于考试大纲中要求理解的内容，在选择题中的考核概率约为35%。考生需理解顺序查找与二分查找的概念以及常用的查找方法。

**2. 二分查找**

使用二分查找的线性表必须满足以下两个条件：
- 为顺序存储结构；
- 线性表是有序表。

所谓有序表，是指线性表中的元素按值非递减（即从小到大，但允许相邻元素值相等）排列。

对于长度为 $n$ 的有序线性表，利用二分查找来查找元素 $x$ 的过程如下：
（1）将 $x$ 与线性表的中间项进行比较；
（2）若中间项的值等于 $x$，则查找成功，结束查找；
（3）若 $x$ 小于中间项的值，则在线性表的前半部分继续进行二分查找；
（4）若 $x$ 大于中间项的值，则在线性表的后半部分继续进行二分查找。

这样反复查找，直到查找成功或子表长度为0（说明线性表中没有这个元素）为止。

当有序线性表为顺序存储结构时，采用二分查找的效率要比采用顺序查找的高得多。对于长度为 $n$ 的有序线性表，在最坏的情况下，二分查找只需要比较 $\log_2 n$ 次，而顺序查找需要比较 $n$ 次。

### 真题精选

下列数据结构中，能进行二分查找的是（　　）。
A. 顺序存储的有序线性表　　　　　　B. 线性链表
C. 二叉链表　　　　　　　　　　　　D. 有序线性链表

【答案】A

【解析】二分查找只适用于顺序存储的有序表。所谓有序表，是指线性表中的元素按值非递减（即从小到大，但允许相邻元素值相等）排列。

## 考点 12　排序技术

**1. 交换类排序法**

交换类排序法是指借助数据元素的"交换"来进行排序的一种方法。这里介绍的冒泡排序法和快速排序法就属于交换类排序法。

(1) 冒泡排序法。

冒泡排序法的基本思想如下。

在线性表中依次查找相邻的数据元素，将表中最大的元素不断往后移动，反复操作直到消除所有逆序，此时该表已经排序结束。

冒泡排序法的基本过程如下。

①从表头开始往后查找线性表，在查找过程中逐次比较相邻两个元素的大小。若相邻两个元素中，前面的元素大于后面的元素，则将它们交换。

②从后向前查找剩下的线性表（除去最后一个元素），同样，在查找过程中逐次比较相邻两个元素的大小。若相邻两个元素中，后面的元素小于前面的元素，则将它们交换。

③对剩下的线性表重复上述过程，直到剩下的线性表变空为止，线性表排序完成。

假设线性表的长度为 $n$，则在最坏的情况下，冒泡排序需要经过 $n/2$ 遍的从前往后扫描和 $n/2$ 遍的从后往前扫描，需要比较 $n(n-1)/2$ 次，其数量级为 $n^2$。

(2) 快速排序法。

快速排序法的基本思想如下。

在线性表中逐个选取元素，将线性表进行分割，直到所有元素全部选取完毕，此时线性表已经排序结束。

快速排序法的基本过程如下。

①从线性表中选取一个元素，设为 $T$，将线性表中小于 $T$ 的元素移到前面，而将大于 $T$ 的元素移到后面，这样就将线性表分成了两部分（称为前、后两个子表），$T$ 就处于分界线的位置，且前面子表中的所有元素均不大于 $T$，而后面子表中的所有元素均不小于 $T$，此过程称为线性表的分割；

②对分割后的子表再按上述方法进行反复分割，直到所有子表为空为止，此时的线性表就变为有序表。

**2. 插入类排序法**

插入类排序法是指将无序序列中的各元素依次插入已经有序的线性表的方法。这里主要介绍简单插入排序法和希尔排序法。

(1) 简单插入排序法。

简单插入排序是把 $n$ 个待排序的元素看成一个有序表和一个无序表，开始时，有序表只包含一个元素，而无序表包含 $n-1$ 个元素，每次取无序表中的第一个元素插入有序表的正确位置，使之成为增加一个元素的新的有序表。插入元素时，插入位置及其后的元素依次向后移动。最后有序表的长度为 $n$，而无序表为空，此时排序完成。

在简单插入排序中，每一次比较后最多移掉一个逆序，因此，该排序方法的效率与冒泡排序法的相同。在最坏的情况下，简单插入排序需要比较 $n(n-1)/2$ 次。

(2) 希尔排序法。

希尔排序法的基本思想：将整个无序序列分割成若干个小的子序列并分别进行插入排序。

分割方法如下：

①将相隔增量 $h$ 的元素构成一个子序列；

②在排序过程中，逐次减少这个增量，直到 $h$ 减少到 1 时，进行一次插入排序，排序即可完成。

希尔排序的效率与所选取的增量序列有关。

**3. 选择类排序法**

选择类排序法的基本思想是每一趟从待排序序列中选出值最小的元素，将其按顺序放在已排好序的有序子表的后面，直到全部序列满足排序要求为止。下面就介绍选择类排序法中的简单选择排序法和堆排序法。

(1) 简单选择排序法。

简单选择排序法的基本思想：首先从所有 $n$ 个待排序的数据元素中选出最小的元素，将该元素与第一个元素交换，再从剩下的 $n-1$ 个元素中选出最小的元素并将其与第二个元素交换。重复这样的操作直到所有的元素有序。

简单选择排序在最坏的情况下需要比较 $n(n-1)/2$ 次。

(2) 堆排序法。

堆排序法的基本过程如下。

> **真考链接**
> 
> 该知识点属于考试大纲中要求掌握的内容，在选择题中的考核概率约为25%，考生需掌握各种排序方法的概念、基本思想及其复杂度。

① 将一个无序序列建成堆。
② 将堆顶元素与堆中最后一个元素交换。忽略已经交换到最后的那个元素，考虑前 $n-1$ 个元素构成的子序列，只有左、右子树是堆时，才可以将该子树调整为堆。这样重复进行第二步，直到剩下的子序列为空。

在最坏的情况下，堆排序需要比较的次数为 $n\log_2 n$。

### 真题精选

对于长度为 $n$ 的线性表，在最坏的情况下，下列各排序法所对应的比较次数中正确的是（　　）。

A. 冒泡排序为 $n/2$                  B. 冒泡排序为 $n$
C. 快速排序为 $n$                  D. 快速排序为 $n(n-1)/2$

【答案】D

【解析】假设线性表的长度为 $n$，则在最坏的情况下，冒泡排序需要经过 $n/2$ 遍的从前往后扫描和 $n/2$ 遍的从后往前扫描，需要比较的次数为 $n(n-1)/2$。快速排序在最坏的情况下，比较次数也是 $n(n-1)/2$。

## 1.3　程序设计基础

### 考点 13　程序设计方法与风格

**1. 程序设计方法**

程序设计是指设计、编制、调试程序的方法和过程。

程序设计方法是研究问题求解如何进行系统构造的软件方法。常用的程序设计方法有结构化程序设计方法、软件工程方法和面向对象方法。

**2. 程序设计风格**

程序设计风格是指编写程序时所表现出的特点、习惯和逻辑思路。良好的程序设计风格可以使程序结构清晰、合理，程序代码便于理解和维护。程序设计风格影响着软件的质量和可维护性。因此，著名的"清晰第一，效率第二"的论点已成为当今主导的程序设计风格。要形成良好的程序设计风格，主要应注意和考虑以下因素。

> **真考链接**
>
> 该知识点属于考试大纲中要求熟记的内容，在选择题中的考核概率约为 10%。考生需熟记程序设计的相关概念。

- 源程序文档化。
- 数据的说明方法。在编写程序时，要注意数据的说明方法，包括：① 数据说明的次序要规范化；② 说明语句中的变量安排要有序化；③ 语句的结构应简单直接，不应该为提高效率而把语句复杂化，避免滥用 goto 语句；④ 模块设计要保证低耦合、高内聚。
- 语句的结构。
- 输入和输出。

### 真题精选

【例 1】下列叙述中，不属于良好程序设计风格要求的是（　　）。

A. 程序的效率第一，清晰第二        B. 程序的可读性好
C. 程序中要有必要的注释               D. 输入数据前要有提示信息

【答案】A

【解析】著名的"清晰第一，效率第二"的论点已经成为当今主导的程序设计风格，所以选项 A 不属于良好程序设计风格要求，其余选项都属于良好程序设计风格要求。

【例 2】下列选项中不符合良好程序设计风格的是（　　）。

A. 源程序要文档化                  B. 数据说明的次序要规范化
C. 避免滥用 goto 语句              D. 模块设计要保证高耦合、高内聚

【答案】D

【解析】良好的程序设计风格可以使程序结构清晰、合理，程序代码便于理解和维护。实现良好的程序设计风格主要应注意和考虑的因素有：①源程序要文档化；②数据说明的次序要规范化；③说明语句中的变量安排要有序化；④语句的结构应简单直接，不应该为提高效率而把语句复杂化，避免滥用goto语句；⑤模块设计要保证低耦合、高内聚。

## 考点14 结构化程序设计

**1. 结构化程序设计的原则**

结构化程序设计的主要原则可以概括为自顶向下、逐步求精、模块化及限制使用goto语句。

（1）自顶向下：设计程序时，应先考虑总体，后考虑细节；先考虑全局目标，后考虑具体问题。

（2）逐步求精：将复杂问题细化为逐个小问题再依次求解。

（3）模块化：把程序要实现的总目标分解为若干目标，再进一步分解为具体的小目标，把每个小目标称为一个模块。

（4）限制使用goto语句。

**真考链接**

该知识点属于考试大纲中要求熟记的内容，在选择题中的考核概率约为45%。考生需熟记结构化程序设计的4个原则以及结构化程序设计的3种基本结构。

**2. 结构化程序设计的基本结构**

结构化程序设计有3种基本结构，即顺序结构、选择结构和循环结构，其基本形式如图1.10所示。

（a）顺序结构　　（b）选择结构　　（c1）当型循环结构　　（c2）直到型循环结构

图1.10　结构化程序设计的基本结构

**3. 结构化程序设计的原则和方法的应用**

结构化程序设计是一种面向过程的程序设计方法。在结构化程序设计的具体实施中，需要注意以下问题：

- 使用程序设计语言的顺序、选择、循环等有限的控制结构表示程序的控制逻辑；
- 选用的控制结构只准许有一个入口和一个出口；
- 程序语句组成容易识别的块，每个块只有一个入口和一个出口；
- 复杂结构应该应用嵌套的基本控制结构进行组合嵌套来实现；
- 语言中所没有的控制结构，应该采用前后一致的方法来模拟；
- 严格控制goto语句的使用。

### 真题精选

下列选项中不属于结构化程序设计原则的是（　　）。
A. 自顶向下　　　　B. 逐步求精　　　　C. 模块化　　　　D. 可复用

【答案】D

【解析】20世纪70年代以来，提出了许多软件设计原则，主要有：①逐步求精，对复杂的问题应设计一些子目标进行过渡，逐步细化。②自顶向下，设计程序时，应先考虑总体，后考虑细节；先考虑全局目标，后考虑局部目标。一开始不要过多追求细节，先从最上层总目标开始设计，逐步使问题具体化。③模块化，一个复杂问题通常是由若干相对简单的问题构成的，模块化是把程序要实现的总目标分解为分目标，再进一步分解为具体的小目标，把每个小目标称为一个模块。而可复用是面向对象程序设计的一个优点，不是结构化程序设计原则。

## 考点 15  面向对象的程序设计

**1. 面向对象方法的本质**

面向对象方法的本质就是主张从客观世界固有的事物出发来构造系统，提倡用人类在现实生活中常用的思维方法来认识、理解和描述客观事物，强调最终建立的系统能够映射问题域。

**2. 面向对象方法的优点**

面向对象方法有以下优点：
- 与人类习惯使用的思维方法一致；
- 稳定性好；
- 可重用性好；
- 易于开发大型软件产品；
- 可维护性好。

> **真考链接**
> 该知识点属于考试大纲中要求熟记的内容，在选择题中的考核概率约为65%。考生需熟记对象、类、实例、消息、继承、多态性的概念。

**3. 面向对象方法的基本概念**

（1）对象。

对象是面向对象方法中基本的概念。对象可以用来表示客观世界中的任何实体，它既可以是具体的物理实体的抽象，也可以是人为概念，或者是任何有明确边界和意义的东西。

（2）类。

类是具有共同属性、共同方法的对象的集合，是关于对象的抽象描述，反映属于该对象类型的所有对象的性质。

（3）实例。

一个具体对象则是其对应类的一个实例。

（4）消息。

消息是一个实例与另一个实例之间传递的信息，它是用于请求对象执行某一处理或回答某一要求的信息，它统一了数据流和控制流。

（5）继承。

继承是使用已有的类定义作为基础建立新类的定义方法。在面向对象方法中，类可组成具有层次结构的系统：一个类的上层可有父类，下层可有子类；一个类直接继承其父类的描述（数据和操作）或特性，子类自动共享基类中定义的数据和方法。

（6）多态性。

对象根据所接收的信息而做出动作，同样的消息被不同的对象接收时可以有完全不同的行动，该现象称为多态性。

> **小提示**
> 当使用"对象"这个术语时，其既可以指一个具体的对象，也可以泛指一般的对象。但是当使用"实例"这个术语时，其则是指一个具体的对象。

> **常见问题**
> 对象是面向对象方法中基本的概念，请问对象有哪些特点？
> ①标识唯一性。标识唯一性是指对象是可区分的，并且由对象的内在本质来区分。
> ②分类性。分类性是指可以将具有共同属性和方法的对象抽象成类。
> ③多态性。多态性是指同一个操作可以是不同对象的行为。
> ④封装性。封装性是指从外面不能直接使用对象的处理功能，也不能直接修改其内部状态，对象的内部状态只能由其自身改变。
> ⑤独立性。独立性是指模块的独立性要好。

**真题精选**

在面向对象方法中，实现信息隐蔽是依靠（　　）。

A. 对象的继承　　　　B. 对象的多态　　　　C. 对象的封装　　　　D. 对象的分类

**【答案】** C

**【解析】** 对象是由数据和操作组成的封装体，与客观实体有直接的对应关系。对象之间通过传递消息互相联系，以模拟现实世界中不同事物彼此之间的关系。面向对象方法的 3 个重要特性：封装性、继承性和多态性。

# 1.4 软件工程基础

## 考点 16　软件工程的基本概念

### 1. 软件定义与软件特点

（1）软件的定义。

软件（software）是指与计算机系统的操作有关的计算机程序、规程、规则，以及可能有的文件、文档及数据。

计算机软件由两部分组成：一是计算机可执行的程序和数据；二是计算机不可执行的，与软件开发、运行、维护、使用等有关的文档。

（2）软件的特点。

软件主要包括以下几个特点：

- 软件是一种逻辑实体，具有抽象性；
- 软件的生产与硬件的不同，它没有明显的制作过程；
- 软件在运行、使用期间，不存在磨损、老化问题；
- 软件的开发、运行对计算机系统具有依赖性，受计算机系统的限制，这导致了软件移植的问题；
- 软件复杂度高，成本昂贵；
- 软件开发涉及诸多的社会因素。

> **真考链接**
>
> 该知识点属于考试大纲中要求熟记的内容，在选择题中的考核概率约为 75%。考生需熟记软件的定义与特点、软件工程的目标与原则、软件开发工具与软件开发环境等内容，理解软件工程过程与软件生命周期。

### 2. 软件危机与软件工程

（1）软件危机。

软件危机泛指在计算机软件的开发和维护中所遇到的一系列严重问题。具体地说，在软件开发和维护过程中，软件危机主要表现在以下几个方面：

- 增长的软件需求得不到满足；
- 软件的开发成本和进度无法控制；
- 软件质量难以保证；
- 软件不可维护或可维护程度非常低；
- 软件的成本不断提高；
- 软件开发生产率的提高赶不上硬件的发展和应用需求的增长。

总之，可以将软件危机归结为成本、质量、生产率等问题。

（2）软件工程。

软件工程是应用于计算机软件的定义、开发和维护的一整套方法、工具、文档、实践标准和工序。

软件工程包括两方面内容：软件开发技术和软件工程管理。软件工程涉及 3 个要素，即方法、工具和过程。软件工程的核心思想是把软件产品看作工程产品来处理。

### 3. 软件工程过程与软件生命周期

（1）软件工程过程。

软件工程过程是指把输入转化成输出的一组彼此相关的资源和活动。

（2）软件生命周期。

通常，将软件产品从提出、实现、使用、维护到停止使用的过程称为软件生命周期。

软件生命周期主要包括软件定义、软件开发及软件运行维护 3 个阶段。其中，软件生命周期的主要活动阶段包括可行性研究与计划制订、需求分析、软件设计、软件实现、软件测试和运行维护。

**4. 软件工程的目标与原则**

（1）软件工程的目标。

软件工程需达到的目标：在给定成本、进度要求的前提下，开发出具有有效性、可靠性、可理解性、可维护性、可重用性、可适应性、可移植性、可追踪性和可互操作性且满足用户需求的产品。

（2）软件工程的原则。

为了实现上述的软件工程目标，在软件开发过程中，必须遵循软件工程的基本原则。这些原则适用于所有的软件项目，包括抽象、信息隐蔽、模块化、局部化、确定性、一致性、完备性和可验证性。

**5. 软件开发工具与软件开发环境**

软件开发工具与软件开发环境的使用，可提高软件的开发效率、维护效率和质量。

（1）软件开发工具。

软件开发工具的产生、发展和完善促进了软件的开发效率和质量的提高。软件开发工具从初期的单项工具逐步向集成工具发展。与此同时，软件开发的各种方法也必须得到相应的软件工具的支持，否则方法就很难有效地实施。

（2）软件开发环境。

软件开发环境是全面支持软件开发过程的软件工具集合。这些软件工具按照一定的方法或模式组合起来，支持软件生命周期的各个阶段和各项任务的完成。

计算机辅助软件工程（Computer Aided Software Engineering，CASE）是当前软件开发环境中富有特色的研究工作和发展方向。CASE 将各种软件工具、开发计算机和存放过程信息的中心数据库组合起来，形成软件工程环境。良好的软件工程环境将最大限度地降低软件开发的技术难度并能使软件开发的质量得到保证。

### 真题精选

下列描述中，正确的是（    ）。

A．程序就是软件  
B．软件开发不受计算机系统的限制  
C．软件既是逻辑实体，又是物理实体  
D．软件是程序、数据与相关文档的集合

【答案】D

【解析】计算机软件是计算机系统中与硬件相互依存的另一部分，是程序、数据及相关文档的完整集合。软件具有以下特点：①软件是一种逻辑实体，而不是物理实体，具有抽象性；②软件的生产过程与硬件的不同，没有明显的制作过程；③软件在运行、使用期间，不存在磨损、老化问题；④软件的开发、运行对计算机系统具有不同程度的依赖性，这导致了软件移植的问题；⑤软件复杂度高、成本昂贵；⑥软件开发涉及诸多的社会因素。

## 考点17　结构化分析方法

**1. 需求分析和需求分析方法**

（1）需求分析。

软件需求是指用户对目标软件系统在功能、行为、性能、设计约束等方面的期望。

需求分析是发现需求、求精、建模和定义需求的过程。需求分析将创建所需的数据模型、功能模型和控制模型。

需求分析阶段的工作可以概括为4个方面：需求获取、需求分析、编写软件需求规格说明书、需求评审。

（2）需求分析方法。

常用的需求分析方法有结构化分析方法和面向对象分析方法。

**2. 结构化分析方法**

（1）结构化分析方法的概念与实质。

结构化分析方法是结构化程序设计理论在软件需求分析阶段的应用。

结构化分析方法的实质是着眼于数据流，自顶向下，逐层分解，建立系统的处理流程，以数据流图和数据字典为主要工具建立系统的逻辑模型。

（2）结构化分析方法的常用工具。

常用工具包括数据流图、数据字典、判断树、判断表。下面主要介绍数据流图和数据字典。

> **真考链接**
> 该知识点属于考试大纲中要求熟记的内容，在选择题中的考核概率约为85%。考生需熟记需求分析的定义、需求分析阶段的工作、2种需求分析方法，理解结构化分析方法常用的工具。

数据流图（Data Flow Diagram，DFD）是描述数据处理的工具，是需求理解的逻辑模型的图形表示，它直接支持系统的功能建模。

数据流图从数据传递和加工的角度来刻画数据流从输入到输出的移动变换过程，其主要图形元素及说明如表1.10所示。

表1.10　　　　　　　　　　　数据流图中的主要图形元素及说明

| 图形元素 | 说　明 |
| --- | --- |
| ○ | 加工（转换）：输入数据经加工产生输出 |
| → | 数据流：沿箭头方向传送数据，一般在旁边标注数据流名 |
| ── | 存储文件：表示处理过程中存放各种数据的文件 |
| □ | 数据的源点/终点：表示系统和环境的接口，属系统之外的实体 |

数据字典（Data Dictionary，DD）是结构化分析方法的核心，是所有与系统相关的数据元素的一个有组织的列表，以及明确的、严格的定义，使得用户和系统分析员对于输入、输出、存储内容和中间计算结果有共同的理解。数据字典通常包含的信息有名称、别名、何处使用/如何使用、内容描述、补充信息等。数据字典中有4种类型的条目：数据流、数据项、数据存储和数据加工。

> **小提示**
> 数据流图中的数据流与程序流程图中用带箭头的线段表示的控制流有本质的不同，千万不要混淆。此外，数据存储和数据流都是数据，仅仅是所处的状态不同。数据存储是处于静止状态的数据，数据流是处于运动状态的数据。

**3. 软件需求规格说明书**

软件需求规格说明书是需求分析阶段的最后结果，是软件开发中的重要文档之一。

软件需求规格说明书的标准主要有正确性、无歧义性、完整性、可验证性、一致性、可理解性、可修改性和可追踪性。

## 考点18　结构化设计方法

**1. 软件设计的基本概念及方法**

（1）软件设计的基础。

软件设计是软件工程的重要阶段，是把软件需求转换为软件表示的过程。软件设计的基本目标是用比较抽象、概括的方式确定目标系统如何完成预定的任务，即确定系统的物理模型。

（2）软件设计的基本原理。

软件设计遵循软件工程的基本目标和原则，形成了适用于在软件设计中应该遵循的基本原理和与软件设计有关的概念，主要包括抽象、模块化、信息隐蔽及模块独立性。下面主要介绍模块独立性的一些度量标准。

模块的独立程度是评价设计质量的重要度量标准。软件的模块独立性的定性度量标准是耦合性和内聚性。

耦合性是对模块间互相连接的紧密程度的度量。内聚性是对模块内部各个元素间彼此结合的紧密程度的度量。通常较优秀的软件设计应尽量做到低耦合、高内聚。

（3）结构化设计方法。

结构化设计就是采用最佳可能方法，设计系统的各个组成部分及各成分之间的内部联系的技术。也就是说，结构化设计是这样一个过程，它决定用哪些方法把哪些部分联系起来才能解决好某个有清楚定义的具体问题。

结构化设计方法的基本思想是将软件设计成由相对独立、功能单一的模块组成的结构。

> **真考链接**
> 该知识点属于考试大纲中要求熟记的内容，在选择题中的考核概率约为65%。考生需熟记概要设计的基本任务、准则，理解软件设计的基本原理、面向数据流的设计方法、详细设计的工具。

> **小提示**
> 
> 　　一般来说，要求模块之间的耦合程度尽可能低，即模块尽可能独立，且要求模块的内聚程度尽可能高。内聚性和耦合性是一个问题的两个方面，耦合程度低的模块，其内聚程度通常较高。

**2. 概要设计**

（1）概要设计的任务。
- 设计软件系统结构。
- 设计数据结构及数据库。
- 编写概要设计文档。
- 评审概要设计文档。

（2）面向数据流的设计方法。

在需求分析设计阶段，会产生数据流图。面向数据流的设计方法定义了一些不同的映射方法，利用这些映射方法可以把数据流图变换成结构图表示的软件结构。数据流图从系统的输入数据流到系统的输出数据流的一连串连续加工形成了一条信息流。数据流图的信息流可分为两种：变换流和事务流。相应地，数据流图有两种典型的结构形式：变换型和事务型。

面向数据流的结构化设计过程：
- 确认数据流图的类型（是事务型还是变换型）；
- 说明数据流的边界；
- 把数据流图映射为程序结构；
- 根据设计准则对产生的结构进行优化。

（3）结构化设计的准则。

大量的实践表明，可以借鉴以下的设计准则作为设计的指导和对软件结构图进行优化的条件：
- 提高模块独立性；
- 模块规模应该适中；
- 深度、宽度、扇入和扇出都应适当；
- 模块的作用域应该在控制域之内；
- 降低模块之间接口的复杂程度；
- 设计单入口、单出口的模块；
- 模块功能应该可以预测。

> **小提示**
> 
> 　　扇出过大意味着模块过分复杂，需要控制和协调过多的下级模块；扇出过小时，可以把下级模块进一步分解成若干个子功能模块，或者将其合并到它的上级模块中。扇入越大，则共享该模块的上级模块数目越多，这是有好处的，但是不能牺牲模块的独立性单纯追求大扇入。大量实践表明，设计得很好的软件结构通常顶层扇出比较大，中层扇出较小，底层模块有大扇入。

**3. 详细设计**

（1）详细设计的任务。

详细设计的任务是为软件结构图中的每一个模块确定实现算法和局部数据结构，用某种选定的表达工具表示算法和数据结构的细节。

（2）详细设计的工具。
- 图形工具：程序流程图、N-S 图、PAD 及 HIPO 图。
- 表格工具：判定表。
- 语言工具：PDL（伪码）。

### 真题精选

从工程管理角度看，软件设计一般分为两步完成，它们是（　　）。

A. 概要设计与详细设计　　　　　　　　　B. 数据设计与接口设计
C. 软件结构设计与数据设计　　　　　　　D. 过程设计与数据设计

【答案】A

【解析】从工程管理角度看，软件设计分两步完成：概要设计与详细设计。概要设计将软件需求转化为软件体系结构、确定系统级接口、全局数据结构或数据库模式；详细设计确定每个模块的实现算法和局部数据结构，用某种选定的表达工具表示算法和数据结构的细节。

## 考点19　软件测试

软件测试是保证软件质量的重要手段，其主要过程涵盖整个软件生命周期的过程，包括需求定义阶段的需求测试、编码阶段的单元测试、集成测试，以及其后的确认测试、系统测试，用于验证软件是否合格、能否交付用户使用等。

**1. 软件测试的目的及准则**

（1）软件测试的目的。
- 软件测试是为了发现错误而执行程序的过程。
- 一个好的测试用例是指很可能找到迄今为止尚未发现的错误的用例。
- 一个成功的测试是指发现了至今尚未发现的错误的测试。

（2）软件测试的准则。

鉴于软件测试的重要性，要做好软件测试，除了需要设计出有效的测试方案和好的测试用例，软件测试人员还需要充分理解和运用关于软件测试的一些基本准则：

- 所有测试都应追溯到用户需求；
- 严格执行测试计划，排除测试的随意性；
- 充分注意测试中的群集现象；
- 程序员应避免检查自己的程序；
- 穷举测试不可能实施；
- 妥善保存测试计划、测试用例、出错统计和最终分析报告，为软件维护提供方便。

> **真考链接**
>
> 该知识点属于考试大纲中要求熟记的内容，在选择题中的考核概率约为75%。考生需熟记软件测试的目的和准则，理解白盒测试与黑盒测试及其测试用例设计。

**2. 软件测试方法和技术综述**

软件测试的方法是多种多样的，对于软件测试的方法，可以从不同角度加以分类。

若从是否需要运行被测软件的角度，软件测试的方法可以分为静态测试和动态测试；若按照功能划分，软件测试的方法可以分为白盒测试和黑盒测试。

（1）静态测试与动态测试。

静态测试不实际运行软件，主要通过人工进行分析，包括代码检查、静态结构分析、代码质量度量等。其中，代码检查分为代码审查、代码走查、桌面检查、静态分析等具体形式。

动态测试是基于计算机的测试，是为了发现错误而执行程序的过程。设计高效、合理的测试用例是做好动态测试的关键。测试用例就是为测试设计的数据，由测试输入数据和预期的输出结果两部分组成。测试用例的设计方法一般分为两类：白盒测试和黑盒测试。

（2）白盒测试与测试用例设计。

白盒测试也称结构测试或逻辑驱动测试，它根据程序的内部逻辑来设计测试用例，检查程序中的逻辑通路是否都按预定的要求正确地工作。

白盒测试的主要方法有逻辑覆盖测试、基本路径测试等。

（3）黑盒测试与测试用例设计。

黑盒测试也称功能测试或数据驱动测试，它根据规格说明书的功能来设计测试用例，检查程序的功能是否符合规格说明书的要求。

黑盒测试的主要方法有等价类划分法、边界值分析法、错误推测法、因果图法等，主要用于软件确认测试。

**3. 软件测试的实施**

软件测试的实施过程主要有4个步骤：单元测试、集成测试、确认测试（验收测试）和系统测试。

（1）单元测试。

单元测试也称模块测试，模块是软件设计的最小单位，单元测试是对模块进行正确性的检验，以期尽早发现各模块内部可能存在的各种错误。单元测试通常在编码阶段进行。

(2) 集成测试。

集成测试也称组装测试，它是对各模块按照设计要求组装成的程序进行测试，其主要目的是发现与接口有关的错误。

(3) 确认测试。

确认测试的任务由用户根据合同进行，用来测试系统功能和性能是否可接受。确认测试需要用户积极参与，或者需以用户为主进行测试。

(4) 系统测试。

系统测试是将软件系统与硬件、外设或其他元素结合在一起，对整个软件系统进行测试。

系统测试的内容包括功能测试、操作测试、配置测试、性能测试、安全测试和外部接口测试等。

### 真题精选

代码编写阶段可进行的软件测试是（　　）。

A. 单元测试　　　　　　B. 集成测试　　　　　C. 确认测试　　　　　D. 系统测试

【答案】A

【解析】单元测试也称模块测试，模块是软件设计的最小单位，单元测试是对模块进行正确性的检验，以期尽早发现各模块内部可能存在的各种错误，通常在编码阶段进行。本题答案为A选项。

## 考点20　程序的调试

在对程序进行成功的测试之后，将进行程序调试。程序调试的目的是诊断和更正程序中的错误。

本考点主要讲解程序调试的概念及调试的方法。

**真考链接**

该知识点属于考试大纲中要求熟记的内容，在选择题中的考核概率约为30%。考生需熟记程序调试的目的及调试方法。

**1. 程序调试的基本概念**

调试是成功测试之后的步骤，也就是说，调试是在测试发现错误之后排除错误的过程。软件测试贯穿整个软件生命周期，而调试主要发生在开发阶段。

程序调试活动由两部分组成：
- 根据错误的迹象确定程序中错误的确切性质、原因和位置；
- 对程序进行修改，排除错误。

(1) 调试的基本步骤。

①错误定位。

②修改设计和代码，以排除错误。

③进行回归测试，防止引入新的错误。

(2) 调试的原则。

调试活动由对程序中错误的定性/定位和排错两部分组成，因此调试原则也从这两个方面考虑：

①确定错误的性质和位置的原则；

②修改错误的原则。

**2. 程序调试方法**

调试的关键在于推断程序内部的错误位置及原因。从是否跟踪和执行程序的角度看，类似于软件测试，程序调试分为静态调试和动态调试。静态调试主要是指通过人的思维来分析源程序代码和排错，是主要的调试手段，而动态调试是辅助静态调试的。

主要的程序调试方法有强行排错法、回溯法和原因排除法。其中，强行排错法是传统的调试方法；回溯法适用于小规模程序的排错；原因排除法是通过演绎和归纳及二分法来实现的。

### 真题精选

程序调试的目的是（　　）。

A. 发现错误　　　　　　B. 更正错误　　　　　C. 改善程序性能　　　　D. 验证程序的正确性

【答案】B

【解析】程序调试的目的是诊断和更正程序中的错误，更正以后还需要进行测试。

**常见问题**

软件设计的重要性有哪些？

软件开发阶段（设计、编码、测试）占据软件项目开发总成本的绝大部分，是影响软件质量的关键环节；软件设计是开发阶段最重要的步骤，是将需求准确地转化为完整的软件产品或系统的唯一途径；软件设计确定出的决策，最终会影响软件实现的成败；软件设计是软件工程和软件维护的基础。

## 1.5 数据库设计基础

### 考点 21　数据库系统的基本概念

**1. 数据、数据库、数据库管理系统、数据库系统**

（1）数据。

数据（data）是描述事物的符号记录。

（2）数据库。

数据库（database，DB）是指长期存储在计算机内的、有组织的、可共享的数据集合。

（3）数据库管理系统。

数据库管理系统（Database Management System，DBMS）是数据库的机构，它是系统软件，负责数据库中的数据的组织、操作、维护、控制、保护和数据服务等。

数据库管理系统的主要类型有 4 种：文件管理系统、层次数据库系统、网状数据库系统和关系数据库系统，其中关系数据库系统的应用极广泛。

（4）数据库系统。

数据库系统（Database System，DBS）是指引进数据库技术后的整个计算机系统，能实现有组织地、动态地存储大量相关数据，提供数据处理和信息资源共享的便利手段。

> **真考链接**
>
> 该知识点属于考试大纲中要求熟记的内容，在选择题中的考核概率约为 90%。考生需熟记数据、数据库的概念，数据库管理系统的 6 个功能，数据库系统发展经历的 3 个阶段，数据库系统的 4 个基本特点，特别是数据独立性，数据库系统的 3 级模式及 2 级映射；理解数据库、数据库系统、数据库管理系统之间的关系。

> **小提示**
>
> 数据库系统、数据库管理系统和数据库三者之间的关系：数据库管理系统是数据库系统的组成部分，数据库又是数据库管理系统的管理对象，因此，可以说数据库系统包括数据库管理系统，数据库管理系统包括数据库。

**2. 数据库系统的发展**

数据库系统发展至今已经经历了 3 个阶段：人工管理阶段、文件系统阶段和数据库系统阶段。

一般认为，未来的数据库系统应支持数据管理、对象管理和知识管理，应该具有面向对象的基本特征。在关于数据库的诸多新技术中，有 3 种是比较重要的，它们分别是面向对象数据库系统、知识库系统、关系数据库系统的扩充。

（1）面向对象数据库系统。

用面向对象方法构筑面向对象数据库模型，使模型具有比关系数据库系统更为通用的功能。

（2）知识库系统。

用人工智能相关方法，特别是用逻辑知识表示方法构筑数据模型，使模型具有特别通用的功能。

（3）关系数据库系统的扩充。

对关系数据库进行扩充，使其在模型的表达能力与各项功能上有进一步的改善，如与网络技术相结合的 Web 数据库、数据仓库及嵌入式数据库等。

**3. 数据库系统的基本特点**

数据库系统具有以下特点：数据的集成性、数据的高共享性与低冗余性、数据独立性、数据统一管理与控制。

**4. 数据库系统的内部结构体系**

数据模式是数据库系统中数据结构的一种表示形式，具有不同的层次与结构方式。

数据库系统在其内部具有3级模式及2级映射，3级模式分别是概念模式、内模式与外模式，2级映射分别是外模式/概念模式的映射和概念模式/内模式的映射。3级模式与2级映射构成了数据库系统内部的抽象结构体系。

模式的3个级别层次反映了模式的3个不同环境及其不同要求，其中，内模式处于最里层，它反映了数据在计算机物理结构中的实际存储形式；概念模式位于中层，它反映了设计者的数据全局逻辑要求；而外模式位于最外层，它反映了用户对数据的要求。

> **小提示**
> 一个数据库只有一个概念模式和一个内模式，有多个外模式。

### 真题精选

【例1】下列叙述中，正确的是（　　）。
　　A. 数据库系统是一个独立的系统，不需要操作系统的支持
　　B. 数据库技术的根本目标是要解决数据的共享问题
　　C. 数据库管理系统就是数据库系统
　　D. 以上3种说法都不对

【答案】B

【解析】数据库系统由数据库（数据）、数据库管理系统（软件）、计算机硬件、操作系统及数据库管理员组成。作为处理数据的系统，数据库技术的根本目标就是解决数据的共享问题。

【例2】在数据库系统中，用户所见的数据模式为（　　）。
　　A. 概念模式　　　　B. 外模式　　　　C. 内模式　　　　D. 物理模式

【答案】B

【解析】概念模式是数据库系统中对全局数据逻辑结构的描述，是全体用户（应用）公共数据视图，它主要描述数据的记录类型及数据间关系，还包括数据间的语义关系等。数据库系统的3级模式由外模式、概念模式、内模式组成。外模式也叫作用户级数据库，是用户所看到和理解的数据库，是从概念模式导出的子模式，用户可以通过子模式描述语言来描述用户级数据库的记录，还可以利用数据语言对这些记录进行操作。内模式（或存储模式、物理模式）是指数据在数据库系统内的存储介质上的表示，是对数据的物理结构和存取方式的描述。

## 考点22　数据模型

**1. 数据模型的基本概念**

数据是现实世界符号的抽象，而数据模型是数据特征的抽象。数据模型从抽象层次上描述了系统的静态特征、动态行为和约束条件，为数据库系统的信息表示与操作提供了抽象的框架。数据模型所描述的内容有3个部分，它们是数据结构、数据操作及数据约束。

数据模型按不同的应用层次分为3种类型，它们是概念数据模型、逻辑数据模型和物理数据模型。

目前，逻辑数据模型也有很多种，较为成熟并先后被人们大量使用的有E-R模型、层次模型、网状模型、关系模型、面向对象模型等。

**2. E-R模型**

E-R模型（实体-联系模型）将现实世界的要求转化成实体、联系、属性等几个基本概念，以及它们之间的两种基本连接关系，并且可以用E-R图非常直观地表示出来。

E-R图提供了表示实体、属性和联系的方法。
- 实体：客观存在并且可以相互区别的事物，用矩形表示，矩形框内写明实体名。
- 属性：描述实体的特性，用椭圆形表示，并用无向边将其与相应的实体连接起来。
- 联系：实体之间的对应关系，它反映现实世界事物之间的相互联系，用菱形表示，菱形框内写明联系名。

在现实世界中，实体之间的联系可分为3种："一对一"的联系（简记为1:1）、"一对多"的联系（简记为1:n）、

> **真考链接**
> 该知识点属于考试大纲中要求熟记的内容，在选择题中的考核概率约为90%。考生需熟记数据模型的类型、数据模型所描述的内容，还要熟记E-R模型的相关概念、联系的类型，理解E-R模型3个概念之间的连接关系、E-R图，以及关系模型中常用的术语和完整性约束。

"多对多"的联系（简记为 M: N 或 m: n）。

**3. 层次模型**

层次模型是用树形结构表示实体及其之间联系的模型。在层次模型中，节点是实体，树枝是联系，从上到下是一对多的关系。

层次模型的基本结构是树形结构，自顶向下，层次分明。其缺点是：受文件系统影响大，模型受限制多，物理成分复杂，操作与使用均不理想，且不适合表示非层次性的联系。

**4. 网状模型**

网状模型是用网状结构表示实体及其之间联系的模型。可以说，网状模型是层次模型的扩展，可以表示多个从属关系的层次结构，并呈现一种交叉关系。

网状模型是以记录为节点的网络，它能反映现实世界中较为复杂的事物间的联系。

网状模型结构示意图如图 1.11 所示。

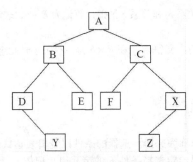

图 1.11　网状模型结构示意图

**5. 关系模型**

（1）关系的数据结构。

关系模型采用二维表来表示，简称表。二维表由表框架及表的元组组成。表框架由 $n$ 个命名的属性组成，$n$ 称为属性元素。每个属性都有一个取值范围，称为值域。表框架对应关系的模式，即类型的概念。在表框架中可以按行存放数据，每行数据称为元组。

在二维表中唯一能标识元组的最小属性集称为该表的键（或码）。二维表中可能有若干个键，它们称为该表的候选键（或候选码）。从二维表的候选键中选取一个作为用户使用的键，称为主键（或主码）。如表 A 中的某属性集是某表 B 的键，则称该属性集为 A 的外键（或外码）。

关系是由若干个不同的元组所组成的，因此关系可视为元组的集合。

（2）关系的操纵。

关系模型的数据操纵即建立在关系上的数据操纵，一般有数据查询、增加、删除及修改 4 种操作。

（3）关系中的数据约束。

关系模型允许定义 3 类数据约束，它们是实体完整性约束、参照完整性约束和用户定义的完整性约束，前 2 种完整性约束由关系数据库系统自动支持。对于用户定义的完整性约束，则由关系数据库系统提供完整性约束语言，用户利用该语言写出约束条件，运行时由系统自动检查。

### 真题精选

【例1】下列说法中，正确的是（　　）。

　　A. 为了建立一个关系，首先要构造数据的逻辑关系
　　B. 表示关系的二维表中各元组的每个分量还可以分成若干个数据项
　　C. 一个关系的属性名称为关系模式
　　D. 一个关系可以包含多个二维表

【答案】A

【解析】元组已经是数据的最小单位，不可再分；关系的框架称为关系模式；关系框架与关系元组一起构成了关系，即一个关系对应一张二维表。选项 A 中，在建立关系前，需要先构造数据的逻辑关系是正确的。

【例2】用树形结构表示实体之间联系的模型是（　　）。

　　A. 关系模型　　　　B. 网状模型　　　　C. 层次模型　　　　D. 以上 3 个都是

【答案】C

【解析】数据模型是指反映实体及其联系的数据组织的结构和形式，有关系模型、网状模型和层次模型等。其中层次模型实际上是以记录为节点构成的树，它把客观问题抽象为一个严格的、自上而下的层次关系，所以，它的基本结构是树形结构。

## 考点 23    关系代数

**1. 传统的集合运算**

（1）关系并运算。

若关系 R 和关系 S 具有相同的结构，则关系 R 和关系 S 的并运算记为 R∪S，表示由属于 R 的元组或属于 S 的元组组成。

（2）关系交运算。

若关系 R 和关系 S 具有相同的结构，则关系 R 和关系 S 的交运算记为 R∩S，表示由既属于 R 的元组又属于 S 的元组组成。

（3）关系差运算。

若关系 R 和关系 S 具有相同的结构，则关系 R 和关系 S 的差运算记为 R−S，表示由属于 R 的元组且不属于 S 的元组组成。

（4）广义笛卡儿积。

分别为 n 元和 m 元的两个关系 R 和 S 的广义笛卡儿积 R×S 是一个 n×m 元组的集合。其中的两个运算对象 R 和 S 可以是同类型的，也可以是不同类型的。

> **真考链接**
>
> 该知识点属于考试大纲中要求掌握的内容，在选择题中的考核概率约为 90%。考生需掌握投影、选择、笛卡儿积运算以及并、交、差等基本运算，这些都是常考内容。

**2. 专门的关系运算**

专门的关系运算有选择、投影、连接等。

（1）选择。

从关系中找出满足给定条件元组的操作称为选择。选择的条件以逻辑表达式给出，使得逻辑表达式为真的元组将被选取。选择又称为限制。在关系 R 中选择满足给定选择条件 F 的诸元组，记作：

$$\sigma_F(R) = \{t | t \in R \wedge F(t) = \text{'真'}\}$$

其中，选择条件 F 是一个逻辑表达式，取逻辑值"真"或"假"。

（2）投影。

从关系模式中指定若干个属性列组成新的关系称为投影。

关系 R 上的投影是指从关系 R 中选择出若干个属性列组成新的关系，记作：

$$\pi_A(R) = \{t[A] | t \in R\}$$

其中，A 为 R 中的属性列。

（3）连接。

连接也称为 θ 连接，是指从两个关系的笛卡儿积中选取满足条件的元组，记作：

$$R \underset{A\theta B}{\bowtie} S = \{t_r t_s | t_r \in R \wedge t_s \in S \wedge t_r[A] \theta t_s[B]\}$$

其中，A 和 B 分别为关系 R 和 S 上度数相等且可比的属性组，θ 为比较运算符。

连接运算是从广义笛卡儿积 R×S 中选取关系 R 在 A 属性组上的值与关系 S 在 B 属性组上的值满足关系 θ 的元组。

连接运算中有两种重要且常用的连接：一种是等值连接；另一种是自然连接。

θ 为 "="的连接运算称为等值连接，它是从关系 R 与关系 S 的广义笛卡儿积中选取 A、B 属性组上的值相等的元组，可记作：

$$R \underset{A=B}{\bowtie} S = \{t_r t_s | t_r \in R \wedge t_s \in S \wedge t_r[A] = t_s[B]\}$$

自然连接（natural join）是一种特殊的等值连接，它要求两个关系中进行比较的分量必须是相同的属性组，并且在结果中去掉重复的属性列，可记作：

$$R \bowtie S = \{t_r t_s | t_r \in R \wedge t_s \in S \wedge t_r[B] = t_s[B]\}$$

### 真题精选

**【例 1】** 设有以下 3 个关系表，如表 1.11～表 1.13 所示。

表 1.11    关系表 1

R

| A | B | C |
|---|---|---|
| 1 | 1 | 2 |
| 2 | 2 | 3 |

表 1.12    关系表 2

S

| A | B | C |
|---|---|---|
| 3 | 1 | 3 |

表 1.13    关系表 3

T

| A | B | C |
|---|---|---|
| 1 | 1 | 2 |
| 2 | 2 | 3 |
| 3 | 1 | 3 |

下列选项中正确的是（　　）。

　　A．$T = R \cap S$　　　　B．$T = R \cup S$　　　　C．$T = R \times S$　　　　D．$T = R/S$

【答案】C

【解析】集合的并、交、差、广义笛卡儿积：设有两个关系$R$和$S$，它们具有相同的结构，$R$和$S$的并由属于$R$和$S$，或者同时属于$R$和$S$的所有元组组成，记作$R \cup S$；$R$和$S$的交由既属于$R$又属于$S$的所有元组组成，记作$R \cap S$；$R$和$S$的差由属于$R$但不属于$S$的所有元组组成，记作$R-S$；元组的前$n$个分量是$R$的一个元组，后$m$个分量是$S$的一个元组，若$R$有$K_1$个元组、$S$有$K_2$个元组，则$R \times S$有$K_1 \times K_2$个元组，记为$R \times S$。由表1.13可知，关系$T$是关系$R$和关系$S$的简单扩充，而扩充的符号为"×"，故答案为$T = R \times S$。

【例2】在下列关系运算中，不改变关系表中的属性个数但能减少元组个数的是（　　）。

　　A．并　　　　　　　　B．交　　　　　　　　C．投影　　　　　　　　D．笛卡儿积

【答案】B

【解析】关系的基本运算有两类：传统的集合运算（并、交、差等）和专门的关系运算（选择、投影、连接）。集合的并、交、差：设有两个关系为$R$和$S$，它们具有相同的结构，$R$和$S$的并由属于$R$或$S$，或同时属于$R$和$S$的所有元组组成，记作$R \cup S$；$R$和$S$的交由既属于$R$又属于$S$的所有元组组成，记作$R \cap S$；$R$和$S$的差由属于$R$但不属于$S$的所有元组组成，记作$R-S$。因此，在关系运算中，不改变关系表中的属性个数但能减少元组（关系）个数的只能是集合的交。

## 考点 24　数据库设计与管理

数据库设计是数据库应用的核心。

**1. 数据库设计概述**

数据库设计的基本任务是根据用户对象的信息需求、处理需求和数据库的支持环境设计出数据模型。

数据库设计的基本思想是过程迭代和逐步求精。数据库设计的根本目标是解决数据共享问题。

数据库设计有两种方法：

- 面向数据的方法，以信息需求为主，兼顾处理需求；
- 面向过程的方法，以处理需求为主，兼顾信息需求。

其中，面向数据的方法是主流的设计方法。

> **真考链接**
> 
> 该知识点属于考试大纲中要求熟记的内容，在选择题中的考核概率约为55%。考生需熟记数据库设计的方法和步骤，数据库管理6个方面的内容；理解概念设计和逻辑设计。

目前数据库设计一般采用生命周期法，即将整个数据库应用系统的开发分解成目标独立的若干阶段，分别是需求分析阶段、概念设计阶段、逻辑设计阶段、物理设计阶段、编码阶段、测试阶段、运行阶段和进一步修改阶段。

**2. 数据库设计的需求分析**

需求收集和分析是数据库设计的第一阶段，这一阶段收集到的基础数据和绘制的数据流图是设计概念结构的基础。需求分析的主要工作有绘制数据流图、数据分析、功能分析，以及确定功能处理模块和数据之间的关系。

需求分析和表达经常采用的方法有结构化分析方法和面向对象方法。结构化分析方法用自顶向下、逐层分解的方式分析系统。数据流图表达了数据和处理过程的关系，数据字典对系统中数据的详尽描述，是各类数据属性的清单。

数据字典是各类数据描述的集合，它通常包括5个部分：数据项，是数据的最小单位；数据结构，是若干数据项有意义的集合；数据流，可以是数据项，也可以是数据结构，表示某一处理过程的输入和输出；数据存储，处理过程中存取的数据，常常是手工凭证、手工文档或计算机文件；处理过程。

数据字典是在需求分析阶段建立，在数据库设计过程中不断修改、充实、完善的。

**3. 数据库的概念设计**

（1）数据库概念设计。

数据库概念设计的目的是分析数据间内在的语义关联，在此基础上建立数据的抽象模型。

数据库概念设计的方法主要有两种：集中式模式设计法和视图集成设计法。

（2）数据库概念设计的过程。

使用E-R模型与视图集成设计法进行设计时，需要按以下步骤进行：

①选择局部应用；

②视图设计；

③视图集成。

**4. 数据库的逻辑设计**

（1）从 E-R 图向关系模式转换。

从 E-R 图到关系模式的转换是比较直接的，实体与联系都可以表示成关系，在 E-R 图中属性也可转换成关系的属性，实体集也可转换成关系。E-R 模型与关系的转换如表 1.14 所示。

表 1.14　　　　　　　　　　　　　　　E-R 模型与关系的转换

| E-R 模型 | 关　系 | E-R 模型 | 关　系 |
| --- | --- | --- | --- |
| 属性 | 属性 | 实体集 | 关系 |
| 实体 | 元组 | 联系 | 关系 |

如联系类型为 1∶1，则每个实体的码均是该关系的候选码。

如联系类型为 1∶N，则关系的码为 N 端实体的码。

如联系类型为 M∶N，则关系的码为诸实体的组合，具有相同码的关系模式可合并。

（2）逻辑模式规范化。

在关系数据库设计中存在的问题有数据冗余、插入异常、删除异常和更新异常。

数据库规范化的目的在于消除数据冗余和插入/删除/更新异常。规范化理论有 4 种范式，从第一范式到第四范式的规范化程度逐渐提高。

（3）关系视图设计。

关系视图是在关系模式的基础上所设计的直接面向操作用户的视图，它可以根据用户需求随时创建。

**5. 数据库的物理设计**

（1）数据库物理设计的概念。

数据库在物理设备上的存储结构与存取方法称为数据库的物理结构，它依赖于给定的计算机系统。为一个给定的逻辑模式选取一个最适合应用要求的物理结构的过程，就是数据库的物理设计。

（2）数据库物理设计的主要目标。

数据库物理设计的主要目标是对数据库内部物理结构进行调整并选择合理的存取路径，以提高数据库访问速度及有效利用存储空间。

**6. 数据库管理**

数据库是一种共享资源，它需要维护与管理，这种工作称为数据库管理，而实施此项管理的人称为数据库管理员（Database Administrator，DBA）。

数据库管理包括数据库的建立、数据库的调整、数据库的重组、数据库安全性与完整性的控制、数据库故障恢复和数据库监控。

### 真题精选

在 E-R 图中，用来表示实体之间联系的图形是（　　）。

A．矩形　　　　　　　　　　　　　　　B．椭圆形

C．菱形　　　　　　　　　　　　　　　D．平行四边形

【答案】C

【解析】E-R 图中规定：用矩形表示实体，椭圆形表示实体属性，菱形表示实体之间的联系。

### 常见问题

联系有哪 3 种类型？它们的区别是什么？

一对一：$A$ 中的每一个实体只与 $B$ 中的一个实体相联系，反之亦然。一对多：$A$ 中的每一个实体在 $B$ 中都有多个实体与之对应，$B$ 中的每一个实体在 $A$ 中只有一个实体与之对应。多对多：$A$ 中的每一个实体在 $B$ 中都有多个实体与之对应，反之亦然。

## 1.6 综合自测

**选择题**

1. 对图1.12中的二叉树进行中序遍历的结果是（ ）。

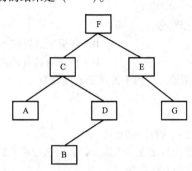

图1.12 二叉树

   A. ACBDFEG           B. ACBDFGE           C. ABDCGEF           D. FCADBEG

2. 按照"后进先出"原则组织数据的数据结构是（ ）。
   A. 队列           B. 栈           C. 双向链表           D. 二叉树

3. 下列叙述中，正确的是（ ）。
   A. 一个逻辑数据结构只能有一种存储结构
   B. 数据的逻辑结构属于线性结构，存储结构属于非线性结构
   C. 一个逻辑数据结构可以有多种存储结构，且各种存储结构不影响数据处理的效率
   D. 一个逻辑数据结构可以有多种存储结构，且各种存储结构影响数据处理的效率

4. 下列选项中，不属于面向对象程序设计特征的是（ ）。
   A. 继承性           B. 多态性           C. 类比性           D. 封装性

5. 下列叙述中，正确的是（ ）。
   A. 软件交付使用后还需要进行维护
   B. 软件一旦交付使用就不需要再进行维护
   C. 软件交付使用后其生命周期就结束
   D. 软件维护是指修复程序中被破坏的指令

6. 下列描述中，正确的是（ ）。
   A. 软件工程只是解决软件项目的管理问题
   B. 软件工程主要解决软件产品的生产率问题
   C. 软件工程的主要思想是强调在软件开发过程中需要应用工程化原则
   D. 软件工程只是解决软件开发中的技术问题

7. 在软件设计中，不属于过程设计工具的是（ ）。
   A. PDL（过程设计语言）           B. PAD
   C. N-S图           D. DFD

8. 数据库设计的4个阶段是需求分析、概念设计、逻辑设计和（ ）。
   A. 编码设计           B. 测试阶段           C. 运行阶段           D. 物理设计

9. 数据库技术的根本目标是解决数据的（ ）。
   A. 存储问题           B. 共享问题           C. 安全问题           D. 保护问题

10. 在数据库的三级模式中，可以有任意多个（ ）。
    A. 概念模式           B. 内模式           C. 物理模式           D. 外模式

11. 下列关于栈的叙述，正确的是（ ）。
    A. 栈是非线性结构           B. 栈是一种树状结构

C. 栈具有"先进先出"的特征　　　　　　D. 栈具有"后进先出"的特征
12. 结构化程序设计所规定的3种基本控制结构是（　　）。
　　A. 输入、处理、输出　　　　　　　　　B. 树形、网形、环形
　　C. 顺序、选择、循环　　　　　　　　　D. 主程序、子程序、函数
13. 下列叙述中，正确的是（　　）。
　　A. 算法的效率只与问题的规模有关，而与数据的存储结构无关
　　B. 算法的时间复杂度是指执行算法所需要的计算工作量
　　C. 数据的逻辑结构与存储结构是一一对应的
　　D. 算法的时间复杂度与空间复杂度一定相关
14. 在结构化程序设计中，模块划分的原则是（　　）。
　　A. 各模块应包括尽量多的功能　　　　　B. 各模块的规模尽量大
　　C. 各模块之间的联系应尽量紧密　　　　D. 模块内具有高内聚度、模块间具有低耦合度
15. 某二叉树中有 $n$ 个度为2的节点，则该二叉树中的叶子节点数为（　　）。
　　A. $n+1$　　　　　B. $n-1$　　　　　C. $2n$　　　　　D. $n/2$
16. I/O方式中的程序中断方式是指（　　）。
　　A. 当出现异常情况时，CPU将终止当前程序的运行
　　B. 当出现异常情况时，CPU暂时停止当前程序的运行，转向执行相应的服务程序
　　C. 当出现异常情况时，计算机将启动I/O设备
　　D. 当出现异常情况时，计算机将停机
17. 设栈与队列初始状态为空。将元素A，B，C，D，E，F，G，H 依次轮流入队和入栈，然后依次轮流退队和出栈，则输出序列为（　　）。
　　A. A，B，C，D，H，G，F，E　　　　　B. G，E，C，A，B，D，F，H
　　C. D，C，B，A，E，F，G，H　　　　　D. A，H，C，F，E，D，G，B
18. 下列叙述中错误的是（　　）。
　　A. 地址重定位要求程序必须装入固定的内存空间
　　B. 地址重定位是指建立用户程序的逻辑地址与物理地址之间的对应关系
　　C. 地址重定位需要对指令和指令中相应的逻辑地址部分进行修改
　　D. 地址重定位方式包括静态地址重定位和动态地址重定位
19. 进程是指（　　）。
　　A. 存放在内存中的程序　　　　　　　　B. 与程序等效的概念
　　C. 一个系统软件　　　　　　　　　　　D. 程序的执行过程
20. 通常所说的计算机主机包括（　　）。
　　A. 中央处理器和主存储器　　　　　　　B. 中央处理器、主存储器和外存
　　C. 中央处理器、存储器和外围设备　　　D. 中央处理器、存储器和终端设备
21. 整数在计算机中存储和运算通常采用的格式是（　　）。
　　A. 原码　　　　　　B. 补码　　　　　　C. 反码　　　　　　D. 移码

# 第2章

# C语言概述

本章主要介绍全国计算机等级考试二级 C 语言程序设计中常考核的基本知识点，包括 C 语言的基本概念、常量、变量和数据类型等内容。

选择题分析明细表

| 考 点 | 考核概率 | 难易程度 |
| --- | --- | --- |
| C 语言的基本概念 | 40% | ★★★ |
| C 语言的构成 | 60% | ★★★ |
| 标识符 | 40% | ★★★★ |
| 常量 | 100% | ★★★ |
| 变量 | 100% | ★★★★★ |

操作题分析明细表

| 考 点 | 考核概率 | 难易程度 |
| --- | --- | --- |
| C 程序的构成 | 10% | ★★ |
| 常量 | 10% | ★★★ |
| 变量 | 30% | ★★★★★ |

## 2.1 语言基础知识

### 考点1　C语言的基本概念

C语言是一种代码结构紧凑、使用方便、程序执行效率高的编程语言，它包含有9种控制语句、34种运算符以及数十个关键字。C语言的数据结构也非常丰富，它的多种数据类型可以实现如链表、树、栈等复杂的运算，并且可用结构化控制语句（if...else，for语句等）来实现函数的模块化。C语言的语法限制不太严格，程序设计自由度大，用C语言编写的程序可以直接访问物理地址，还可以直接对硬件进行操作。C语言是一种移植性比较好的语言。

> **真考链接**
> 该知识点属于考试大纲中要求理解的内容，在选择题中的考核概率约为40%。

表2.1所示为C语言的常用关键字。

表2.1　　　　　　　　　　　　　C语言的常用关键字

| auto | break | case | char | const | continue | default |
| --- | --- | --- | --- | --- | --- | --- |
| double | else | enum | extern | float | for | goto |
| int | long | register | return | short | signed | sizeof |
| do | if | static | struct | switch | typedef | union |
| unsigned | void | volatile | while | | | |

**真题精选**

【例1】下列叙述中，错误的是（　　）。
　　A．for是C语言中的合法关键字　　　　B．printf不是合法的C语言关键字
　　C．Else是合法的C语言关键字　　　　　D．C语言关键字里包括sizeof
【答案】C
【解析】选项A、D中的for、sizeof都是C语言中合法的关键字；选项B中printf不是C语言关键字；选项C中else才是合法的C语言关键字，大小写有区别，大写不合法。本题答案为C选项。

【例2】下列选项中，属于C语言合法关键字的是（　　）。
　　A．swicth　　　　　　B．cher　　　　　　C．default　　　　　　D．Case
【答案】C
【解析】选项A和选项B为拼写错误，选项D中出现了大写字母。

### 考点2　C语言的构成

（1）C语言的源程序是由函数构成的，每一个函数实现相对独立的功能，其中，每个源程序中必须有且只能有一个主函数（main()函数）。

（2）C程序总是从main()函数开始执行。

（3）在函数后面用一对花括号（{}）括起来的部分称为函数体。

（4）C语言规定每条语句以分号（;）结束，分号是语句中不可缺少的部分，它在每条语句的最后出现。

（5）程序的注释部分应放在"/*"与"*/"之间，"/"和"*"之间不能有空格，注释部分允许出现在程序的任何位置。

> **真考链接**
> 该知识点属于考试大纲中要求熟记的内容，多以选择题形式出现，在选择题中的考核概率约为60%，在操作题中的考核概率约为10%。

(6) 程序中以"#"开头的语句称为预处理命令。函数头之后不能加分号。

下面是一个简单的 C 程序例子：
```
#include<stdio.h>              /*预处理命令。调用输入/输出函数时,应包含头文件 stdio.h*/
main()                         /*主函数*/
{   int a, b, c;               /*定义变量a、b、c*/
    a = 2; b = 3;              /*给变量赋值*/
    c = a + b;                 /*将a与b的和赋给变量c*/
    printf("a = %d,b = %d, c = %d", a, b, c);   /*输出变量a、b、c的值*/
}
```

> **小提示**
>
> 在程序中可以把 main() 函数放在任何位置，但程序是从 main() 函数开始执行的。

### 真题精选

**【例1】** 下列叙述中，正确的是（　　）。
　　A．C程序的基本组成单位是语句　　　　B．C程序中的每一行只能写一条语句
　　C．简单C语句必须以分号结束　　　　　D．C语句必须在一行内写完

**【答案】** C

**【解析】** 函数是C程序的基本组成单位；C语言规定一条语句可以写在多行；C语言允许多条语句写在同一行。故本题答案为C。

**【例2】** C语言规定，在一个源程序中，main()函数的位置（　　）。
　　A．必须在最开始　　　　　　　　　　　B．必须在系统调用的库函数的后面
　　C．可以任意　　　　　　　　　　　　　D．必须在最后

**【答案】** C

**【解析】** 在程序中可以把 main() 函数放在任何位置，但程序是从 main() 函数开始执行的。

**【例3】** 以下说法正确的是（　　）。
　　A．C程序是从第一个定义的函数开始执行的
　　B．在C程序中，要调用的函数必须在 main() 函数中定义
　　C．C程序是从 main() 函数开始执行的
　　D．C程序中的 main() 函数必须放在程序的开始部分

**【答案】** C

**【解析】** C程序总是从 main() 函数开始执行。main() 函数可以放在 C 程序的任何位置，包括最前面和最后面。C程序中的函数可以任意地相互调用，它们之间是平等的。

**【例4】** 下列给定程序中函数 fun() 的功能：求出以下数列的前 n 项之和，和值通过函数值返回。
　　1, 2, 3, 4, 5, 6, …
　　例如，若 n = 5，则应输出15。
　　请改正程序中的错误，使其得出正确的结果。
　　注意：不得增行或删行，也不得更改程序的结构。

试 题 程 序

```
#include<stdlib.h>                      sum = 0;
#include<stdio.h>                       for(i =1;i < =n; i ++)
/****found****/                         {   /****found****/
int fun (int n);                            sum = sum + i;
{   /****found****/                     }
    int i                               return sum;
    /****found****/                 }
```

【答案】错误1：函数头之后不能加分号。错误2：int语句末尾没加分号。错误3：变量sum未定义。
【解析】本题考查C程序的构成，注意程序中的语法错误。

## 2.2 标识符、常量、变量

### 考点3 标识符

在C语言中，变量名、函数名、数组名等按照一定规则命名的符号称为标识符。

**真考链接**

该知识点多以选择题的形式出现，通常会要求判断哪些是合法的标识符，在选择题中的考核概率约为40%。该知识点若出现在操作题中，多以填空题的形式出现，属重点识记的知识点。

**1. 标识符的命名规则**

C语言中，标识符的命名规则如下：

（1）合法的标识符只能由字母、数字或下画线组成；

（2）标识符的第一个字符必须是字母或下画线，不能是数字；

（3）要区分字母的大小写，如q和Q会被认为是两个不同的字符；

（4）标准C中没有限制标识符的长度，但有些C编译系统规定标识符只有前8位有效，如IBM PC的MSC。

下面的标识符是非法的：

1m，str+1，i-1，a. a。

下面的标识符是合法的：

lm6，zhym_ data，Data，_ int。

**2. 标识符的分类**

C语言的标识符可以分为3类。

（1）关键字。C语言规定了一些专用的标识符（见表2.1），它们有着特定的含义，不能更改。例如，int就是表示变量类型的标识符，它不能用作变量名和函数名。

（2）预定义标识符。这类标识符在C语言中和关键字一样也有特定的含义，例如：库函数的名字，如printf；预编译处理命令标识符，如define。

它和关键字主要的区别在于，C语言语法允许用户更改预定义标识符的作用，但这将使这些标识符失去系统规定的原来的作用。建议用户不要随便更改这类标识符。

（3）用户标识符。由用户根据需要定义的标识符就是用户标识符。这类标识符一般用来给变量、函数、数组或文件等命名。选择变量名和其他标识符时，应注意做到"见名知义"，这样对提高程序可读性和可维护性是很重要的。

> **小提示**
>
> 标识符的命名要区分字母的大小写，用户标识符不能与关键字相同。

### 真题精选

【例1】下面4个选项中，均是不合法的用户标识符的是（　　）。

A. A，P_0，do    B. float，la0，_A    C. b-a，goto，int    D. _123，temp，int

【答案】C

【解析】合法的标识符只能由字母、数字或下画线组成。C选项中b-a出现非法字符"-"；goto和int均为关键字。故本题答案为C。

【例2】以下选项中属于不合法的标识符是（　　）。

  A. print       B. FOR       C. &a       D. _ 00

【答案】C

【解析】合法的标识符只能由字母、数字或下画线组成。C选项中&a出现非法字符"&"。故本题答案为C。

【例3】下列选项中，可作为合法标识符的是（　　）。

  A. 1m       B. Data       C. str + 1       D. i - 1

【答案】B

【解析】在编写程序时，标识符的作用是为函数、变量等命名。标识符的命名规则如下：

（1）合法的标识符只能由字母、数字或下画线组成；

（2）标识符的第一个字符必须是字母或下画线，不能是数字；

（3）要区分字母的大小写，如q和Q是不同的。

【例4】在C语言中，可以作为用户标识符的是（　　）。

  A. void，define，WORD       B. as_b3，_224，Else

  C. Switch，- wer，case       D. 4b，DO，SIG

【答案】B

【解析】选项A中的void是C语言的关键字。选项C的 - wer 中有一个字符是减号，而case是关键字。选项D中的4b以数字开头的。故本题答案为B。

## 考点4　常　　量

在程序运行中，其值不能被改变的量称为常量。常量有5种类型：整型常量、实型常量、字符常量、字符串常量和符号常量。

**真考链接**

该知识点很少出现在单独的题目中，一般都是在考查别的知识点时涉及该知识。在选择题中的考核概率约为100%，在操作题中考核的概率约为10%。

### 1. 整型常量

整型常量有3种形式：十进制整型常量、八进制整型常量和十六进制整型常量。

下面举例说明几种常量的书写方式，其中L代表长整型。

十进制整型常量：564，0，- 23，85L等，基本数字范围为0～9。

八进制整型常量：061，037L，- 026，0773等，基本数字范围为0～7。

十六进制整型常量：0x66，0x1101，0x，0x5AC0，- 0xFF，基本数字范围为0～9，10～15写为A～F或a～f。

### 2. 实型常量

实型常量有两种表示形式：小数形式和指数形式。

十进制小数形式：45.3      0.000744      - 623.0

指数形式：445.3e0      4.53e - 3      - 4.53e2

    4.53e1      0.453e - 2      - 453e0

    453.0e - 1      453e - 5      - 0.453e3

### 3. 字符常量

一个字符常量代表ASCII字符集里的一个字符，在程序中用单引号括起来，以便区分，如'a'、'p'、'$'。

注意：'a' 和'A'是两个不同的字符常量。

除了形式上的字符常量外，C语言还有特殊的字符常量，如转义字符常量'\n'。其中"\"是转义的意思，后面跟不同的字符表示不同的意思，具体请参阅表2.2。

表2.2　　　　　　　　　　　　　　　　C语言的转义字符及其含义

| 字符形式 | 含　义 |
| --- | --- |
| \n | 换行符 |
| \t | 水平制表符（代表"Tab"键的功能） |
| \v | 垂直制表符 |
| \b | 退格符（代表"Backspace"键的功能） |
| \r | 回车符 |
| \f | 换页符 |
| \\ | 反斜线字符"\" |
| \' | 单引号字符 |
| \ddd | 1～3位八进制数所代表的一个ASCII字符 |
| \xhh | 1～2位十六进制数所代表的一个ASCII字符 |
| \0 | 空字符 |
| \" | 双引号字符 |

**4. 字符串常量**

字符串常量是用双引号标识的一个或一串字符。书写形式如"china" "How are you" "@shou" "342mono"。注意它与字符常量的区别。

**5. 符号常量**

符号常量是由"#define"定义的常量，在C程序中可用标识符代表一个常量。其一般定义格式为：#define 标识符 常量。

### 小提示

一个字符如'a'，如果以字符形式输出，则在屏幕上输出'a'；如果以整型数据形式输出，则在屏幕上输出相应的ASCII值。

（1）小数部分为0的实型常量，可以写为453.0或依照人们日常习惯写为453。

（2）用小数表示时，小数点的两边必须有数，不能写成".453"和"453."，而应该写成"0.453"和"453.0"。

（3）用指数表示时，e前必须有数字，e后面的指数必须为整数。

### 真题精选

【例1】以下选项中不属于字符常量的是（　　）。

A. 'C'　　　　B. "C"　　　　C. '\xCC'　　　　D. '\072'

【答案】B

【解析】在C语言程序中，用单引号把一个字符或反斜线后跟特定的字符进行标识来表示一个字符常量。选项A、C、D为正确的字符常量。而选项B是用双引号标识的字符，表示一个字符串常量。所以正确答案为B。

【例2】以下选项中不能作为C语言合法常量的是（　　）。

A. 'cd'　　　　B. 0.1e+6　　　　C. "\a"　　　　D. '\011'

【答案】A

【解析】在C语言程序中，用单引号把一个字符或反斜线后跟特定的字符进行标识来表示一个字符常量。A选项中单引号里面有2个字符，所以A选项错误。

【例3】下列选项中，正确的整型常量是（　　）。

A. 34.1　　　　B. -80　　　　C. 2,000　　　　D. 1 2 3

【答案】B

【解析】本题考查C语言的十进制整型常量。选项A后边有小数点，所以不对。选项C和选项D在数字间有逗号和空格，也显然不对。

【例4】下列给定程序中函数fun( )的功能：输入圆的数据，其直径为n，求出周长。

请改正程序中的错误，使其得出正确的结果。

注意：不得增行或删行，也不得更改程序的结构。

### 试 题 程 序

```
#include<stdio.h>                        {   /******found******/
/******found******/                          PI = 3.14159;
#define PI 3.14159;                          return PI * n;
/******found******/                      }
int fun (int n);
```

【答案】错误1：define语句末尾不能加分号。错误2：函数头之后不能加分号。错误3：常量不能被赋值。

【解析】本题考查常量的定义。

## 考点5 变　　量

变量就是值可以改变的量。变量要有变量名，在内存中占据一定大小的存储单元，存储单元里存放的是该变量的值。不同类型的变量，其存储单元的大小不同，变量在使用前必须定义。

> **真考链接**
>
> 考点5在选择题中属于必考内容。难度适中，考生要重点理解并掌握。在选择题中的考核概率约为100%，在操作题中的考核概率约为30%。

### 1. 整型变量

整型变量分为4种：基本型（int）、短整型（short int 或 short）、长整型（long int 或 long）和无符号型（unsigned int，unsigned short，unsigned long）。

标准C没有具体规定各类数据所占内存的字节数，如基本型变量在IBM PC上占16位，在IBM 370机上占32位，而在Honeywell机上则占36位。

现以IBM PC为例，说明各类整型变量所占的位数及可表示的数值范围，如表2.3所示。

表2.3　　　　　　　　　　各类整型变量所占的位数及可表示的数值范围

| 类　型 | 所占位数 | 取值范围 | 说　明 |
| --- | --- | --- | --- |
| [signed]int | 16 | −32768～32767 | 整型 |
| [signed]short[int] | 16 | −32768～32767 | 短整型 |
| [signed]long int | 32 | −2147483648～2147483647 | 长整型 |
| unsigned[int] | 16 | 0～65535 | 无符号整型 |
| unsigned short[int] | 16 | 0～65535 | 无符号短整型 |
| unsigned long[int] | 32 | 0～4294967295 | 无符号长整型 |

### 2. 实型变量

实型变量分为单精度类型（float）和双精度类型（double）两种。实型变量的定义形式：

```
float a，b；
double m；
```

在一般的系统中，float型数据在内存中占4字节（32位），double型数据占8字节（64位）。单精度实数提供7位有效数字，双精度实数提供15、16位有效数字。实型常量不分float型和double型，一个实型常量可以赋给一个float型或double型变量，变量可根据其类型截取实型常量中相应的有效数字。

### 3. 字符变量

字符变量用来存放字符常量，字符变量用关键字char定义，每个字符变量中只能存放一个字符。

字符变量的定义形式：

```
char cr1，cr2；
```

赋值形式：

```
cr1 = 'm'，cr2 = 'n'；
```

将一个字符赋给一个字符变量时，并不是将该字符本身存储到内存中，而是将该字符对应的ASCII值存储到内存单元中。例如，字符'A'的ASCII值为65，在内存中的存放形式如下：

01000001

由于在内存中字符以ASCII值存放，它的存储形式和整数的存储形式类似，所以C语言中字符型数据与整型数据之间可以通用。一个字符能用字符的形式输出，也能用整型数据的形式输出。字符数据也能进行算术运算，此时相当于对它们的ASCII值进行运算。

### 小提示

不同精度类型的数据在内存中占的位数不同。如果要输出真实的值，需要采用相应的格式输出。

### 常见问题

常量和变量有什么区别？

在程序运行中，值不能被改变的量称为常量。而变量是有变量名，值可以改变的量，在内存中占据一定大小的存储单元，存储单元里面存放的是该变量的值。不同类型的变量，其存储单元的大小不同，变量在使用前必须定义。

### 真题精选

**【例1】** 关于C语言的变量，以下叙述中错误的是（　　）。

A. 变量所占的存储单元地址可以随时改变

B. 所谓变量是指在程序运行过程中其值可以被改变的量

C. 程序中用到的所有变量都必须先定义后才能使用

D. 不同类型的变量，其存储单元的大小不同

【答案】A

【解析】一个变量实质上是代表了内存中的某个存储单元，必须先定义后使用，并且在定义时为之分配存储单元，不能随时改变。本题答案为A选项。

**【例2】** 下列选项中，正确的定义语句是（　　）。

A. double a; b;　　B. double a = b = 7;　　C. double a = 7, b = 7;　　D. double, a, b;

【答案】C

【解析】定义变量a和变量b为double类型，并对其赋初值，变量之间应该以","分隔，定义关键字与变量名之间应以空格分隔，语句应以";"结尾。

**【例3】** C语言中，int类型变量所占字节数是（　　）。

A. 1　　B. 2　　C. 3　　D. 4

【答案】B

【解析】C语言中int类型变量占2字节，数值范围是-32768~32767。

**【例4】** 以下C语言变量定义不合法的是（　　）。

A. int a　　B. double b　　C. char c　　D. flaot d

【答案】D

【解析】选项D中float拼写错误。故本题答案为D选项。

**【例5】** 下列给定程序中函数fun( )的功能：求出以下分数序列的前n项之和，和值通过函数值返回。

2/1, 3/2, 5/3, 8/5, 13/8, 21/13, …

例如，若n = 5，则应输出8.391667。

请改正程序中的错误，使其得出正确的结果。

注意：不得增行或删行，也不得更改程序的结构。

### 试题程序

```
#include<stdlib.h>                #include<stdio.h>
#include<conio.h>                 double fun (int n)
```

```
{   int a=2,b=1,c,k;                        s=s+(Double)a/b;
    /*****found*****/                       c=a;a=a+b;b=c;
    int s=0.0;                          }
    for(k=1;k<=n;k++)                   return(s);
    {   /*****found*****/               }
```

【答案】错误1：s应为double类型。错误2：double首字母应小写。
【解析】注意数据类型double的书写格式。

## 2.3 综合自测

一、选择题

1. 构成C语言程序的基本单位是（    ）。
   A. 函数           B. 变量           C. 子程序         D. 语句
2. 以下（    ）是不正确的转义字符。
   A. '\\'           B. '\"'           C. '020'          D. '\0'
3. C语言规定：在一个源程序中，main()函数的位置（    ）。
   A. 必须在最开始                     B. 必须在系统调用的库函数后面
   C. 可以任意                         D. 必须在最后
4. 为求出return语句返回计算100!的结果，此函数的类型说明应为（    ）。
   A. int            B. long           C. unsigned long  D. 选项A、B、C都不对
5. C语言中的标识符只能由字母、数字和下画线3种字符组成，且第一个字符（    ）。
   A. 必须为字母                       B. 必须为下画线
   C. 必须为字母或下画线               D. 可以是字母、数字和下画线中的任意一种
6. 以下选项中合法的用户标识符是（    ）。
   A. int            B. a#             C. 5mem           D. _243
7. C语言中的简单数据类型有（    ）。
   A. 整型、实型、逻辑型               B. 整型、字符型、逻辑型
   C. 整型、实型、字符型               D. 整型、实型、字符型、逻辑型
8. 以下选项中，不正确的整型常量是（    ）。
   A. -37            B. 32,758         C. 326            D. 6
9. 以下选项中，合法的C语言字符常量是（    ）。
   A. '\t'           B. "A"            C. 67             D. A
10. 以下选项中，不正确的实型常量是（    ）。
    A. 123           B. 1e4            C. 3.640E-1       D. 0.35
11. 以下选项中，合法的C语言赋值语句是（    ）。
    A. a=b=34        B. a=34,b=34      C. --i;           D. m=(int)(x+y);
12. 设int类型的数据长度为两个字节，则unsigned int类型数据的取值范围是（    ）。
    A. 0~255         B. 0~65535        C. -32768~32767   D. -256~255

二、操作题

下列给定程序中函数fun()的功能：求两个非零正整数的最大公约数，并作为函数值返回。
例如，若a和b分别为49和21，则输出的最大公约数为7；若a和b分别为27和81，则输出的最大公约数为27。
请改正程序中的错误，使它能得出正确结果。
注意：不得增行或删行，也不得更改程序的结构。

**试题程序**

```c
#include<stdio.h>
   int fun(int a, int b)
   { /*****found*****/
     int r; t;
     if(a < b)
     { /*****found*****/
       t=a ; a=b; b=t
     }
     r=a%b;
     /*****found*****/
     while(r! =0);
     {  a=b; b=r; r=a%b;
     }
     return b;
   }
   main()
   {
     int a,b
     printf("请输入两个非零正整数:\n");
     scanf("%d%d",&a,&b)
     printf("%d 和%d 的最大公约数为:%d\n",a,b,fun(a,b));
   }
```

# 第3章

# 运算符与表达式

本章主要介绍全国计算机等级考试二级 C 语言程序设计中常涉及的运算符、算术表达式、赋值运算符和赋值表达式、位运算等考核内容。

选择题分析明细表

| 考 点 | 考核概率 | 难易程度 |
|---|---|---|
| C 语言运算符简介 | 30% | ★ |
| 运算符的结合性和优先级 | 40% | ★★★★ |
| 逗号运算符和逗号表达式 | 60% | ★★ |
| 基本的算术运算符 | 90% | ★★★★★ |
| 算术表达式和运算符的优先级与结合性 | 30% | ★★★★ |
| 自加、自减运算符 | 100% | ★★★ |
| 赋值运算符和赋值表达式的一般形式 | 40% | ★★★★★ |
| 复合的赋值运算符 | 80% | ★★★ |
| 强制类型转换运算符与赋值运算中的类型转换 | 20% | ★★★ |
| 位运算符和位运算 | 90% | ★★ |

操作题分析明细表

| 考 点 | 考核概率 | 难易程度 |
|---|---|---|
| 运算符的结合性和优先级 | 20% | ★★ |
| 基本的算术运算符 | 20% | ★★ |
| 算术表达式和运算符的优先级与结合性 | 20% | ★★ |
| 自加、自减运算符 | 25% | ★ |
| 赋值运算符和赋值表达式的一般形式 | 90% | ★★★★★ |
| 复合的赋值运算符 | 30% | ★★★ |
| 强制类型转换运算符与赋值运算中的类型转换 | 10% | ★ |

## 3.1　C语言运算符

### 考点1　C语言运算符简介

C语言的运算符定义范围很广，几乎把所有的基本操作都作为运算处理，常用运算符见表3.1。

表3.1　　　　　　　　　　C语言常用运算符

| 名　称 | 运算符 |
| --- | --- |
| 算术运算符 | +、-、*、/、% |
| 关系运算符 | >、>=、==、!=、<、<= |
| 位运算符 | >>、<<、~、&、\|、∧ |
| 逻辑运算符 | !、\|\|、&& |
| 条件运算符 | ?: |
| 指针运算符 | &、* |
| 赋值运算符 | = |
| 逗号运算符 | , |
| 求字节数运算符 | sizeof |
| 强制类型转换运算符 | （类型名） |

**真考链接**

考点1涉及的内容是C语言的基本内容，考试中不会以单独考题的形式考查，而是要求填写程序中的缺省块，通过这些运算符来实现程序的特定功能。此知识点属于简单识记类型，在选择题中的考核概率约为30%。

另外，按参与运算的对象个数不同，C语言运算符可分为单目运算符（如!）、双目运算符（如+、-）和三目运算符（如?:）。本章只对其中的几种运算符进行讲解，关系运算符和逻辑运算符将在后面的章节中讲解。

**真题精选**

【例1】设变量已正确定义并赋值，以下为合法的C语言赋值语句的是（　　）。

　　A．x=y==5　　　　　B．x=n%2.5　　　　　C．x+n=i　　　　　D．x=5=4+1

【答案】A

【解析】赋值运算符左侧的操作数必须是一个变量，而不能是表达式或者常量，选项C和D错误。"%"运算符两侧都应当是整型数据，选项B错误。

【例2】在x为-2~2、4~8时值为"真"，否则为"假"的表达式是（　　）。

　　A．(2>x>-2)\|\|(4>x>8)

　　B．!(((x<-2)\|\|(x>2))&&((x<=4)\|\|(x>8)))

　　C．(x<2)&&(x>=-2)&&(x>4)&&(x<8)

　　D．(x>-2)&&(x>4)\|\|(x<8)&&(x<2)

【答案】B

【解析】本题考查关系运算和逻辑运算的混合运算。要得出此题的正确答案，首先需要了解数学上的区间在C语言中的表示方法，如x在[a,b]区间，其含义是x既大于等于a又小于等于b，相应的C语言表达式是x>=a&&x<=b。本例中给出了两个区间，一个数只要属于其中一个区间即可，这是"逻辑或"的关系。在选项A中，区间的描述不正确。选项B把"!"去掉，剩下的表达式描述的是原题中给定的两个区间之外的部分，加上"!"否定正好是题中的两个区间的部分，是正确的。选项C是恒假的，因为它的含义是x同时处于两个不同的区间内。选项D所表达的也不是题中的区间。

【例3】sizeof(double)是（　　）。

　　A．一种函数调用　　　B．一个整型表达式　　　C．一个双精度浮点型表达式　　　D．一个不合法的表达式

【答案】B

【解析】sizeof 是一个 C 语言关键字，有着特定的功能。在 C 语言中，一个函数的调用格式是：函数名(参数列表)。虽然"sizeof(double)"与函数调用有着相同的格式，但 sizeof 是一个 C 语言关键字，因此它不是一种函数调用。sizeof 在 C 语言中是表示求一个变量或数据类型所占用的内存字节数的运算符，所以"sizeof(double)"表示求双精度浮点型数据占用的内存字节数。显然，该表达式返回的是一个整数，而不是一个双精度浮点数。

【例4】对于条件表达式(M)?(a++):(a--)，其中的表达式 M 等价于（　　）。

    A．M==0　　　　　　B．M==1　　　　　　C．M!=0　　　　　　D．M!=1

【答案】C

【解析】因为条件表达式 $e_1?e_2:e_3$ 的含义是 $e_1$ 为真时，其值等于表达式 $e_2$ 的值，否则为表达式 $e_3$ 的值。"为真"就是"不等于假"，因此 M 等价于 M!=0。

## 考点2　运算符的结合性和优先级

在 C 语言的运算符中，所有的单目运算符、条件运算符、赋值运算符及其扩展运算符，结合方向都是从右向左，其余运算符的结合方向是从左向右。

各类运算符的优先级如下。

初等运算符 > 单目运算符 > 算术运算符（先乘除后加减）> 关系运算符 > 逻辑运算符（不包括"!"）> 条件运算符 > 赋值运算符 > 逗号运算符。

说明：以上运算符的优先级由左到右递减，初等运算符优先级最高，逗号运算符优先级最低。其中，初等运算符包括圆括号运算符()、下标运算符[]、结构体成员运算符->。

**真考链接**

该知识点常在选择题的读程序中出现，考核概率约为 40%。同样的运算符采用不同的组合方式，会得到不同的结果。考生需注意识记此知识点。

### 真题精选

【例1】设变量已正确定义并赋值，以下为正确表达式的是（　　）。

    A．x = y * 5 = x + z　　　　　　　　　B．int(15.8%5)

    C．x = y + z + 5, ++y　　　　　　　　D．x = 25%5.0

【答案】C

【解析】求余运算符"%"两边的运算对象必须是整型数据，而选项 B 和 D 中"%"两边的运算对象有浮点型数据，所以选项 B 和 D 是错误的表达式。在选项 A 中赋值表达式两边出现相同的变量 x，也是错误的。选项 C 是一个逗号表达式，所以正确的答案为 C。

【例2】编写函数 fun()，其功能：根据以下公式求 π 的值（要求精度为 0.0005，即某项小于 0.0005 时停止迭代）。

$$\frac{\pi}{2} = 1 + \frac{1}{3} + \frac{1\times 2}{3\times 5} + \frac{1\times 2\times 3}{3\times 5\times 7} + \frac{1\times 2\times 3\times 4}{3\times 5\times 7\times 9} + \cdots + \frac{1\times 2\times \cdots \times n}{3\times 5\times \cdots \times (2n+1)}$$

程序运行后，若输入精度为 0.0005，则程序应输出 3.14…。

注意：部分源程序给出如下。请勿改动主函数 main() 中的任何内容，仅在函数 fun() 的花括号中填入你编写的若干语句。

### 试题程序

```
#include <stdio.h>
#include <conio.h>
#include <math.h>
double fun(double eps)
{
}
void main()
{   double x;
    printf("Input eps:");
    scanf("%lf",&x);
    printf("\neps = %lf, PI = %lf\n", x, fun(x));
}
```

【答案】double fun(double eps)
    {　double s = 1.0, s1 = 1.0;
        int n = 1;

```
while(s1 >= eps) /* 当某项大于精度要求值时,继续求下一项 */
{
    s1 = s1 * n/(2 * n + 1); /* 求多项式的每一项 */
    s = s + s1; /* 求和 */
    n ++;
}
return 2 * s;
}
```

【解析】本题考查：用迭代法求给定多项式的值。迭代算法是让计算机对一组指令（或一定步骤）重复执行，在每次执行这组指令（或这些步骤）时，都从变量的原值推出它的一个新值。需要注意变量的数据类型及赋初值操作。首先应该定义double类型的变量，并且赋初值，用来存放多项式的某一项和最后的总和。从第二项开始，以后的每一项都是其前面一项乘n/(2*n+1)。程序中用s1来表示每一项，s表示求和后的结果。要注意s1和s的初值都为1.0，因为循环从第二项开始累加。

## 考点3　逗号运算符和逗号表达式

用逗号运算符将几个表达式连接起来，如"a=b+c, b=a*a, c=a+b"就称为逗号表达式。

逗号表达式的一般形式：

表达式1, 表达式2, 表达式3, …, 表达式n

逗号表达式的求解过程是：先求解表达式1，然后依次求解表达式2，直到得出表达式n的值。整个逗号表达式的值就是表达式n的值。需要注意的是，逗号运算符的优先级是所有运算符中级别最低的。

> **真考链接**
> 该知识点属于重点识记类内容，在选择题中的考核概率约为60%。

### 常见问题

C语言运算符的结合原则是什么？

在C语言的运算符中，所有的单目运算符、条件运算符、赋值运算符及其扩展运算符，结合方向都是从右向左，其余运算符的结合方向是从左向右。

### 真题精选

【例1】设变量已正确定义为整型，则表达式"n=i=2,i=n+1,i+n"的值为（　　）。

A. 2　　　　　　B. 3　　　　　　C. 4　　　　　　D. 5

【答案】D

【解析】本题考查的是C语言逗号表达式的相关知识。程序在计算逗号表达式时，从左到右计算由逗号分隔的各表达式的值，整个逗号表达式的值等于其中的最后一个表达式的值。本题中，首先i和n被赋值为2，i再被赋值为n加1的值，i为3，最后i+n=3+2=5。本题答案为D。

【例2】若已定义x和y为double类型，则表达式"x=1,y=x+3/2"的值是（　　）。

A. 1　　　　　　B. 2　　　　　　C. 2.0　　　　　　D. 2.5

【答案】C

【解析】本题中的表达式为逗号表达式，此表达式的结果为y=x+3/2的值。y=x+3/2的运算次序为：先进行3/2运算，两个运算数均为整型量，结果也为整型量，等于1，此结果将与double类型的数进行相加，要转换为1.00…00。最后将x的值1转换成double类型，与1.00…00相加。

## 3.2 算术运算符和算术表达式

### 考点4　基本的算术运算符

C语言的基本算术运算符有+（加法运算符或正值运算符）、-（减法运算符或负值运算符）、*（乘法运算符）、/（除法运算符）和%（求余运算符）。其中作为正值运算符和负值运算符的"+"和"-"是单目运算符。算术运算符除了"%"以外，运算对象可以是整型或者实型。"%"运算符的两端必须都是整型，运算结果是两个整数相除后的余数，如"5%3"这个表达式的值就是2。

**真考链接**

算术运算符是构成算法的基本元素，该知识点在选择题中为常考点。在选择题中将以判断表达式是否正确的形式考查。在操作题中会涉及应用这些基本的运算符实现程序的特定算法和功能。

注意：
（1）当运算对象是负数时，不同计算机的运算结果可能是不同的，在TurBo C中，规定余数的符号与被除数相同。
（2）双目运算符两边的数值类型必须一致才能进行运算，所得结果也是相同类型的数值。
（3）双目运算符两边的数值类型如果不一致，必须由系统先进行一致性转换。例如，一边是整数，另一边是实数，C语言系统将首先把整型转换成实型，再进行运算，结果也是实型。
（4）C语言规定，所有实数的运算都是以双精度方式进行的，若是单精度数值，则需要在尾数后面补0，先转换为双精度数值再进行运算。

**真题精选**

【例1】设变量已正确定义并赋值，以下表达式正确的是（　　）。
　　A．x = y * 5 = x + z　　B．int(15.8%5)　　C．x = y + z + 5, ++y　　D．x = 25%5.0
【答案】C
【解析】求余运算符"%"两边的运算对象必须是整型，而选项B、D中"%"两边的运算对象有浮点型数据，所以选项B、D是错误的表达式。选项A中赋值表达式的两边出现相同的变量"x"，也是错误的。选项C是一个逗号表达式，所以正确的答案为C。

【例2】下列给定程序中函数fun()的功能：求两个非零正整数的最大公约数，并作为函数值返回。
例如，若num1和num2分别为49和21，则输出的最大公约数为7；若num1和num2分别为27和81，则输出的最大公约数为27。请改正程序中的错误，使它能得出正确结果。
注意：不要改动main()函数，不得增行或删行，也不得更改程序的结构。

### 试题程序

```
#include<stdio.h>
int fun (int a, int b)
{   int r,t;
    if(a<b)
/* * * * * found * * * * */
    {t=a;b=a;a=t;}
    r=a%b;
    while(r!=0)
    {a=b;b=r;r=a%b;}
/* * * * * found * * * * */
    return(a);
}
void main()
{   int num1,num2,a;
    printf("Input num1 num2:");
    scanf("%d%d",&num1,&num2);
    printf("num1 = %d num2 = %d\n\n",num1,num2);
    a = fun(num1,num2);
    printf("The maximun common divisor is %d\n\n",a);
}
```

【答案】（1）{t=a; a=b; b=t;}
　　　　（2）return(b); 或 return b;

【解析】本题考查：return语句，功能是计算表达式的值，并将其返回给主调函数。

求最大公约数算法一般采用辗转相除法。辗转相除法：首先将m除以n(m>n)得余数r，再用余数r去除原来的除数，得到新的余数，重复此过程直到余数为0时停止，此时的除数就是m和n的最大公约数。

程序首先判断参数a和b的大小，如果a<b，则进行交换。这里有一个数学逻辑错误，应先将a的值赋给中间变量t，再将b的值赋给a，最后将t的值赋给b。当余数r为0时，除数b为所求的最大公约数，所以函数应返回b。

### 考点5　算术表达式和运算符的优先级与结合性

算术表达式是用算术运算符和括号将运算量（也称操作数）连接起来的、符合C语言语法规则的表达式。运算对象包括函数、常量和变量等。

在计算机语言中，算术表达式的求值规律与数学中四则运算的规律类似，其运算规则和要求如下。

（1）在算术表达式中，可使用多层圆括号，但括号必须配对使用。运算时从内层圆括号开始，由内向外依次计算各表达式的值。

（2）在算术表达式中，对于不同优先级的运算符，可按运算符的优先级由高到低进行运算，若表达式中运算符的优先级相同，则按运算符的结合方向进行运算。

（3）如果一个运算符两侧的操作数类型不同，则先利用自动转换或强制类型转换使两者具有相同的数据类型，再进行运算。

**真考链接**

考点5较难，属于需要重点掌握的知识点。由于优先级的不同，在结合多个运算符的表达式时要尤其注意优先级问题。此知识点在选择题和操作题中均为常考考点。

#### 真题精选

【例1】现有定义int a;double b;float c;char k;，则表达式a/b+c-k的值的类型为（　　）。
　　A．int　　　　　　B．double　　　　　　C．float　　　　　　D．char
【答案】B
【解析】双目运算中，运算符两边的操作数的类型转换规则如表3.2所示。

表3.2　　　　　　　　　　　操作数的类型转换规则

| 操作数1 | 操作数2 | 转换结果类型 |
| --- | --- | --- |
| 短整型 | 长整型 | 短整型→长整型 |
| 整型 | 长整型 | 整型→长整型 |
| 字符型 | 整型 | 字符型→整型 |
| 有符号整型 | 无符号整型 | 有符号整型→无符号整型 |
| 整型 | 浮点型 | 整型→浮点型 |

在a/b的时候，a、b的类型不一致，根据类型转换规则，要把整型转换成浮点型；之后的加、减运算与此类似。

【例2】下列给定的程序中，函数fun()的功能：计算并输出k以内最大的10个能被13或17整除的自然数之和。k的值由主函数传入，若k的值为500，则函数的值为4622。

请改正程序中的错误，使它能得出正确的结果。

注意：不要改动main()函数，不得增行或删行，也不得更改程序的结构。

#### 试题程序

```
#include<stdio.h>
#include<conio.h>
#include<stdlib.h>
int fun(int k)
{  int m=0,mc=0, j;
   while((k>=2)&&(mc<10))
   { /*****found*****/
     if((k%13=0)||(k%17=0))
       {m=m+k;mc++;}
     k--;
   /*****found*****/
   return m;
}
void main()
{ printf("%d\n",fun(500));
}
```

【答案】（1） if((k%13==0)||(k%17==0))
　　　　（2） 程序最后加"}"。
【解析】本题考查：if语句条件表达式，区分逻辑表达式和算术表达式；C语言书写程序应遵守的规则。
（1） C语言中"="是赋值运算符，"=="才表示等于，x能被y整除的表示方法是x%y==0，而并非像题目中所表示的x%y=0。所以，if((k%13=0)||(k%17=0))修改后的结果应该是答案所示信息。
（2） 程序中缺少"}"，程序不完整。此类信息在做题时一定要注意，可以在做题前先运行一下程序，这样明显的错误一般都会有错误信息显示出来。

## 考点6　自加、自减运算符

自加运算符"++"和自减运算符"--"的作用分别是使运算变量的值加1和减1，其运算特点如下。
（1） 自加、自减运算符是单目运算符，其运算对象可以是整型或实型变量，但不能是常量和表达式，因为不能给常量或者表达式赋值。
（2） 自加、自减运算符可以作为前缀运算符，也可以作为后缀运算符，如++i、--i、i++、i--等都是合法的表达式。

无论是前缀运算符还是后缀运算符，都一定会有i的值加1或者减1。
前缀运算符和后缀运算符对于表达式来说有不同的作用。
++i或者--i：在使用i之前，先使i的值加1或者减1，再使用此时的表达式的值参加运算。
i++或者i--：在使用i之后，使i的值加1或者减1，再使用此时表达式的值参加运算。

**真考链接**
考点6难度适中，属于重点掌握的知识点，其在选择题中的考核概率约为100%，在操作题中的考核概率约为25%。

（3） 自加、自减运算符的结合方向是自右向左。
针对"-i++"进行分析，i的左边是负值运算符，右边是自加运算符，负值运算和自加运算的优先级是相同的，而且都是自右向左结合的，所以此表达式相当于"-(i++)"。
例如，当i的初值为2时，求"-i++"这个表达式和i的值分别是多少？
根据分析可以知道，此时相当于"-(i++)"，即先使用i的原值参与负值运算，得到整个表达式的值为-2，然后对i的值进行加1，得到i的值3。
（4） 不要在一个表达式中对同一变量进行多次自加或者自减运算。这种表达式不仅可读性很差，而且不同的编译系统对其处理结果也不同，很容易出现错误。

**小提示**
"++""--"与i的相对位置不同，其运行结果也不同。i在后面，则i应先进行自加或自减运算，否则先使用再进行自加或自减运算。

**真题精选**

【例1】设有定义：int k=0；以下选项的4个表达式中与其他3个表达式的值不相同的是（　　）。
　　A. k++　　　　　　B. k+=1　　　　　　C. ++k　　　　　　D. k+1
【答案】D
【解析】选项A、B、C都使k的值增加1，D选项不改变k的值。本题答案为D。

【例2】以下关于单目运算符++、--的叙述中正确的是（　　）。
　　A. 它们的运算对象可以是任何变量和常量
　　B. 它们的运算对象可以是char型变量和int型变量，但不能是float型变量
　　C. 它们的运算对象可以是int型变量，但不能是double型变量和float型变量
　　D. 它们的运算对象可以是char型变量、int型变量和float型变量
【答案】D
【解析】"++"和"--"运算符都是单目运算符，其运算对象可以是整型变量，也可以是实型变量，但不能是常量或表达式。当运算对象是字符型变量时，系统自动将其转换成该字符所对应的ASCII码值。

【例3】以下选项中，与k=n++完全等价的表达式是（　　）。
　　A. k=n,n=n+1　　B. n=n+1,k=n　　C. k=++n　　D. k+=n+1

【答案】A

【解析】题中的表达式是先让n参与赋值运算，然后使其进行自加，所以选A。

【例4】以下为非法的赋值语句的是（　　）。

A. n=(i=2,++i);　　B. j++;　　C. ++(i+1);　　D. x=j>0;

【答案】C

【解析】自加或自减运算的操作数不能是表达式。

【例5】以下程序的输出结果为（　　）。

```
#include <stdio.h>
main()
{ int i=4,a;
  a=i++;
  printf("a=%d,i=%d",a,i);
}
```

A. a=4,i=4　　B. a=5,i=4　　C. a=4,i=5　　D. a=5,i=5

【答案】C

【解析】本题考查的是自加运算符及赋值运算符的综合使用。自加运算符是单目运算符，其优先级比赋值运算符的高，要先进行自加运算。把表达式i++的值赋予a，由于i++为后置++，i先使用再自增1，所以i++的值为4，得到a的值为4。同时，计算i++后，i由4变为5。

【例6】下列给定程序中函数fun()的功能：将p所指字符串中的所有字符复制到b中，要求每复制3个字符之后插入1个空格。

例如，若给a输入字符串ABCDEFGHIJK，调用函数后，字符数组b中的内容：ABC DEF GHI JK。请改正程序中的错误，使它能得出正确结果。

注意：不要改动main()函数，不得增行或删行，也不得更改程序的结构。

### 试题程序

```
#include<stdio.h>
void fun(char *p, char *b)
{ int i, k=0;   while(*p)
    { i=1;
      while( i<=3 && *p ) {
        /*****found*****/
        b[k]=p;
        k++; p++; i++;
      }
      if(*p)
      { /*****found*****/
        b[k++]=" ";
      }
    }
    b[k]='\0';
}
main()
{ char a[80],b[80];
  printf("Enter a string:"); gets(a);
  printf("The original string: "); puts(a);
  fun(a,b);
  printf("\nThe string after insert space: ");
  puts(b); printf("\n\n");
}
```

【答案】(1) b[k] = *p;

(2) b[k++] = ' ';

【解析】本题考查：指针类型变量作为函数的参数，函数的参数不仅可以是整型、实型、字符型等数据，还可以是指针类型数据。它的作用是将一个变量的地址传送到另一个函数中。

(1) 题目中p是指针类型变量作为函数参数，因此给b[k]赋值时出现错误。

(2) 题目要求每复制3个字符后加1个空格，所以应该先给b[k]赋空格，然后使变量k加1。

### 常见问题

++i和i++在运算中有何区别？

对于++i，在程序运行过程中，i的值先自行加1；而对于i++，在程序运行过程中，先使用i的初值，再将i的值加1。

## 3.3 赋值运算符和赋值表达式

### 考点7　赋值运算符和赋值表达式的一般形式

在C语言中，"="称作赋值运算符，其作用是将一个数值赋给一个变量或将一个变量的值赋给另一个变量，由赋值运算符组成的表达式称为赋值表达式。

赋值表达式的一般形式：

变量名＝表达式

在程序中可以多次给一个变量赋值，每赋一次值，该变量相应的存储单元中的数据就被更新一次，存储单元中当前的数据就是最后一次所赋值的那个数据。

> **真考链接**
>
> 考点7属于重点掌握的知识点，其在选择题中的考核概率约为40%，在操作题中的考核概率约为90%。考生要注意区分赋值运算符"＝"与关系运算符"=="。

注意：

（1）赋值运算符的优先级高于逗号运算符。

（2）要明白赋值运算符"＝"和关系运算符"=="的差别。

（3）赋值运算符的左侧只能是变量，而不能是常量或者表达式；右侧可以是表达式，包括赋值表达式。请留意"a＝b＝1＋1"与"a＝1＋1＝b"的差别，前者是正确的，可以根据结合方向得到结果，而后者是错误的。因为从右开始结合的第一个赋值表达式的左侧是常数，所以是错误的。

（4）C语言规定最左边变量所得到的新值就是整个赋值表达式的值。

### 真题精选

【例1】若变量已正确定义并赋值，以下为符合C语言语法的表达式是（　　）。
A．a:=b+1　　　　B．a=b=c+2　　　　C．int18.5%3　　　　D．a=a+7=c+b

【答案】B

【解析】选项A中包含一个不合法的运算符"：＝"，选项C应改为(int)18.5%3；选项D可理解为两个表达式，即a+7=c+b和a=a+7，其中第一个是错误的，因为C语言规定赋值号的左边只能是单个变量，不能是表达式或常量等。因此，正确答案是选项B，它实际上相当于a=(b=c+2)，进而可分解为两个表达式：b=c+2和a=b。

【例2】若下列变量都已正确定义并赋值，则符合C语言语法的表达式是（　　）。
A．a=a+7;　　　　B．a=7+b+c,a++　　　　C．int(12.3/4)　　　　D．a=a+7=c+b

【答案】B

【解析】选项A中的表达式最后有一个分号"；"，C语言中规定，语句用分号作为结束，所以"a=a+7;"是一条赋值语句，而不是表达式；选项B是逗号表达式；选项C是常量，不是表达式；选项D中表达式必须是可修改的左值。

【例3】下列给定程序中函数fun()的功能：计算并输出high以内最大的10个素数的和。high的值由主函数传给fun()函数。

例如，若high的值为100，则函数的值为732。

请改正程序中的错误，使它能得出正确的结果。

注意：不要改动main()函数，不得增行或删行，也不得更改程序的结构。

### 试题程序

```
#include<conio.h>
#include<stdio.h>
#include<math.h>

int fun (int high)
{  int sum=0, n=0, j, yes;
   /*****found*****/
```

```
         while((high >=2) && (n <10)              n ++;
         {  yes =1;                              }
            for(j =2;j <=high/2;j ++)             high -- ;
            if(high% j ==0)                     }
            {  /* * * * * found * * * * */        return sum;
               yes =0;break                    }
         }                                      main()
         if(yes)                                { printf("%d\n",fun(100));
         { sum += high;                         }
```

【答案】(1) while((high >=2) && (n <10))
(2) yes =0; break;

【解析】本题考查：C语言程序的语法格式。
一处是 while 循环条件缺少一个括号；另一处是很简单的程序语法错误，break 语句没有加分号。

## 考点8　复合的赋值运算符

在赋值运算符之前加上其他运算符可以构成复合赋值运算符。其中与算术运算有关的复合赋值运算符有 +=、-=、*=、/= 和 %= 等。

两个符号之间不可以有空格，复合赋值运算符的优先级与赋值运算符的相同。表达式 n +=1 等价于 n = n +1，作用是取变量 n 中的值加 1 再赋给变量 n，其他复合的赋值运算符的运算规则以此类推。

例如，求表达式 a +=a -=a * a 的值，其中 a 的初值为 12。

具体计算步骤如下：
(1) 先进行 a -=a * a 运算，相当于 a = a - a * a = 12 - 144 = -132；
(2) 再进行 a +=-132 运算，相当于 a = a + (-132) = -132 - 132 = -264。

> **真考链接**
> 赋值运算符是构成算法的基本元素。虽然不会以单独的考题来进行考查，但无论是在选择题还是在操作题中，都会穿插考查这些知识点。
> 此知识点在选择题中的考核概率约为 80%。

**小提示**

复合赋值运算 a +=b 的运算规则为 a = a + b。

### 真题精选

【例1】设 int x =2;，以下表达式中值不为 6 的是（　　）。
A. x * =x +1　　　B. x ++,2 * x　　　C. x * =(1 +x)　　　D. 2 * x,x +=2

【答案】D

【解析】本题考查逗号运算符和复合赋值运算符的运算方式。其中逗号运算符的作用是将若干表达式连接起来，它的优先级在所有运算符中是最低的，结合方向为自左向右。A 项和 C 项的结果是一样的，A 项展开为 x = x * (x +1) =2 * 3 =6；B 项中先执行 x ++，因为 ++ 运算符有自加功能，逗号之前执行后 x 的值为 3，逗号后的值就是整个表达式的值，即 6；D 项逗号之前并未给 x 赋值，所以表达式的值就是 x + =2 的值，即 4。因此，本题答案为 D。

【例2】下列给定程序中函数 fun( ) 的功能：将长整型数中各位上为奇数的数依次取出，构成一个新数并将其放在 t 中。高位仍在高位，低位仍在低位。

例如，当 s 中的数为 87653142 时，t 中的数为 7531。

请在标号处填入正确的内容，使程序得出正确的结果。

注意：不要改动 main() 函数，不得增行或删行，也不得更改程序的结构。

## 试题程序

```
#include <stdlib.h>
#include <stdio.h>
#include <conio.h>
void fun(long s,long *t)
{  int d;
   long s1=1;
   *t=0;
   while(s>0)
   {  d=s%10;
      if(d%2!=0)
      {  *t=d*s1+*t;
         s1【1】10;
      }
      s/=10;
   }
}
void main()
{  long s,t;
   printf("\nPlease enter s:");
   scanf ("%ld",&s);
   fun(s,&t);
   printf("The result is:%ld\n",t);
}
```

【答案】【1】 *=

【解析】本题考查：复合的赋值运算符"*="的使用。

## 考点9　强制类型转换运算符与赋值运算中的类型转换

**1. 强制类型转换运算符**

可以利用强制类型转换运算符将一个表达式转换成所需类型，其一般形式为：

(类型名)(表达式);

例如：(char)(x+y);，将(x+y)的值强制转换为字符型；(double)(m*n);，将(m*n)的值强制转换为double类型。

**2. 赋值运算中的类型转换**

如果赋值运算符两侧对象的类型不一致，在赋值前系统将自动把右侧表达式求得的数值按赋值号左侧变量的类型进行转换（也可以用强制类型转换的方式），但这种转换仅限于某些数据之间，通常称为"赋值兼容"。对于另一些数据，如后面将要讨论的地址值，就不能赋给一般的变量，称为"赋值不兼容"。常用的转换规则如下。

(1) 当实型数据赋值给整型变量时，将实型数据的小数部分截断。

如 int x;，执行 x=5.21; 后，x 的值为5。

> **真考链接**
> 考点9在选择题中的考核概率约为20%。

(2) 当整型数据赋值给实型变量时，数值不变，但以浮点数形式存储到实型变量中。

例如：float x=45;

输出 x 的结果为45.00000。

(3) 当double类型数据赋值给float型变量时，取其前面7位有效数字，存放到float型变量的存储单元中，这时数值可能溢出。

(4) 当字符型数据赋值给整型变量时，由于整型变量占两个字节，而字符只占一个字节，需将字符数据（8位）放到整型变量低8位中，对该整型变量最高位进行符号扩展，其他位补零。

(5) 当整型、短整型、长整型数据赋值给char类型变量时，将其低8位原封不动地传到char类型变量中（即截断）。

### 常见问题

在程序中定义 y 为整型变量，但是给其赋值6.33，则 y 的值是什么？

如果赋值运算符两侧的类型不一致，在赋值前系统将自动把右侧的值或通过表达式求得的数值按赋值运算符左侧变量的类型进行转换，所以 y 在程序中的值为6。

## 真题精选

**【例1】** 执行以下程序后的输出结果是（　　）。
```
main()
{ int a=65;
  printf("%c",(char)a);
}
```
A. A　　　　　　B. B　　　　　　C. C　　　　　　D. D

**【答案】** A

**【解析】** A 的 ASCII 码值为 65，int 类型强制转换为 char 类型后输出 A。

**【例2】** 以下程序的运行结果是（　　）。
```
main()
{ char ch='A';
  int num1=ch;
  float num2=num1;
  printf("%f",num2);
}
```
A. A　　　　　　B. 65　　　　　　C. 65.00000　　　　　　D. a

**【答案】** C

**【解析】** A 的 ASCII 码值为 65，赋值语句 num1=ch 把 char 类型的变量转换成 int 类型的变量 num1；赋值语句 num2=num1 把类型为 int 的变量转换为类型为 float 的变量 num2，最后 printf 语句输出 num2 的值 65.00000。

**【例3】** 若 a 为整型变量，则执行以下语句后（　　）。
```
a=-2L;
printf("%d\n",a);
```
A. 赋值不合法　　　　　　B. 输出值为 -2
C. 输出不确定值　　　　　　D. 输出值为 2

**【答案】** B

**【解析】** 本题的关键是要弄清楚 C 语言中常量的表示方法和有关的赋值规则。在一个整型常量后面加一个字母 l 或 L，则表示是 long int 型常量。一个整型常量，如果其值在 -32768~32767 范围内，则可以赋给一个 int 型或 long int 型变量；但如果整型常量的值超出上述范围，而在 -2147483648~2147483647 范围内，则应将其值赋给一个 long int 型变量。本例中 -2L 虽然为 long int 型变量，但是其值为 -2，因此可以通过类型转换把长整型转换为短整型，然后将值赋给 int 型变量 a，并按照 %d 格式输出该值。

**【例4】** 已知字符 A 的 ASCII 码值是 65，执行以下程序后（　　）。
```
#include<stdio.h>
main()
{ char a='A';
  int b=20;
  printf("%d,%o",(a=a+1,a+b,b),a+'a'-'A',b);
}
```
A. 表达式非法，输出零或不确定值
B. 因输出项过多，无输出或输出不确定值
C. 输出结果为 20,141
D. 输出结果为 20,1541,20

**【答案】** C

**【解析】** 首先应该注意到 printf() 函数有 3 个实参：(a=a+1,a+b,b)、a+'a'-'A' 和 b，并没有问题，可见选项 A 错误。由于格式控制字符串 "%d,%o" 中有两个格式控制符，而后面又有表达式，因此必定会产生输出，选项 B 也是错误的。既然格式控制字符串中只有两个格式控制符，输出必然只有两个数据，故选项 D 错误。

**【例5】** 下列给定程序的功能：计算并输出下列级数的前 $n$ 项之和 $S_n$，直到 $S_n$ 大于 $q$ 为止，$q$ 的值通过形参传入。

$$S_n = \frac{2}{1} + \frac{3}{2} + \frac{4}{3} + \cdots + \frac{n+1}{n}$$

例如，若 $q$ 的值为 50.0，则函数值为 50.416687。

注意：部分源程序给出如下。

请勿改动主函数 main() 和其他函数中的任何内容，仅在函数 fun() 的标号处填入你编写的若干表达式或语句。

**试 题 程 序**

```
#include<stdio.h>
double fun(double q)
{   int n;
    double s;
    n=2;
    s=2.0;
    while (s【1】q) {
        s=s+【2】(n+1)/n;
        【3】;
    }
    printf("n=%d\n",n);
    return s;
}
main()
{   printf("%f\n",fun(50));
}
```

【答案】【1】 <=   【2】(double)   【3】n++ 或 n+=1 或 n=n+1

【解析】本题考查：关系运算符；强制类型转换运算符；自加、自减运算符。

标号【1】：根据题意，相加直到 $S_n$ 大于 q 为止，因此为 <=。

标号【2】：强制转换成浮点型。

标号【3】：变量 n 为增量，每循环一次，就增加 n 的值。

## 3.4 位 运 算

在计算机中，数据都是以二进制数形式存放的，位运算就是指对存储单元中的二进制位的运算。

### 考点 10　位运算符和位运算

C 语言提供了 6 种位运算符，如表 3.3 所示。

表 3.3　　　　　　　　位运算符

| 运算符 | 含　义 | 规　则 |
| --- | --- | --- |
| & | 按位与 | 若两个相应的二进制位都为 1，则该位的结果为 1，否则为 0 |
| \| | 按位或 | 两个相应的二进制位中只要有一个为 1，则该位的结果为 1，否则为 0 |
| ^ | 按位异或 | 若两个二进制位值相同，则结果为 0，不同则为 1 |
| ~ | 按位求反 | 按位取反，即 0 变 1、1 变 0 |
| << | 左移 | 将一个数的二进制位全部左移若干位 |
| >> | 右移 | 将一个数的二进制位全部右移若干位 |

**真考链接**

考点 10 属于重点记忆的知识点，在选择题中的考核概率约为 90%。

说明：

(1) 位运算符中除 "~" 以外，均为双目运算符，即要求两侧各有一个操作数；

(2) 位运算符两侧的操作数只能是整型或字符型数据，不能为实型数据；

(3) 采用位运算符的运算即称为位运算。

**真题精选**

【例1】变量a中的数据用二进制数表示的形式是01011101，变量b中的数据用二进制数表示的形式是11110000。若要求将a的高4位取反，低4位不变，所要执行的运算是（　　）。
　　A. a∧b　　　　　B. a|b　　　　　C. a&b　　　　　D. a<<4
【答案】A
【解析】本题考查的是位运算的知识，对于任何二进制数，和1进行异或运算会让其取反，而和0进行异或运算不会发生任何变化，故本题答案选A。

【例2】设有定义 char a,b;，若想通过a&b运算保留a的第3位和第6位的值，则b的二进制形式应是（　　）。
　　A. 00100100　　B. 11011011　　C. 00010010　　D. 01110010
【答案】A
【解析】由按位与运算的功能可知：两个对应的二进制数只要有一个为0，按位与的结果就为0，只有它们均为1时结果才为1。因此，若想保留a位上的数，就用1去按位与，其他位用0"屏蔽"掉。

## 3.5　综合自测

一、选择题

1. 以下叙述中，不正确的是（　　）。
   A. 在C程序中，% 是只能用于整数运算的运算符
   B. 在C程序中，无论是整数还是实数，都能准确无误地表示
   C. 若a是实型变量，C程序中 a=20 是正确的，则实型变量允许被整数赋值
   D. 前缀运算符和后缀运算符对于表达式来说有不同的作用

2. 若变量x、y、z均为double类型且已正确赋值，不能正确表示 x/y*z 的C语言表达式是（　　）。
   A. x/y*z　　　B. x*(1/(y*z))　　　C. x/y*1/z　　　D. x/y/z

3. 设a、b、c、d、m、n均为int型变量，且 a=5、b=6、c=7、d=8、m=2、n=2，则进行逻辑表达式(m=a>b)&&(n=c>d)的运算后，n的值为（　　）。
   A. 0　　　　　B. 1　　　　　C. 2　　　　　D. 3

4. 设w、x、y、z、m均为int型变量，有以下程序段：
   w=1; x=2; y=3; z=4;
   m=(w<x)? w:x;　m=(m<y)? m:y;　m=(m<z)? m:z;
   则该程序运行后，m的值是（　　）。
   A. 4　　　　　B. 3　　　　　C. 2　　　　　D. 1

5. 以下程序的输出结果是（　　）。
   ```
   #include<stdio.h>
   main()
   { int a=5,b=4,c=6,d;
     printf("%d\n",d=a>b? (a>c? a:c):(b));
   }
   ```
   A. 5　　　　　B. 4　　　　　C. 6　　　　　D. 不确定

6. 在C语言中，如果下面代码中的变量都是int类型，则输出的结果是（　　）。
   sum=pad=5;pad=sum++,pad++,++pad;
   printf("%d\n",pad);
   　A. 7　　　　　B. 6　　　　　C. 5　　　　　D. 4

7. 以下程序的输出结果是（　　）。
   ```
   #include<stdio.h>
   main()
   { int i=010,j=10;
     printf("%d,%d\n",++i,j--);
   }
   ```
   A. 11, 10　　　B. 9, 10　　　C. 010, 9　　　D. 10, 9

8. 已知 int i; float f;，以下选项中为正确语句的是（　　）。
   A.（int f）%i;　　　B. int(f)%i;　　　C. int(f%i);　　　D.（int）f%i;
9. 若有定义：int x=3,y=2; float a=2.5,b=3.5;，则下面表达式的值为（　　）。
   (x+y)%2+(int)a/(int)b
   A. 1.0　　　B. 1　　　C. 2.0　　　D. 2
10. 假设所有变量均为整型，则表达式(a=2,b=5,a++,b++,a+b)的值为（　　）。
    A. 7　　　B. 8　　　C. 9　　　D. 10
11. 若有定义 int x=1,y=1;，则表达式(!x||y--)的值是（　　）。
    A. 0　　　B. 1　　　C. 2　　　D. -1
12. 有以下程序：
    main()
    { unsigned char a,b,c;
      a=0x3;
      b=a|0x8;
      c=b<<1;
      printf("%d %d\n",b,c);
    }
    程序运行后的输出结果是（　　）。
    A. -11  12　　　B. -6  -13　　　C. 12  24　　　D. 11  22
13. 若已定义 x 和 y 为 double 类型，则表达式 x=1，y=x+3/2 的值是（　　）。
    A. 1　　　B. 2　　　C. 2.0　　　D. 2.5
14. 执行以下程序段后，c3 的值为（　　）。
    int c1=1,c2=2,c3;
    c3=1.0/c2*c1;
    A. 0　　　B. 0.5　　　C. 1　　　D. 2
15. 以下程序的输出结果是（　　）。
    #include<stdio.h>
    main()
    { int y=3,x=3,z=1;
      printf("%d %d\n",(++x,y++),z+2);
    }
    A. 34　　　B. 42　　　C. 43　　　D. 33

二、操作题

下列给定程序中，函数fun()的功能：将形参 n 中各位上为偶数的数取出，并按原来从高位到低位相反的顺序组成一个新数，作为函数值返回。

例如，输入一个整数27638496，函数返回值为64862。

请在标号处填入正确的内容，使程序得出正确的结果。

注意：部分源程序给出如下。不得增行或删行，也不得更改程序的结构。

### 试 题 程 序

```
#include<stdio.h>
unsigned long fun(unsigned long n)
{ unsigned long x=0; int t;
  while(n){
    t=n%10;
    /*****found*****/
    if(t%2==【1】)
    /*****found*****/
    x=【2】+t;
    /*****found*****/
    n=【3】;
  }
  return x;
}
main()
{ unsigned long n=-1;
  while(n>99999999||n<0) {
    printf("Please input (0<n<100000000): ");
    scanf("%ld",&n);
  }
  printf("\nThe result is: %ld\n",fun(n));
}
```

# 第4章

# 基本语句

本章主要介绍全国计算机等级考试二级 C 语言程序设计中常涉及的 C 语句分类、赋值语句与输入/输出等考核内容。

**选择题分析明细表**

| 考　点 | 考核概率 | 难易程度 |
| --- | --- | --- |
| C 语句分类 | 10% | ★★★ |
| 字符输出函数 putchar( ) | 20% | ★★ |
| 字符输入函数 getchar( ) | 60% | ★★ |
| 格式输出函数 printf( ) | 90% | ★★★★★ |
| 格式输入函数 scanf( ) | 100% | ★★★★★ |

**操作题分析明细表**

| 考　点 | 考核概率 | 难易程度 |
| --- | --- | --- |
| 字符输出函数 putchar( ) | 5% | ★ |
| 字符输入函数 getchar( ) | 10% | ★ |
| 格式输出函数 printf( ) | 100% | ★★★★★ |
| 格式输入函数 scanf( ) | 100% | ★★★★★ |

# 4.1 C语句概述

C语言的语句用来向计算机系统发出指令。一个实际的源程序通常包含若干条语句，用来完成一定的操作任务。

## 考点1　C语句分类

**1. 控制语句**

控制语句可实现一定的控制功能。C语言共有8种控制语句，如表4.1所示。

表4.1　　　　　　　　　　控制语句

| 语　句 | 名　称 |
|---|---|
| if…else… | 条件语句 |
| switch…case… | 多分支选择语句 |
| for | 循环语句 |
| while | 循环语句 |
| do…while | 循环语句 |
| continue | 结束本次循环语句 |
| break | 终止执行switch语句或循环语句 |
| return | 返回语句 |

> **真考链接**
>
> 在历年考试中，主要从表达式语句、空语句，数据的输入与输出、输入与输出函数的调用，复合语句3个方面对考点1进行考查。考点1属于简单识记内容，其在选择题中的考核概率约为10%。

**2. 空语句**

C语言中所有语句都必须由一个分号";"作为结束，如果只有一个分号，如main(){;}，这个分号也是一条语句，称为空语句。它在程序执行时不产生任何动作，但表示存在着一条语句。

**3. 复合语句**

在C语言中，花括号"{}"不仅可以用作函数体的开始和结束标识，同时也常用作复合语句的开始和结束标识。复合语句也可称为"语句体"。

**4. 其他类型语句**

①函数调用语句：由一项函数调用加一个分号构成一条语句，如scanf("%d",&a);。
②表达式语句：由一个表达式加一个分号构成一条语句，如a=b;。

> **小提示**
>
> 在C语言中，任何表达式都可以加上分号构成语句，如"i++;"，但是不能随意加分号，否则可能会导致很多逻辑上的错误，因此要慎用分号。复合语句里最后一条语句末尾的分号不能省略。

> **常见问题**
>
> while和do…while都是实现循环的语句，它们的区别是什么？
> while语句在执行过程中，首先根据条件语句判断是否开始执行和是否继续执行循环体。而do…while语句在执行过程中首先无条件执行循环一次，然后根据条件语句来判断是否继续执行循环体。

**真题精选**

若变量已正确定义,有以下程序段:
```
int a=3,b=5,c=7;
if(a>b) a=b; c=a;
if(c!=a) c=b;
printf("%d,%d,%d\n",a,b,c);
```
其输出结果是(  )。
A. 程序段有语法错误　　　　B. 3,5,3　　　　C. 3,5,5　　　　D. 3,5,7
【答案】B
【解析】此题是if语句的例子。两个if语句的判断条件都不满足,程序只能执行c=a这条语句,所以变量c的值等于3,变量b的值没有变化。程序输出的结果为3,5,3,所以正确答案为B。

## 4.2　赋值语句与输入/输出

### 1. 赋值语句

前面已经介绍了赋值语句是由赋值表达式和末尾的分号";"构成的。这里要提醒读者:"="与"=="是两个不同的运算符,前者是赋值运算符,而后者是关系运算符,用来进行条件判断,不能把两者混为一谈。例如,"i=2;"的功能是把数值2赋给变量i,而"i==2;"是判断变量i的值是否为2。又如,"j=j+1;",在程序执行时,首先取出j中的值,执行加数值1的操作后再把新值赋给j。

### 2. 输入与输出的概念及其实现

(1) 数据从计算机内部向外部输出设备(如显示器、打印机等)输送的操作称为"输出",数据从计算机外部通过输入设备(如键盘、鼠标、扫描仪等)向计算机内部送入的操作称为"输入"。
(2) C语言本身不提供输入和输出语句,但可以通过函数来实现输入和输出的操作。
(3) 在使用C语言库函数时,首先要用"#include"将有关的"头文件"包含到用户源文件中。这里需要用到编译预处理命令,后面的章节中还会详细讲解。

### 3. 单个字符的输入和输出

这里介绍C标准I/O函数库中常用的对单个字符进行输入和输出的函数——getchar()和putchar()。

### 考点2　字符输出函数putchar()

调用putchar()函数时,必须在程序的开头包含头文件"stdio.h",如#include<stdio.h>或#include"stdio.h"。

putchar()函数的作用是向终端输出一个字符,如putchar(ch);。

它输出字符变量ch的值,ch既可以是字符型变量,也可以是整型变量。若ch是整型变量,则输出的是ASCII码值对应的字符。

**真考链接**

考点2考查的是字符输出函数。这个考点一般在选择题的读程序题中出现,考核概率约为20%。题目给出一个程序段,然后要求判断输出结果。

**真题精选**

下列给定程序的功能:调用函数fun()将指定源文件中的内容输出到屏幕。主函数中源文件名放在变量sfname中,目标文件名放在变量tfname中。

请在标号处填入正确的内容,使程序得出正确的结果。

注意:部分源程序给出如下。不得增行或删行,也不得更改程序的结构。

## 试题程序

```
int fun(char * source, char * target)
{   FILE * fs;char ch;
    if((fs = fopen(source, "r")) == NULL)
        return 0;
    printf("\nThe data in file :\n");
    ch = fgetc(fs);
    while(!feof(fs))
    {   putchar(【1】);
        ch = fgetc(fs);
    }
    fclose(fs);
    printf("\n\n");
    return 1;
}
```

【答案】【1】ch

【解析】本题考查 putchar( ) 函数的使用。putchar( ) 函数的作用是向终端输出一个字符。例如，putchar(ch);，它输出字符变量 ch 的值，ch 既可以是字符型变量，也可以是整型变量。若 ch 是整型变量，则输出的是 ASCII 码值对应的字符。

## 考点3　字符输入函数 getchar( )

getchar( ) 函数的作用是从终端输入一个字符，getchar( ) 函数没有参数，函数值就是从输入设备得到的字符。

getchar( ) 函数只能接收一个字符，得到的字符既可以赋给一个字符变量或整型变量，也可以不赋给任何变量，作为表达式的一部分。如果在一个函数(今为 main( )函数)中要调用 getchar( ) 和 putchar( ) 函数，在该主函数之前的命令"#include < stdio.h >"是必不可少的。

> **真考链接**
>
> 考点3考查的是字符输入函数。这个考点的考查方式和考点2的相似，都是以读程序题的形式出现，一般要求判断字符输入格式。
>
> 此知识点在选择题中的考核概率约为60%。

### 小提示

getchar( ) 和 putchar( ) 都是针对一个字符输入/输出的函数。如果涉及多个字符，则要使用数组或字符串，后面会详细讲解。

### 常见问题

程序使用 getchar( ) 函数输入字符，如果通过键盘输入 abc，则程序得到的字符是什么？

getchar( ) 只能接收一个字符，getchar( ) 函数得到的字符赋给一个字符变量或整型变量，所以赋给变量的只是字符a。

### 真题精选

【例1】若变量已正确定义，以下不能统计出一行中输入字符（不包含回车符）的个数的程序段是（　　）。
A. n = 0; while((ch = getchar( ))! = '\n') n ++ ;
B. n = 0; while(getchar( )! = '\n') n ++ ;
C. for(n = 0;getchar( )! = '\n'; n ++ );
D. n = 0; for(ch = getchar( ); ch! = '\n'; n ++ );

【答案】D

【解析】A项每进行一次循环判断一个字符是否为回车符，如果不是就进行下一次判断，因此可以统计出输入字符的个数。B项与A项的判断相似，仅为是否将读入的数据赋值给一个变量，因此并不影响判断结果。C项用for循环来判断，与B项的判断基本相同，可以统计出输入字符的个数。D项中 ch = getchar( ) 是给变量 ch 赋初值，如果输入回车符，则程序只循环一次；如果输入一个非回车符的字符，则程序进入死循环。因此，本题正确答案为D。

【例2】以下程序的功能：通过函数func()输入字符并统计输入字符的个数。输入时用字符@作为输入的结束标识。请将有标号的地方填上正确语句。

**试题程序**

```
#include<stdio.h>
long【1】;
main()
{   long n;
    n=func(); printf("n=%ld\n", n);
}

long func()
{   long m;
    for(m=0;getchar()!='@';【2】)
    return m;
}
```

【答案】【1】func()　【2】m++;

【解析】标号【1】处为函数说明语句，其格式：函数标志符#函数名。标号【2】的m作为计数器，每读一个字符时值加1。

【例3】下列给定程序的功能：判断字符ch是否与串str中的某个字符相同，若相同则什么也不做，若不同则将其插在串的最后。

注意：部分源程序给出如下。请勿改动函数main()和其他函数中的任何内容，仅在标号处填入所编写的若干表达式或语句。

**试题程序**

```
#include<stdio.h>
#include<string.h>
void fun(char *str,char ch)
{   while(*str&&*str!=ch)
        str++;
    if(*str!=ch){
        str[0]=ch;
        str[1]=0;
    }
}

main()
{   char s[81],c;
    printf("\nPlease enter a string:\n");
    gets(s);
    printf("\n Please enter the character to search:");
    c=【1】;
    fun(s,c);
    printf("\nThe result is %s\n",s);
}
```

【答案】【1】getchar()

【解析】本题考查getchar()函数的使用。getchar()函数的作用是从终端输入一个字符，getchar()函数没有参数，函数值就是从输入设备得到的字符。

## 考点4　格式输出函数printf()

printf()函数是C语言提供的标准输出函数，它的作用是向终端（或系统隐含指定的输出设备）按指定格式输出若干数据。

**1. printf()函数的一般形式**

printf(格式控制字符串，输出列表);

例如：

printf("%f,%d",x,y);

printf是函数名，括号内由以下两部分组成。

（1）格式控制字符串：用双引号标识的字符串是格式控制字符串，它包括以下两种信息。

①格式说明，由"%"和格式字符组成，如%d、%s等。上例中，当输出项为int型时，系统规定用d作为格式描述字符，因此，有"%d"。当输出项为float或double类型时，用f或e作为格式描述字符。格式描述字符要与输出项一一对应且类型匹配。

②需要原样输出的字符（通常指除了格式说明与一些转义字符外的部分），也写在格式控制字符串内。

> **真考链接**
> 
> 不论是在选择题还是在操作题中，针对考点4的考核概率都很大，其中选择题的考核概率约为90%。只要出现程序，基本都有输出结果，而printf()函数可以根据要求输出各种形式的结果。对其输出格式的定义是一个难点。

(2) 输出列表：需要输出的一些数据，可以是常量、变量或表达式。例如：
printf("x = %d y = %d",x,y);
其中，"x = %d y = %d" 是格式说明；x，y是输出列表。输出列表中的各输出项要用逗号隔开。若x，y的值为7，8，以上两条语句的输出结果：
x = 7    y = 8

**2. 格式字符**

可以根据需要在"%"与格式字符之间插入"宽度说明"、左对齐符号"－"、前导零即"0"等。

（1）d格式字符，用来对十进制数进行输入/输出，其中"%d"是按整型数据的实际长度输出，"%md"指定m为输出字段所占的宽度。

（2）o格式字符，以八进制数形式输出整数，同样可以通过如"%8o"的格式指定输出时所占的宽度。

（3）x格式字符，以十六进制数形式输出整数，同样可以通过如"%12x"的格式指定输出时所占的宽度。

（4）u格式字符，用来输出unsigned型数据，即输出无符号的十进制数。

（5）c格式字符，用来输出一个字符。

（6）s格式字符，用来输出一个字符串。

（7）f格式字符，用来输出实数（包括单精度、双精度类型），以小数形式输出，使整数部分全部输出。

（8）e格式字符，以指数形式输出实数。

（9）g格式字符，用来输出实数。

对于f、e、g格式字符可以用"整型数1，整型数2"的形式，在指定宽度的同时来指定小数位的位数，其中，"整型数1"用来指定输出数据所占的总宽度，"整型数2"用来确定精度。精度对于不同的格式字符有着不同的含义。当输出数据的小数位数多于"整型数2"指定的精度值时，截去右边多余的小数，并对截去的第一位小数做四舍五入处理。当输出数据的小数位数少于"整型数2"指定的精度值时，在小数的最右边添0。当输出的数据所占的宽度大于"整型数1"指定的宽度时，小数位仍按上述规则处理，整数部分并不丢失。也可以用"整型数2"的形式来指定小数位数，这时输出的数据所占宽度由系统决定。通常，系统对float类型提供7位有效位数，对double类型提供15位有效位数。

**3. 使用printf()函数时的注意事项**

（1）在格式控制字符串中，格式说明与输出项从左到右在类型上必须一一匹配，如不匹配将导致数据输出出现错误，如在输出long型数据时，一定要用"%ld"格式说明，而不能用"%d"格式说明。

（2）在格式控制字符串中，格式说明与输出项的个数也要相等，如格式说明的个数多于输出项的个数，则对于多余的格式说明将输出不定值（或0值）。

（3）在格式控制字符串中，除了合法的格式说明外，还可以包含任意的合法字符（包括转义字符），这些字符在输出时将被原样输出。

（4）如果要输出"%"，则应该在格式控制字符串中用两个连续的百分号"%%"来表示。

> **小提示**
>
> 输出数据的精度并不取决于格式控制中的域宽和小数的位宽，而是取决于数据在计算机内的存放精度。

### 真题精选

【例1】程序段：int x = 12；double y = 3.141593；printf("%d%8.6f",x,y);的输出结果是（    ）。

　　A．123.141593　　　　　　　　　　B．□□□□□□123.141593
　　C．12，3.141593　　　　　　　　　　D．123.1415930

【答案】A

【解析】本题考查printf()函数的格式说明，"%m.nf"表示指定输出的实型数据的宽度为m（包含小数点），并保留n位小数。当输出数据的小数位数大于n时，截去右边多余的小数，并对截去部分的第一位小数做四舍五入处理；当输出数据的小数位数小于n时，在小数位的最右边补0，使输出数据部分宽度为n。若给出的总宽度m小于n加上整数位数和小数点的宽度，则自动突破m的限制；反之，数字右对齐，左边补空格。本题中3.141593数值长度为8，小数位数为6，因此左端没有空格，故正确答案为A。

【例2】下列给定程序中函数fun()的功能：将字符串中的字符逆序输出，但不改变字符串中的内容。
　　　　例如，若字符串为abcd，则应输出dcba。
　　　　请改正程序中的错误，使它能得出正确的结果。

注意：不要改动main()函数，不得增行或删行，也不得更改程序的结构。

**试题程序**

```
#include<stdio.h>                          main()
void fun(char *a)                          {  char s[10] = "abcd";
{  if(*a)                                     printf("处理前字符串=%s\n,处理后字符串
   {  fun(a+1);                             =",s);
      /*****found*****/                     fun(s);
      printf("%c"*a);                       printf("\n");
   }                                        }
}
```

【答案】printf("%c",*a);

【解析】本题考查：函数定义，本题为有参函数定义。printf()函数的一般形式为"printf("格式控制字符串",输出列表);"。

"%d"表示按十进制整型输出。

"%ld"表示按十进制长整型输出。

"%c"表示按字符型输出。

非格式字符串在输出时原样输出，起提示作用。

根据printf()函数格式，很容易找到错误之处。

## 考点5　格式输入函数scanf()

### 1. scanf()函数的一般形式

scanf(格式控制字符串,地址列表);

其中，scanf是函数名，格式控制的含义同printf()函数；地址列表由若干个变量地址组成，既可以是变量的地址，也可以是字符串的首地址（参见"字符数组"一节）。

例如：

scanf("%d",&a);

printf("%d",a);

运行时输入123，按回车键后则会在屏幕上输出整型变量a的值123。其中"%d"是格式控制字符串，&a是输入项。其中的"&"在此表示取地址运算符，&a指a在内存中的地址，如需要有多个输入项，输入项之间要用逗号隔开。在实际输入时，若一次向计算机输入多个数据，则每两个数据间要用一个或多个空格隔开，也可以用回车符或制表符隔开。

**真考链接**

考点5在选择题中的考核概率约为100%。一般会考核根据输入的格式判断输出的内容或者根据输出的内容书写正确的输入格式控制。

考点5若在操作题部分考核，考生应尽量采用无格式输入，这样可以尽可能避免输入错误。

### 2. 格式说明

scanf()函数中的格式说明也是以%开始，以一个格式字符结束，中间可以加入附加的字符。

说明：

(1) 对unsigned型变量的数据，可以用%d、%o、%x格式输入。

(2) 在scanf()函数中格式字符前可以用一个整数指定输入数据所占宽度，但输入浮点数时不能指定其小数位的宽度。

(3) 在格式控制字符串中，格式说明的个数应该与输入项的个数相等，且要类型匹配，如不匹配系统不会给出出错信息，但有可能使程序的输出结果不正确。若格式说明的个数少于输入项的个数，scanf()函数结束输入，多余的项继续从终端接收新的数据；若格式说明的个数多于输入项个数，scanf()函数同样也结束输入。

### 3. 使用scanf()函数时的注意事项

(1) scanf()函数中的输入项只能是地址表达式，而不能是变量名或其他内容，也就是说输入项必须是某个存储单元的地址，这一点一定要掌握。

例如：

int m,n;

scanf("%d,%d",m,n);

以上代码是不对的,应将其中的"m,n"改为"&m,&n"。

(2) 如果在格式控制字符串中除了格式说明以外还有其他字符,则在输入数据时应输入与这些字符相同的字符。

(3) 在用"%c"格式输入字符时,空格字符和转义字符都可作为有效字符输入。

(4) 在输入数据时,若实际输入数据少于输入项个数,scanf()函数会等待输入,直到满足条件或遇到非法字符才结束;若实际输入数据多于输入项个数,多余的数据将留在缓冲区备用,作为下一次输入操作的数据。

在输入数据时,遇到以下情况会认为输入结束:

遇到空格、回车符或制表符,上述字符统一称为"间隔符"。

scanf()函数中的格式控制字符串是为输入数据用的,其间的字符不能实现原样输出。若想在输入时出现提示性语句,则需要另外使用 printf 语句。

> **小提示**
> 
> (1) 在编写程序时,考生应尽量少用带格式的输入语句,而要尽量多用带格式的输出语句。
> 
> (2) 在程序运行到要求实际输入时,按指定的宽度结束,如格式控制字符为"%3d"时,间隔符数目不限,只取输入的前3列。

  **常见问题**

在程序中定义一个 float 型的变量 x = 1.2,使用 printf("%10.7f",x)输出,显示在屏幕上的结果是 1.2000000,x 的类型变化了吗?

只要在程序中定义了 x 为 float 型变量,那么其在内存中的存储形式就固定不变,即使采用%10.7 的格式输出,x 也还是 float 型的变量。

  **真题精选**

【例1】若有定义语句:double x, y, * px, * py;执行 px = &x; py = &y;之后,正确的输入语句是(  )。

A. scanf("%f%f", x, y);  　　　　　　B. scanf("%f%f" &x, &y);

C. scanf("%lf%lf", px, py);  　　　　　D. scanf("%lf%lf", x, y);

【答案】C

【解析】本题考查 scanf()函数,其格式为 scanf(格式控制字符串,地址列表);,其中地址列表应为要赋值变量的地址。本题要为变量 x 和 y 赋值,并定义两个指针分别指向 x 和 y,因此取得变量 x 和 y 的地址的方法有两种。一种是使用取地址符号"&",即 &x 和 &y;另一种是使用指针变量,即 px 和 py。选项 A 和 D 中地址列表错误;选项 B 中格式控制与地址列表之间应用逗号分开。因此,本题正确答案为 C。

【例2】若变量已正确定义为 int 型,要通过语句 scanf("%d,%d,%d",&a, &b, &c);给 a 赋值1、给 b 赋值2、给 c 赋值3,以下输入形式(□表示一个空格)中错误的是(  )。

A. □□□1, 2, 3 按回车键  　　　　B. 1□2□3 按回车键

C. 1, □□□2, □□□按回车键  　　D. 1, 2, 3 按回车键

【答案】B

【解析】scanf()格式的输入语句中,要使用逗号作为输入时的间隔符。只有选项 B 中没有使用逗号,故本题选 B。

【例3】下列给定程序中函数 fun()的功能是将长整型数据中各位上为奇数的数依次取出,并构成一个新数放在 t 中。高位仍在高位,低位仍在低位。

例如,当 s 中的数为 87653142 时,t 中的数为 7531。

请在标号处填入正确的内容,使它能得出正确的结果。

注意:不要改动 main()函数,不得增行或删行,也不得更改程序的结构。

**试题程序**

```
#include<stdlib.h>
#include<stdio.h>
#include<conio.h>
```
```
void fun(long s,long *t)
{  int d;
    long s1 =1;
```

```
        *t=0;                              }
        while(s>0)                       void main()
        {  d=s%10;                        { long s,t;
           if(d%2!=0)//或者 if(d%2==1)      printf("\nPlease enter s:");
           {   *t=d*s1+*t;                  /*****found*****/
               s1*=10;                      【1】
           }                                fun(s,&t);
           s/=10;                           printf("The result is:%ld\n",t);
        }                                 }
```

【答案】【1】scanf("%ld",&s);

【解析】本题考查 scanf() 函数的使用。scanf() 函数的一般形式：scanf(格式控制,地址列表);。

## 4.3 综合自测

一、选择题

1. 以下选项中不是 C 语句的是（　　）。
   A. {int i;i++;printf("%d\n",i);}　　　　B. ;
   C. a=5,c=10　　　　　　　　　　　　　D. { ; }

2. 执行以下程序时输入 1234567，程序的结果为（　　）。
   ```
   #include<stdio.h>
   main()
   { int x,y;
     scanf("%2d%2ld",&x,&y);
     printf("%d\n",x+y);
   }
   ```
   A. 17　　　　　　B. 46　　　　　　C. 15　　　　　　D. 9

3. 若有定义 char a; int b; float c; double d;，则表达式 a*b+c-d 的结果为（　　）型。
   A. double　　　　B. int　　　　　　C. float　　　　　D. char

4. 若有定义 int a,b;，则用语句 scanf("%d%d",&a,&b);输入 a、b 的值时，不能作为输入数据间隔符的是（　　）。
   A. ,　　　　　　　B. 空格符　　　　　C. 回车符　　　　　D. 制表符

5. 运行下面的程序：
   如果从键盘输入：
   ```
   #define  N  6
   #include<stdio.h>
   main()
   {  char c[N];
      int i=0;
      for( ;i<N;c[i]=getchar(),i++);
      for( i=0;i<N;i++) putchar(c[i]); printf("\n");
   }
   ```
   ab<回车>
   c <回车>
   def<回车>
   则输出结果为（　　）。

| A. a | B. a | C. ab | D. abcdef |
| b | b | c | |
| c | c | d | |
| d | d | | |
| e | | | |
| f | | | |

6. 以下程序的输出结果是（  ）。
```
#include <stdio.h>
main()
{ printf("%f",2.5+1*7%2/4);
}
```
   A. 2.500000    B. 2.750000    C. 3.375000    D. 3.000000

7. 根据已有定义和数据的输入方式，输入语句的正确形式是（  ）。
   已有定义：float f1, f2;
   数据的输入方式：
   4.52
   3.5
   A. scanf("%f,%f",&f1,&f2);
   B. scanf("%f%f",&f1,&f2);
   C. scanf("%3.2f%2.1f",&f1,&f2);
   D. scanf("%3.2f,%2.1f",&f1,&f2);

8. 以下程序不用第3个变量，实现将两个数进行对调的操作，请在下画线处填入正确的内容。
```
#include <stdio.h>
main()
{ int a,b;
  scanf("%d%d",&a,&b);
  printf("a=%d b=%d",a,b);
  a=a+b;b=a-b;a=_____;
  printf("a=%d b=%d\n",a,b);
}
```
   A. a+b    B. a-b    C. b*a    D. a/b

## 二、操作题

下列给定程序中，函数fun()的功能是进行数字字符转换。若形参ch中是数字字符0~9，则将0转换成9，1转换成8，2转换成7……9转换成0；若是其他字符，则保持不变，并将转换后的结果作为函数值返回。
请在标号处填入正确的内容，使程序得出正确的结果。
注意：部分源程序给出如下。不得增行或删行，也不得更改程序的结构。

### 试 题 程 序

```
#include<stdio.h>
【1】fun(char ch)
{ if (ch>='0'&&【2】)
    return '9'-(ch-【3】);
  return ch;
}
main()
{ char c1,c2;
  printf("\nThe result :\n");
  c1='2'; c2=fun(c1);
  printf("c1=%cc2=%c\n",c1,c2);
  c1='8'; c2=fun(c1);
  printf("c1=%cc2=%c\n",c1,c2);c1='a';c2=fun(c1);
  printf("c1=%cc2=%c\n",c1,c2);
}
```

# 第5章

# 选择结构

本章主要介绍全国计算机等级考试二级 C 语言程序设计中常考核的有关选择结构程序设计的知识点，包括关系运算符、关系表达式、逻辑运算符、逻辑表达式、if 语句、switch 语句等考核内容。

**选择题分析明细表**

| 考 点 | 考核概率 | 难易程度 |
| --- | --- | --- |
| 关系运算符和关系表达式的基本概念 | 70% | ★★★★ |
| 逻辑运算符和逻辑表达式的基本概念 | 100% | ★★★★ |
| if 语句的形式 | 80% | ★★★★★ |
| if 语句的嵌套 | 40% | ★★★★ |
| 由条件运算符构成的选择结构 | 70% | ★★★ |
| switch 语句的使用 | 80% | ★★★★ |

**操作题分析明细表**

| 考 点 | 考核概率 | 难易程度 |
| --- | --- | --- |
| 关系运算符和关系表达式的基本概念 | 30% | ★★★ |
| 逻辑运算符和逻辑表达式的基本概念 | 30% | ★★★ |
| if 语句的形式 | 80% | ★★★★★ |
| if 语句的嵌套 | 30% | ★★★ |
| 由条件运算符构成的选择结构 | 10% | ★ |
| switch 语句的使用 | 20% | ★★ |

## 5.1 关系运算符和关系表达式

### 考点1　关系运算符和关系表达式的基本概念

C语言提供了6种关系运算符，如表5.1所示。

表5.1　　　　　　　　关系运算符

| 关系运算符 | 说　明 |
|---|---|
| < | 小于 |
| <= | 小于或等于 |
| >= | 大于或等于 |
| > | 大于 |
| == | 等于 |
| != | 不等于 |

**真考链接**

关系运算符和关系表达式是构成算法的基本元素，主要用于条件判断语句。其在选择题中的考核概率约为70%，在操作题中的考核概率约为30%。该知识点比较简单，但需要重点识记。

（1）结合性：自左向右。
（2）优先级：前4种关系运算符（<，<=，>=，>）的优先级相同，后两种关系运算符（==,!=）的优先级相同，且前4种的优先级高于后两种的。关系运算符的优先级低于算术运算符，高于赋值运算符。

由关系运算符连成的表达式，称为关系表达式。关系运算符的两边可以是C语言中任意合法的表达式。

关系运算的结果是一个整数值——0或者1。在C语言中，用非零值来表示"真"，用零值来表示"假"。因此，对于任意一个表达式，如果值为0就代表一个假值；如果值非零，无论是正数还是负数，都代表一个真值。

当关系运算符两边值的类型不一致时，如一边是整型，另一边是实型，系统将自动把整型数转化为实型数，然后进行比较。

**小提示**

关系运算符中，由两个字符组成的运算符之间不可以加空格，而且关系运算符都是双目运算符，具有自左向右的结合性。

**常见问题**

复合语句中有关系表达式和算术表达式，如何判断其结果？

因为算术运算符的优先级高于关系运算符，所以应该先算出算术表达式的值再去判断关系表达式的值。按照运算符的优先级依次运算，再复杂的复合语句也可以很好地理解。

**真题精选**

【例1】已知字母A的ASCII码值为65，若变量kk为char型，以下不能正确判断出kk中的值为大写字母的表达式是（　　）。
　　A．kk>='A'&&kk<='Z'　　　　　　　　　B．!(kk>='A'||kk<='Z')
　　C．(kk+32)>='a'&&(kk+32)<='z'　　　　D．isalpha(kk)&&(kk<91)

【答案】B
【解析】C语言的字符以其ASCII码值的形式存在，所以要确定某个字符是大写字母，只要确定它的ASCII码值在A和Z之间就可以了，选项A和C符合要求。函数isalpha()用来确定一个字符是否为字母，大写字母的ASCII码值的范围为65~90，所以如果确定一个字母的ASCII码值小于91，那么能确定它是大写字母。本题答案为B。

【例2】有以下程序：
```
main()
{ int a=5,b=4,c=3,d=2;
  if(a>b>c)
    printf("%d\n",d);
  else if((c-1>=d)==1)
    printf("%d\n",d+1);
  else
    printf("%d\n",d+2);
}
```
执行后输出结果是（　　）。
A. 2　　　　　　　　　　　　　　B. 3
C. 4　　　　　　　　　　　　　　D. 编译时有错，无结果

【答案】B

【解析】第二个if语句中的表达式c-1>=d的值为逻辑值1，所以该条件成立。

【例3】当整型变量c的值不为2、4、6时，值也为真的表达式是（　　）。
A. (c==2)||(c==4)||(c==6)
B. (c>=2&&c<=6)||(c!=3)||(c!=5)
C. (c>=2&&c<=6) &&!(c%2)
D. (c>=2&&c<=6) &&(c%2!=1)

【答案】B

【解析】满足表达式(c>=2 && c<=6)的整型变量c的值是2、3、4、5、6。当变量c的值不为2、4、6时，其值只能为3或5，所以表达式c!=5中至少有一个为真，即不论c为何值，表达式B都为真。正确答案为B。

【例4】为表示关系：x≥y≥z。正确的C语言表达式是（　　）。
A. (x>=y)&&(y>=z)　　　　　　　B. (x>=y)AND(y>=z)
C. (x>=y>=z)　　　　　　　　　　D. (x>=y)&(y>=z)

【答案】A

【解析】选项D中，表达式(x>=y)&(y>=z)中的运算符"&"是一个位运算符，不是逻辑运算符，因此不可能构成一个逻辑表达式。选项B中，表达式(x>=y)AND(y>=z)中的运算符"AND"不是C语言中的运算符，因此这不是一个合法的C语言表达式。选项C中，(x>=y>=z)虽然在C语言中是合法的表达式，但在逻辑上它不能代表x≥y≥z的关系。

【例5】以下程序段中与语句"k=a>b?(b>c?1:0):0;"功能等价的是（　　）。
A. if((a>b)&&(b>c))k=1; else k=0;
B. if((a>b)||(b>c))k=1; else k=0;
C. if(a<=b)k=0; else if(b<=c)k=1;
D. if(a>b)k=1; else if(b>c)k=1; else k=0;

【答案】A

【解析】本题考查条件运算和运算优先级的综合知识。需要注意，在C语言中，条件运算优先级高于赋值运算，但低于逻辑运算、关系运算和算术运算，再根据条件运算的运行机理，就可以知道只有选项A与题中语句的功能是等价的（先进行括号内的条件运算，再使表达式的值参与外部的条件运算）。

【例6】给定程序中，函数fun()的功能：统计形参s所指的字符串中数字字符出现的次数，并存放在形参t所指的变量中，最后在主函数中输出。例如，若形参s所指的字符串为abcdef35adgh3kjsdf7，则输出结果为4。

请在标号处填入正确内容，使程序得出正确的结果。

注意：部分源程序给出如下。不得增行或删行，也不得更改程序的结构。

### 试题程序

```
#include<stdio.h>
void fun(char *s, int *t)
{ int i, n;

  n=0;
  for(i=0; s[i][1]0; i++)
    if(s[i][2]'0'&&s[i][3]'9') n++;
```

```
        *t=n;
    }
main()
{   char s[80] = "abcdef35adgh3kjsdf7";
    int t;
    printf("\nThe original string is : %s\n",s);
    fun(s,&t);
    printf("\nThe result is : %d\n",t);
}
```

【答案】【1】!=  【2】>=  【3】<=

【解析】本题考查关系运算符和关系表达式。

　　标号【1】：遇到字符串结束则退出循环。

　　标号【2】：数字是大于或等于字符0的ASCII码值。

　　标号【3】：数字是小于或等于字符9的ASCII码值。

## 5.2　逻辑运算符和逻辑表达式

### 考点2　逻辑运算符和逻辑表达式的基本概念

C语言提供了3种逻辑运算符。

（1）&&：逻辑与。

（2）||：逻辑或。

（3）!：逻辑非。

其中"&&"和"||"是双目运算符，要有两个操作数，而"!"是单目运算符，要求必须出现在运算对象的左边。

结合性：自左至右。

优先级："!"级别最高，然后是"&&"，"||"级别最低。

综合一下优先级："!" > 算术运算符 > 关系运算符 > "&&" > "||" > 赋值运算符。

> **真考链接**
>
> 考点2比较简单，属于识记内容，主要用于条件判断句中。在考试中，此知识点主要出现在选择题中，考核概率约为100%。

逻辑表达式由逻辑运算符和运算对象组成，其中，参与逻辑运算的对象可以是一个具体的值，还可以是C语言中任意合法的表达式，逻辑表达式的运算结果为1（真）或者0（假）。若a=5，则!a的值为0，因为a的值为5（非零值），被认作"真"，对它进行"非"运算后，结果为"假"，即结果为0。当A和B的值结合方式不同时，各种逻辑运算所得到的结果是不同的，如表5.2所示。

表5.2　　　　　　　　　　　　　　逻辑运算结果

| A | B | !A | !B | A&&B | A\|\|B |
| --- | --- | --- | --- | --- | --- |
| 1 | 1 | 0 | 0 | 1 | 1 |
| 1 | 0 | 0 | 1 | 0 | 1 |
| 0 | 1 | 1 | 0 | 0 | 1 |
| 0 | 0 | 1 | 1 | 0 | 0 |

值得注意的是：在数学中，关系式0<x<10是可以使用的，表示x的值应在大于0且小于10的范围内，但在C语言中却不能用0<x<10这样一个关系表达式来表示上述的逻辑关系，即关系运算符不能连用。可以借助逻辑运算符来表示，正确的表示方法是0<x && x<10。在C语言中，由"&&"或"||"组成的逻辑表达式，在某些特定情况下会产生"短路"现象，举例如下。

（1）x && y && z，只有当x为真（非零）时，才需要判断y的值；只有x和y都为真时，才需要判断z的值；只要x为假就不必判断y和z的值，整个表达式的值为0。

（2）x||y||z，只要x的值为真（非零），就不必判断y和z的值，整个表达式的值为1；只有x的值为假，才需要判断y的值；只有x和y的值同时为假才需要判断z的值。

如有逻辑表达式(m=x>y)&&(n=c>d)，其中x=1，y=2，c=3，d=4，若m和n原值为1，由于x>y的值为0，因此m=0，而不执行n=c>d，所以n的值不是0而是原值1。

## 小提示

A&&B 运算中，只有 A、B 同为真时才为真；A||B 运算中，只有 A、B 同为假时才为假。

## 常见问题

在求解逻辑表达式值的过程中应注意什么问题？

同样的逻辑运算符放在一起，采用不同的顺序能得到不同的结果，只要按照逻辑运算符的优先级理解，则万变不离其宗。

## 真题精选

**【例1】** 以下选项中，当 x 为大于1的奇数时，值为0的表达式是（　　）。

A. x%2==1　　　B. x/2　　　C. x%2!=0　　　D. x%2==0

**【答案】** D

**【解析】** 因为 x 的值为大于1的奇数，所以 x 除以2的余数等于1。因此，选项 A、C 中表达式的结果为真，不为0；对于选项 B，x 除以2的商不会等于0；选项 D 中的表达式结果为假，即等于0。

**【例2】** 执行以下程序段后，w 的值为（　　）。

```
int w = 'A', x = 14, y = 15;
w = ((x||y)&&(w<'a'));
```

A. -1　　　B. NULL　　　C. 1　　　D. 0

**【答案】** C

**【解析】** 根据题目所给条件可知，x||y 为1，w<'a' 为1，1&&1 结果为1。因此正确答案为 C。

**【例3】** 有以下程序：

```
main()
{ int i=1,j=1,k=2;
  if((j++||k++)&&i++)
  printf("%d,%d,%d\n",i,j,k);
}
```

执行后输出的结果是（　　）。

A. 1,1,2　　　B. 2,2,1　　　C. 2,2,2　　　D. 2,2,3

**【答案】** C

**【解析】** 在 C 语言中，执行"||"运算的两个操作数若有一个值为1，则整个表达式的值都为1。若该运算符左边操作数的值为1，则不需要继续判断其右边的操作数。

**【例4】** 下列给定程序中，函数 fun() 的功能：将 tt 所指字符串中的小写字母全部改为对应的大写字母，其他字符不变。

例如，若输入"Ab,cD"，则输出"AB,CD"。

请在标号处填入正确的内容，使程序得出正确的结果。

注意：不要改动 main() 函数，不得增行或删行，也不得更改程序的结构。

### 试题程序

```
#include<conio.h>
#include<stdio.h>
#include<string.h>
char *fun(char tt[])
{ int i;
  for (i=0;tt[i];i++)
    if ((tt[i]【1】'a')【2】(tt[i]【3】'z'))
      tt[i] -= 32;
  return (tt);
}
main()
{ char tt[81];
  printf("\nPlease enter a string:");
  gets(tt);
  printf("\nThe result string is:\n%s",
  fun(tt));
}
```

【答案】【1】>=   【2】&&   【3】<=
【解析】本题考查：关系运算符、逻辑运算符。

标号【1】：小写字母的值大于或等于字符 a 的 ASCII 码值。

标号【2】：分析本题可知，要判断字符是否为小写字母，就需要判断其是否为 a~z，所以这里需要进行连续的比较，用 &&。

标号【3】：小写字母的值小于或等于字符 z 的 ASCII 码值。

## 5.3　if 语句和用 if 语句构成的选择结构

if 语句用来对所给定的条件进行判定，判断其表达式的值是否满足某种条件，并根据判断的结果（真或假）决定执行给出的两种操作中的哪一种。

### 考点3　if 语句的形式

在 C 语言中，if 语句有 3 种形式。其中，第 1 种形式如下。
if(表达式)语句
例如：
if(a>b) printf("The answer is right!\n");
其中，if 是 C 语言的关键字，a>b 是条件判断表达式。表达式两侧的括号不可少，并且只能是圆括号，不能用其他括号替代。紧跟着的是一条输出语句，称为 if 子句，如果在 if 子句中需要多条语句，则应该使用花括号（{}）标识一组语句来构成复合语句，这样在语法上满足"一条语句"的要求。

第 2 种形式如下。
if(表达式)语句 1
else　语句 2
例如：
if(a>b)printf("The answer is right.\n");
else printf("The answer is wrong.\n");

第 3 种形式如下。
if(表达式 1)语句 1
else if(表达式 2)语句 2
else if(表达式 3)语句 3
…
else if(表达式 m)语句 m
else 语句 n

语句 1 是 if 子句，语句 2、语句 3……语句 m 是 else if 子句。这些子句在语法上要求是一条语句，当需要执行多条语句时，应该使用花括号（{}）标识这些语句来组成复合语句。

> **真考链接**
>
> 无论是在选择题还是在操作题中，考点 3 都是重点考查对象。尤其在选择题中，其考核概率约达到 80%。

> **小提示**
>
> else 不能独立成为一条语句，它只是 if 语句的一部分，不允许单独出现在程序中，else 必须与 if 配对，共同组成 if…else 语句。

### 真题精选

【例1】若变量已正确定义，有以下程序段：
int a=3, b=5, c=7;

```
       if(a>b) a=b; c=a;
       if(c!=a)c=b;
       printf("%d, %d, %d\n",a,b,c);
```
则程序输出结果为（　　）。
A．程序段的语法错误　　　　B．3，5，3　　　　C．3，5，5　　　　D．3，5，7

【答案】B

【解析】两个if语句的判断条件都不满足，程序只执行c=a这条语句，所以变量c的值等于3，变量b的值没变化，程序输出的结果为3，5，3。所以正确的答案为B。

【例2】下列给定程序中，函数fun()的功能：如果参数是大写字母则将其转换为对应的小写字母，如果是小写字母则将其转换为对应的大写字母，其他字符则返回字符#。请在标号处填入正确的内容，使程序得出正确的结果。

### 试 题 程 序

```
char fun(char c)
{  if【1】
       c = c – 32;
   else if【2】
       c = c + 32;
                         【3】
                             c = '#';
                         return c;
}
```

【答案】【1】(c >= 'a' && c <= 'z')
　　　　【2】(c >= 'A' && c <= 'Z')
　　　　【3】else

【解析】本题考查if语句的使用。标号【1】表示判断是否为小写字母；标号【2】表示判断是否为大写字母；标号【3】表示除了大写字母和小写字母之外的其他字符，所以填入else。

【例3】以下程序的输出结果是（　　）。

### 试 题 程 序

```
#include <stdio.h>
main()
{  int a,b,c;
   a = 10; b = 50; c = 30;
   if(a > b)
       a = b, b = c;
   c = a;
   printf("a = %d,b = %d,c = %d",a,b,c);
}
```

A．a=10，b=50，c=10　　　　　　　　　　B．a=10，b=30，c=10
C．a=50，b=30，c=10　　　　　　　　　　D．a=50，b=30，c=50

【答案】A

【解析】本题考查if语句的执行流程。

【例4】编写函数fun()，其功能：求出能被7或11整除，但不能同时被7和11整除的所有1~1000的整数，并将其放在a所指的数组中，通过n返回这些数的个数。
　　　注意：部分源程序给出如下。
　　　请勿改动主函数main()和其他函数中的任何内容，仅在函数fun()的花括号中填入你编写的若干语句。

### 试 题 程 序

```
#include <stdlib.h>
#include <conio.h>
#include <stdio.h>
void fun(int *a,int *n)
{

}
void main()
{  int aa[1000], n, k;
   fun(aa,&n);
   for(k = 0;k < n;k ++)
       if((k + 1)%10 == 0)
       { printf("%5d",aa[k]);
         printf("\n");
       } /*一行写9个数*/
       else
         printf("%5d ",aa[k]);
}
```

【答案】void fun(int *a,int *n)

```
{  int i,j=0;
   for(i=1;i<=1000;i++)   /*求能被7或11整除,但不能同时被7和11整除的所有1~1000的整
      数,并将其放入数组a中*/
      if((i%7==0||i%11==0)&&i%77!=0)
         a[j++]=i;
   *n=j;/*传回满足条件的这些数的个数*/
}
```

【解析】本题考查if语句,用来判断能被7整除或者能被11整除,但是又不能同时被7和11整除的数,这里需充分理解"逻辑与"和"逻辑或"的区别;for循环语句的循环变量用来控制取值范围。

该题需要运用循环判断结构来实现,其中循环语句比较容易编写,只要确定循环变量的范围即可。下面来说明判断语句,题目要求找出能被7或11整除,但不能同时被7和11整除的所有1~1000的整数。能同时被7和11整除的整数一定能被77整除,且不能被77整除的数不一定就是能被7或11整除的数,所以可得出程序中的if语句。注意:(i%7==0||i%11==0)两边必须要有圆括号。

## 考点4  if语句的嵌套

在if语句中包含一个或多个if语句结构,称为if语句的嵌套,一般有以下两种形式。

(1) 在if子句中嵌套含有else子句的if语句。
一般形式:
if()
　if() 语句1
　else 语句2
else
　if() 语句3
　else 语句4

(2) 在else子句中嵌套if语句。
一般形式:
if(表达式1) 语句1
else if(表达式2) 语句2
else if(表达式3) 语句3
…
else if(表达式m) 语句m
else 语句n

注意:else总是与它上面最近的if配对。

> **真考链接**
> 考点4往往出现在选择题的读程序题中,考核概率约为40%。

### 真题精选

【例1】有以下程序:
```
#include<stdio.h>
main()
{  int x=1,y=2,z=3;
   if(x>y)
   if(y<z) printf("%d",++z);
   else printf("%d",++y);
   printf("%d\n",x++);
}
```
程序的运行结果是(　　)。
A. 331　　　　　　B. 41　　　　　　C. 2　　　　　　D. 1

【答案】D

【解析】本题考查if条件语句,else语句和最近的一个if语句配对。由于x>y为假,所以直接执行最后一条输出语句。

【例2】下列给定的程序中，fun()函数的功能是将p所指的字符串中每个单词（这里的"单词"是指用空格隔开的字符串）的最后一个字母改成大写字母。

例如，若输入：I am a student to take the examination

则应输出：I aM A studenT tO takE thE examinatioN

请改正程序中的错误，使它能得出正确的结果。

注意：不要改动main()函数，不得增行或删行，也不得更改程序的结构。

### 试题程序

```
#include <stdlib.h>
#include <string.h>
#include <conio.h>
#include <ctype.h>
#include <stdio.h>
void fun(char *p)
{ int k = 0;
  for(;*p;p++)
    if(k)
    { /* * * * * found * * * * */
      if(p == ' ')
      { k = 0;
        /* * * * * found * * * * */
        *p = toupper( *(p-1));
      }
    }
    else  k = 1;
    *p = toupper(*p);
}
void main()
{ char chrstr[64];
  int d;
  printf("\nPlease enter an English sentence within 63 letters:");
  gets(chrstr);
  d = strlen(chrstr);
  chrstr[d] = ' ';
  chrstr[d+1] = 0;
  printf("\nBefore changing:\n%s",chrstr);
  fun(chrstr);
  printf("\nAfter changing:\n%s",chrstr);
}
```

【答案】(1) if( *p == ' ')

(2) *(p-1) = toupper( *(p-1));

【解析】本题考查：嵌套的if语句；toupper()函数的用法，该函数的功能是将小写字母转换为大写字母；指针类型变量。

(1) 这里重点考查考生对指针的理解，当引用指针指向的元素时，应使用指针运算符*。

(2) 当p指向空格时，将前面的字符转换为大写形式，因此此处应为*(p-1)而不是*p。

### 考点5　由条件运算符构成的选择结构

有以下语句：
```
if(x<y)
min = x;      /*求两数中较小的一个*/
else min = y;
```

可以用min = x < y ? x : y来替换，其中x < y ? x : y是一个条件表达式，? :就是条件运算符。该表达式是这样执行的：如果x < y条件成立，则整个条件表达式取值x，否则取值y。

优先级：条件运算符高于赋值运算符，但低于逻辑运算符、关系运算符和算术运算符。

**真考链接**

考点5属于应重点掌握的知识点，通过条件运算符可实现程序的选择结构。

在选择题中，此知识点的考核概率约为70%。在操作题中，此知识点的考核概率约为10%。

**? 常见问题**

if语句是如何实现程序的选择结构的？如果if的条件表达式为空语句，则程序执行流程是怎样的？

if语句根据是否满足表达式的要求来选择程序执行的流程。如果if的条件表达式为空，就表示任何条件都满足，直接执行后面的语句。

真题精选

【例1】有以下程序：
```
#include<stdio.h>
main()
{   int x=1, y=2, z=3;
    if(x>y)
        printf("%d", y<x? 1:2);
    else
        printf("%d", z<x? 2:3);
}
```
程序的输出结果是（　　）。
A. 1　　　　　　　　B. 2　　　　　　　　C. 3　　　　　　　　D. 4

【答案】C
【解析】该题目考查if构成的选择结构和"x<y? x:y"形式的条件运算。因为x<y，所以不满足if(x>y)而进入else分支。因为z<x为假，所以输出冒号后面的数值3。

【例2】下列说法正确的是（　　）。
　　A. 条件运算符是单目运算符
　　B. 条件运算符是双目运算符，因为它有2个运算符号
　　C. 条件运算符是三目运算符，因为它有3个运算对象
　　D. 条件运算符的优先级高于赋值运算符和逻辑运算符

【答案】C
【解析】本题比较全面地考查了条件运算符的基本知识点，选项C的说法是正确的。

## 5.4　switch 语句

### 考点6　switch 语句的使用

switch 语句是C语言提供的多分支选择语句，用来实现多分支选择结构。它的一般形式如下：

```
switch(表达式)
{
  case 常量表达式1 :语句1
  case 常量表达式2 :语句2
  …
  case 常量表达式n :语句n
  default : 语句n+1
}
```

> **真考链接**
> switch 语句是在选择题和操作题中经常被考核的知识点，尤其是在选择题中，其考核概率约为80%，考生需要重点记忆和理解。

说明：
(1) switch 是关键字，switch 后面用花括号标识的部分是 switch 语句体。
(2) switch 后面括号内的表达式是整型或字符型表达式。
(3) case 也是关键字，其与后面的常量表达式合称 case 语句标号，常量表达式的类型必须与 switch 后面的表达式的类型相匹配，且各 case 语句标号的值各不相同，不能重复。
(4) default 也是关键字，起标号的作用，代表除了以上所有 case 语句标号之外的那些标号，default 标号可以出现在语句体中任意标号位置上。当然，也可以没有。

（5）case 语句标号后的语句1、语句2等，可以是一条语句，也可以是若干条语句。

### 真题精选

**【例1】** 以下程序的运行结果是（　　）。
```
#include<stdio.h>
main()
{   int num = 4;
    switch(num)
    {   case 0: printf("0"); break;
        case 1: printf("1"); break;
        case 2: printf("2"); break;
        default: printf("-1"); break;
    }
}
```
A．-1　　　　　　　B．0　　　　　　　C．1　　　　　　　D．2

**【答案】** A

**【解析】** 该题目考查 switch 语句。因为 num 不满足前3个 case 语句的条件，所以进入 default 分支，输出 -1。

**【例2】** 有以下程序：
```
#include<stdio.h>
main()
{   int x=1,y=0,a=0,b=0;
    switch(y)
    {   case 1:
            switch(y)
            {
                case 0: a++; break;
                case 1: b++; break;
            }
        case 2: a++; b++; break;
        case 3: a++; b++;
    }
    printf("%d,%d",a,b);
}
```
程序的运行结果是（　　）。
A．1,0　　　　　　　B．2,2　　　　　　　C．1,1　　　　　　　D．2,1

**【答案】** D

**【解析】** 本题考查 switch 结构的内容。C 语言中，程序执行完一个 case 语句标号的内容后，如果没有 break 语句，控制结构会转移到下一个 case 继续执行，因为 case 常量表达式只起语句标号的作用，并不是在该处进行条件判断。本题程序在执行完内部 switch 结构后，继续执行外部的 switch 结构的 case 2 分支。最后 a 和 b 的值分别为 2 和 1。故本题答案为 D。

**【例3】** 函数 fun() 的功能：统计长整数 n 的各位上出现数字 1、2、3 的次数，并用外部（全局）变量 c1、c2、c3 返回主函数。

例如，当 n = 123114350 时，结果应该为 c1=3，c2=1，c3=2。

注意：部分源程序给出如下。请勿改动 main() 函数和其他函数中的任何内容，仅在函数 fun() 的标号处填入所编写的若干表达式或语句。

试 题 程 序

```
#include<stdio.h>                    void fun(long n)
int c1,c2,c3;                        {   c1=c2=c3=0;
```

```
    while(n)
    {  switch(【1】)
        {  case 1:c1 ++ ;【2】;
            case 2:c2 ++ ;【3】;
            case 3:c3 ++ ;
        }
        n/ = 10;
    }
}
main()
{   long n =123114350L;
    fun(n);
    printf("\nThe result:\n");
    printf("n = % id c1 = %d c2 = %d c3 = %d\n",n,c1,c2,c3);
}
```

【答案】【1】n%10　　【2】break　　【3】break

【解析】本题考查switch语句（需注意该语句的一般形式）；如何提取数值n某一位上的数；break语句的使用。

标号【1】：要统计长整数n的各位上出现数字1、2、3的次数，就需要判断各位上的数是多少。通过n除以10求余，可得到个位上的数，所以填入n%10。

标号【2】和标号【3】：switch语句是多分支选择语句，在每个分支中要加入break，不然会依次执行后面的分支。continue语句的作用是结束当前分支的运行，而break语句的作用是结束整个switch结构的运行。

## 5.5 综 合 自 测

**一、选择题**

1. 以下选项中，能正确表示 $a \geq 10$ 或 $a \leq 0$ 的关系表达式是（　　）。
   A. a >= 10 or a <= 0　　　　　　　　　B. a >= 10|a <= 0
   C. a >= 10&&a <= 0　　　　　　　　　D. a >= 10||a <= 0

2. 假定所有变量均已正确定义，下列程序段运行后 x 的值是（　　）。
   ```
   a = b = c = 0;x = 35;
   if(!a) x --;
   else if(b);
   if(c) x = 3;
   else x = 4;
   ```
   A. 34　　　　　　B. 4　　　　　　C. 35　　　　　　D. 3

3. 以下程序的输出结果为（　　）。
   ```
   #include <stdio.h>
   main()
   {  int a,b,c = 246;
      a = c/100%9;
      b = (-1)&&(-1);
      printf("%d,%d\n",a,b);
   }
   ```
   A. 2,1　　　　　　B. 3,2　　　　　　C. 4,3　　　　　　D. 2,-1

4. 已知 a = 1、b = 3、c = 5、d = 5，下列程序段运行后，x 的值是（　　）。
   ```
   if(a<b)
       if(c<d)x = 1;
       else
           if(a<c)
               if(b<d)x = 2;
               else   x = 3;
           else x = 6;
   else x = 7;
   ```
   A. 1　　　　　　B. 2　　　　　　C. 3　　　　　　D. 6

5. 能正确表示 a 和 b 同时为正或同时为负的表达式是（    ）。
   A. (a>=0||b>=0)&&(a<0||b<0)        B. (a>=0&&b>=0)&&(a<0&&b<0)
   C. (a+b>0)&&(a+b<=0)               D. a*b>0

6. 以下程序的输出结果是（    ）。
   ```
   #include<stdio.h>
   main()
   { int a=-1,b=1;
     if((++a<0)&&!(b-- <=0))
        printf("%d %d\n",a,b);
     else
        printf("%d %d\n",b,a);
   }
   ```
   A. -1 1          B. 0 1          C. 1 0          D. 0 0

7. 下列关于 switch 语句和 break 语句的结论中，正确的是（    ）。
   A. break 语句是 switch 语句中的一部分
   B. 在 switch 语句中可以根据需要使用或不使用 break 语句
   C. 在 switch 语句中必须使用 break 语句
   D. break 语句只能用于 switch 语句中

8. 若有定义 int a=1,b=0，则执行以下语句后，输出为（    ）。
   ```
   switch(a)
   { case 1:
     switch(b)
     { case 0: printf("**0**"); break;
       case 1: printf("**1**"); break;
     }
     case 2: printf("**2**"); break;
   }
   ```
   A. **0**                                   B. **0****2**
   C. **0****1****2**                         D. 有语法错误

9. 以下程序的输出结果是（    ）。
   ```
   #include<stdio.h>
   main()
   { int x=1,a=0,b=0;
     switch(x)
     { case 0:b++;
       case 1:a++;
       case 2:a++;b++;
     }
     printf("a=%d,b=%d\n",a,b);
   }
   ```
   A. a=2,b=1        B. a=1,b=1        C. a=1,b=0        D. a=2,b=2

10. 以下程序的输出结果是（    ）。
    ```
    #include<stdio.h>
    main()
    { int a=12,b=5,c=-3;
      if(a>b)
      if(b<0) c=0;
      else c++;
      printf("%d\n",c);
    }
    ```

A. 0          B. 1          C. -2          D. -3

11. 运行以下程序，如果用键盘输入 5，则输出结果是（    ）。
```
#include<stdio.h>
main()
{  int x;
   scanf("%d",&x);
   if(x-- <5)printf("%d",x);
   else printf("%d",x++);
}
```
A. 3          B. 4          C. 5          D. 6

12. 运行两次下面的程序，如果用键盘分别输入 6 和 4，则输出的结果是（    ）。
```
#include<stdio.h>
main()
{  int x;
   scanf("%d",&x);
   if(x++ >5)printf("%d",x);
   else printf("%d\n",x--);
}
```
A. 7 和 5          B. 6 和 3          C. 7 和 4          D. 6 和 4

二、操作题

下列给定程序中，函数 fun() 的功能：将大写字母转换为对应的小写字母之后的第 5 个字母；若小写字母为 v~z，使小写字母的 ASCII 码值减 21，转换后的小写字母作为函数值返回。例如，若形参是字母 A，则转换为小写字母 f；形参是字母 W，则转换为小写字母 b。

请改正函数 fun() 中的错误，使它能得出正确的结果。

注意：不要改动 main() 函数，不得增行或删行，也不得更改程序的结构。

## 试 题 程 序

```
#include<stdio.h>
#include<ctype.h>
char fun(char c)
{  if(c>='A' && c<='Z')
     /*****found*****/
     c=c-32;
   if (c>='a' && c<='u')
     /*****found*****/
     c=c-5;
   else if (c>='v' && c<='z')
     c=c-21;
   return c;
}

main()
{  char c1,c2;
   printf("\nEnter a letter(A-Z):");
   c1=getchar();
   if (isupper(c1))
   {  c2=fun(c1);
      printf("\n\nThe letter %c change to %c\n",c1,c2);
   }
   else
      printf("\nEnter (A-Z) !\n");
}
```

# 第6章

# 循环结构

本章主要介绍全国计算机等级考试二级 C 语言程序设计中常考核的有关循环结构程序设计的知识点，包括 while 语句、do...while 语句、for 语句、循环的嵌套、break 语句和 continue 语句等考核内容。

**选择题分析明细表**

| 考　点 | 考核概率 | 难易程度 |
| --- | --- | --- |
| while 语句的一般形式 | 100% | ★★★★★ |
| do...while 语句的一般形式 | 100% | ★★★ |
| for 语句的一般形式 | 100% | ★★★★★ |
| 循环嵌套的一般形式 | 60% | ★★★ |
| break 语句 | 60% | ★ |
| continue 语句 | 30% | ★ |

**操作题分析明细表**

| 考　点 | 考核概率 | 难易程度 |
| --- | --- | --- |
| while 语句的一般形式 | 40% | ★★★★ |
| do...while 语句的一般形式 | 10% | ★★ |
| for 语句的一般形式 | 100% | ★★★★★ |
| 循环嵌套的一般形式 | 10% | ★ |
| break 语句 | 10% | ★ |
| continue 语句 | 10% | ★ |

## 6.1　while 语句

### 考点1　while 语句的一般形式

while 语句的一般形式如下：
　　while(表达式)
　　　循环体

说明：while 是 C 语言的关键字；紧跟其后的表达式可以是 C 语言中任意合法的表达式，该表达式是循环条件，由它来控制循环体是否执行。循环体只能是可执行语句，当多项操作需要多次重复执行时，可以使用复合语句。

> **真考链接**
> 考点1属于重点掌握的内容，在选择题中的考核概率为100%，主要以读程序题的形式出现；在操作题中的考核概率约为40%，主要以修改和编程题的形式出现。

执行过程如下。
（1）计算紧跟 while 后括号中表达式的值。当表达式的值非零时，则接着执行 while 语句中的内嵌语句；当表达式值为0时，则跳过该 while 语句，执行该 while 结构后的其他语句。
（2）执行循环体内嵌语句。
（3）返回执行步骤（1），直到条件不满足为止，即表达式的值为0时退出循环，while 结构结束。

特点：先对表达式进行条件判断，后执行语句。

> **小提示**
> 　　由 while 语句构成的循环结构不同于由 if 语句构成的选择结构。当 if 后面的条件表达式的值非零时，其 if 子句只执行一次；而当 while 后面的条件表达式的值非零时，其后的循环体中的语句将被重复执行。在设计循环时，通常应在循环体内改变与条件表达式有关的变量值，使条件表达式的值最终变成零，以便能及时退出循环。

> **常见问题**
> 如果 while 后面的表达式为空，那么循环体会如何执行呢？
> 如果后面的表达式为空，则说明让循环体循环下去的任何条件都满足，这样导致的后果就是形成死循环。

> **真题精选**

【例1】在下列选项中，没有构成死循环的是（　　）。

A.
```
int i =100;
while(1)
{  i = i%100 +1;
   if(i >100) break;
}
```

B.
```
for(;;)
```

C.
```
int k =10000;
do{k ++;}while(k >10000);
```

D.
```
int s =36;
while(s) --s;
```

【答案】D

【解析】选项 A 的循环表达式的条件永远为1，并且小于100的数与100取余不超过99，所以在循环体内表达式 i%100 +1 的值永远不会大于100，break 语句永远不会被执行，所以是死循环；选项 B 的括号内没有能使循环停下来的变量增量，是死循环；选项 C 中先执行 k ++，使 k =10001，从而使循环陷入死循环。

【例2】以下程序段的输出结果是（　　）。
```
int n=10;
while(n>7)
{ n--;
  printf("%d#",n);
}
```
A. 10 9 8　　　　　B. 9 8 7　　　　　C. 10 9 8 7　　　　　D. 9 8 7 6

【答案】B

【解析】以上程序段只包含一个while循环，循环的控制表达式是n>7，只要n的值大于7，循环体就会不断执行。在进入循环时，n的值为10。循环体内只有两条语句，每循环一次，首先n的值减1，然后输出n的值；由于n的初值为10，所以执行循环中的n--语句后，n的值依次为9、8、7，并进行输出，printf()每执行一次就在最后输出一个空格。当n的值为7时，while的控制表达式n>7的值已为0，因此退出循环。

【例3】以下程序的功能：用键盘输入若干学生的成绩，统计并输出最高成绩和最低成绩，当输入负数时结束输入。请在标号处填入缺失的表达式或语句。

### 试题程序

```
#include<stdio.h>
main()
{ float x,amax,amin;
  scanf("%f",&x);
  amax=x;amin=x;
  while(【1】)
  { if(x>amax) amax=x;
    if(【2】) amin=x;
    scanf("%f",&x);
  }
  printf("\namax=%f\n amin=%f\n",amax,amin);
}
```

【答案】【1】x>=0　　　【2】x<amin

【解析】阅读以上程序可知，最高成绩放在变量amax中，最低成绩放在变量amin中。while循环用于不断读入数据并将其放入x，然后通过判断把大于amax的数放入amax，把小于amin的数放入amin，因此在第二个横线处应填入x<amin。while后的表达式用以控制读入的成绩是否为负数，若是负数，读入结束并且退出循环，因此在第一个横线处应填入x>=0，即当读入的值大于等于0时，循环继续，小于0时循环结束。

# 6.2　do...while 语句

## 考点2　do...while 语句的一般形式

do...while 语句的一般形式如下：
do
　循环体
while(表达式);

说明如下。

(1) do 是 C 语言的关键字，必须和 while 联合使用，不能独立出现。

(2) do...while 循环由 do 开始，以 while 结束。在语法上，do 和 while 之间只能是一条语句，如需要执行多条语句，可以用花括号（{}）进行标识来构成复合语句。

注意：while（表达式）后的分号不可缺少，表示do...while 语句的结束。

(3) while 后面的圆括号中的表达式可以是 C 语言中任意合法的表达式，由它控制循环是否执行，且圆括号不可缺少。

**真考链接**

考点2 在选择题中的考核概率约为100%，在操作题中主要以编程题的形式进行考查，考核概率约为10%。

执行过程：先执行一次指定的循环体，执行完后判断 while 后面的表达式的值，当表达式的值为非零值（真）时，程序流程返回，重新执行循环体。如此反复，直到表达式的值等于零为止，此时循环结束。

特点：先执行循环体一次，然后判断循环条件是否成立。

有时为了产生一段延时，也可以用空语句作为循环体。例如，让 i 循环 60000 次，即 for(i=0;i<60000;i++)，但什么也不做，目的就是消耗时间。熟练运用这些技巧可以给编程带来很多益处。

> **小提示**
>
> while 语句先判断后执行；do...while 语句先执行一次，再判断是否继续执行循环体。

> **常见问题**
>
> while 语句和 do...while 语句都是执行循环体语句，它们有何特点和区别？
>
> while 语句首先判断是否执行，而 do...while 语句首先无条件执行循环体一次，然后根据 while 后面的语句判断是否继续执行循环体。这点区别很细微也很关键，考生运用它们时要非常注意。

## 真题精选

**【例1】** 有以下程序：

```c
#include<stdio.h>
main()
{ int i=5;
  do
  {  if(i%3==1)
     if(i%5==2)
     { printf(" *%d",i);break; }
     i++;
  } while(i!=0);
  printf("\n");
}
```

程序的运行结果是（   ）。

A. *7                B. *3*5               C. *5               D. *2*6

**【答案】** A

**【解析】** 整个程序中只有对 i 进行增加的语句没有对 i 进行减少的语句，所以 2、3 都不可能出现，选项 B 和 D 错误。而 i=5 时第一个 if 语句的表达式为假，所以选项 C 也错误。

**【例2】** 若变量已正确定义，有以下程序段：

```c
i=0;
do printf("%d,",i); while(i++);
printf("%d\n",i);
```

其输出结果是（   ）。

A. 0,0              B. 0,1              C. 1,1              D. 程序进入死循环

**【答案】** B

**【解析】** 对于 do...while 循环，程序先执行一次循环体，再判断循环是否继续。本题先输出一次 i 的值 "0"，再接着判断表达式 i++ 的值，其值为 0，所以循环结束。此时变量 i 的值经过自加已经变为 1，程序再次输出 i 的值 "1"。

**【例3】** 以下叙述正确的是（   ）。

A. do...while 语句构成的循环不能用其他语句构成的循环代替

B. 只有 do...while 语句构成的循环能用 break 语句退出

C. 用 do...while 语句构成循环，在 while 后的表达式为零时不一定结束循环

D. 用 do...while 语句构成循环，在 while 后的表达式值为零时结束循环

**【答案】** D

【解析】do...while 语句构成的循环可以用其他语句构成的循环来代替。但要注意，for 和 while 语句构成的循环，循环体的执行取决于对循环控制条件的设置；而 do...while 构成的循环不管循环控制的条件如何设置，循环体总要执行一次。无论是哪种循环，break 语句都可以退出循环。用 do...while 语句构成的循环和用 while 语句构成的循环一样，都是在 while 后的表达式值为零时结束循环，非零时循环继续。

【例4】下列给定程序中，函数 fun() 的功能：计算正整数 num 各位上的数的积。

例如，若输入 252，则输出应该是 20；若输入 202，则输出应该是 0。

请改正程序中的错误，使它能得出正确的结果。

注意：不要改动 main() 函数，不得增行或删行，也不得更改程序的结构。

### 试题程序

```
#include <stdio.h>
#include <conio.h>
long fun(long num)
{  /*****found*****/
   long k;
   do
   {  k*=num%10;
      /*****found*****/
      num\=10;
   }while (num);
   return (k);
}
main()
{  long n;
   printf("please enter a number:");
   scanf("%ld",&n);
   printf("\n%ld\n",fun(n));
}
```

【答案】(1) long k = 1；(2) num /= 10；

【解析】本题考查：do...while 循环，数据类型；保存乘积的变量初始化；除法运算符。

(1) k 用来存放各位上的数的积，初值应为 1。

(2) 这里是一个符号错误，除号用"/"来表示。

# 6.3 for 语 句

## 考点3　for 语句的一般形式

for 语句的一般形式：

for(表达式1;表达式2;表达式3)　　循环体

说明：for 是 C 语言中的关键字，其后的圆括号中通常是 3 个表达式，这 3 个表达式可以是 C 语言中任意合法的表达式，它们通常用于控制 for 循环；各个表达式之间用";"隔开，且圆括号不可省略；按照语法规则，循环体只能是一条语句，如需要完成多项操作，可以使用花括号（{}）进行标识来构成复合语句。

> **真考链接**
> 考点3属于重点掌握的知识点，考核概率约为100%。在选择题中，主要以读程序题的形式出现；在操作题中，主要在编程题中出现。

执行过程如下。

(1) 求表达式1的值。

(2) 求表达式2的值。若其值为真（非零），则执行for语句中指定的内嵌语句，然后执行步骤(3)；若其值为假（0），则退出循环，执行for语句以下的其他语句。

(3) 求表达式3的值。

(4) 重复执行步骤(2)。

有关 for 语句的说明如下。

(1) for 语句中的表达式可以部分或者全部省略，但两个";"是不可省略的。例如：

for(;;)printf("hello");

这条语句是正确的，但因为缺少判断条件，将会形成死循环。

(2) for 后的圆括号中的表达式可以是任意有效的 C 语言表达式。

## 第6章 循环结构

 **常见问题**

如何强行退出 for 循环体？

在有些情况下，并不一定要完全执行完 for 后面括号内的设定的循环次数，如果程序达到运算目的，可以在 for 语句的循环体内加入 break 语句，实现强行退出。

 **真题精选**

【例1】有以下程序：
```
#include<stdio.h>
main()
{  int y=9;
   for( ;y>0;y--)
      if(y%3==0) printf("%d",--y);
}
```
程序的运行结果是（   ）。
A．7 4 1        B．9 6 3        C．8 5 2        D．8 7 5 4 2 1

【答案】C

【解析】本题考查 for 循环以及自加"++"、自减"--"的问题。当 y 的值为 9、6 或 3 时，if 语句的条件成立，执行输出语句，输出表达式 --y 的值，y 的自减要先于输出语句执行，故输出结果为 8 5 2。

【例2】以下程序的输出结果是（   ）。
```
#include<stdio.h>
main()
{  int i,sum;
   for(i=1;i<6;i++)
   sum+=sum;
   printf("%d\n",sum);
}
```
A．15        B．14        C．不确定        D．0

【答案】C

【解析】本题中包含一个 for 循环，循环变量由 1 变化到 5，所以其循环体执行 5 次。for 循环体内只有一条语句"sum+=sum;"，它相当于"sum=sum+sum;"，此表达式的值只与变量 sum 有关，并执行 5 次。观察 sum 的值，可以发现程序没有给它赋初值，因此在第一次执行 sum+sum 时，sum 的值是不确定的；在运行此程序时，系统会给出警告信息，提示用户 sum 在使用前没有确定的值。

【例3】若 x 是 int 型变量，以下程序段的输出结果是（   ）。
```
for(x=3;x<6;x++)
   printf((x%2)? ("**%d\n"):(" ##%d\n"),x);
```
A．**3 ##4 **5        B．##3 **4 ##5        C．##3        D．**3 ##4
                                              **4              **5
                                              ##5

【答案】D

【解析】以上 for 循环的循环控制变量 x 的值依次为 3、4、5，因此循环体执行 3 次。也就是说，循环体中的 printf 语句进行 3 次输出。调用 printf() 进行输出时，其后面的括号中的第一项应当是一个格式控制字符串。在本题的 printf() 函数的调用中，第一项似乎是一个条件表达式，但进一步分析可知，在"?"之前"表达式1"的值无论是 1 还是 0，此条件表达式的值总是一个字符串，或者为"**%d\n"，或者为"##%d\n"，因此是符合 printf() 函数调用的语法的。根据以上分析可知，当 x 的值为奇数时，(x%2) 的值为 1，输出所用的格式串是"**%d\n"；当 x 的值为偶数时，(x%2) 的值为 0，输出所用的格式串是"##%d\n"。已知 x 的值是 3、4、5，当 x 的值为 3 时，输出**3，且不输出换行符；当 x 的值为 4 时，接着输出##4，输出一个换行符；最后当 x 的值为 5 时，从新的一行开始输出**5，然后退出循环。

【例4】设 i 和 x 都是 int 类型，则以下 for 循环语句（　　）。
```
for(i=0,x=0;i<=9&&x!=876;i++) scanf("%d",x);
```
A. 最多执行 10 次　　　B. 最多执行 9 次　　　C. 是死循环　　　D. 一次也不执行

【答案】A

【解析】此题中 for 循环的执行次数取决于关系表达式"i=0,x=0;i<=9&&x!=876;i++"的结果。只要 i<=9 且 x!=876，循环就继续执行。结束循环取决于两个条件：或者 i>9，或者 x=876。只要在执行 scanf 语句时，从终端输入 876，循环就结束。如果一直未从终端输入 876，则 i 值的增加使 i>9，从而结束循环。按照题中所给定的 for 语句，每执行一次循环，i 自动增 1，因此执行 10 次循环后，i 的值为 10，循环将结束。

【例5】以下 for 循环语句（　　）。
```
int i,k;
for(i=0,k=-1;k=1;i++,k++)
printf("* * *");
```
A. 判断循环结束的条件非法　　　　　　B. 是死循环
C. 只循环一次　　　　　　　　　　　　D. 一次也不循环

【答案】B

【解析】本例的关键是赋值表达式 k=1。由于表达式 2 是赋值表达式 k=1，为真，因此执行循环体，使 k 增 1，但循环再次计算表达式 2 时，又使 k 为 1，如此反复循环。

【例6】以下是计算 n! 值的程序，画线处应为（　　）。
```
#include<stdio.h>
main()
{ int i,s,n;
  s=1;
  printf("Enter n:");
  scanf("%d",&n);
  for(i=1;i<=n;i++)_____;
  printf("s=%d",s);
}
```
A. s=s*i　　　B. s*i　　　C. s=s+i　　　D. s+i

【答案】A

【解析】以上程序表示的是典型的连乘算法。与累加一样，连乘也是程序设计中基本的算法之一，程序中 i 从 1 变化到 n，每次增 1。在循环体内应该有一个能表达连乘的式子。变量 s 的初值为 1，可以用此变量存放每次 i 增 1 后连乘的结果。在上述画线处填上 s=s*i 就可以满足要求。

【例7】以下程序的输出结果是（　　）。
```
#include<stdio.h>
main()
{ int x,i;
  for(i=1;i<=100;i++)
    { x=i;
      if(++x%2==0)
        if(++x%3==0)
          if(++x%7==0)
            printf("%d",x);
    }
  printf("\n");
}
```
A. 3981　　　B. 4284　　　C. 2668　　　D. 2870

【答案】D

【解析】for 循环的循环控制变量 i 由 1 变化到 100，循环体将执行 100 次。循环体每执行一次，首先把 i 的值赋给 x，即在循环的过程中，x 的值由 1 变化到 100。接着执行一条嵌套的 if 语句，在各层的条件表达式中，x 的值在增 1 后如果满足指定的条件，才能执行最内层的 printf 语句。在执行最外层的 if 语句时，若条件表达式 ++x%

2==0 的值为 1，则这时的 x 中的值为偶数。执行第二层 if 语句时，若条件表达式 ++x%3==0 的值为 1，则这时的 x 中的值必定是上述偶数加 1 后能被 3 除尽的奇数，这些数是 3, 9, 15, 21, 27, 33, 39, 45, 51, 57, 63, 69, 75, 81, 87, 93, 99。执行最内层 if 语句时，若条件表达式 ++x%7==0 的值为 1，则这时的 x 中的值必定是上述奇数加 1 后能被 7 除尽的偶数。由以上列出的数中可以看到能满足此条件的数只有 28 和 70。

## 6.4 循环嵌套

### 考点 4　循环嵌套的一般形式

在某一个循环体内部包含另一个完整的循环结构，称为循环的嵌套。前面介绍的 3 种类型的循环都可以互相嵌套，循环的嵌套可以有多层，但要保证每一层循环在逻辑上必须是完整的。

例如，下面的都是合法的形式。

(1) while()　　　　(2) for( ; ;)
    {                 {
     …                 …
     while()           while()
     {…}               {…}
     …                 …
    }                 }

(3) do
    {
     …
     for( ; ;)
     {…}
     …
    }
    while();

> **真考链接**
>
> 考点 4 属于重点掌握的知识点，在选择题中，主要以读程序题的形式考查，要求选择程序运行的结果，考核概率约为 60%；在操作题中，主要以修改题和编程题的形式考查，考核概率约为 10%。

**常见问题**

程序是如何执行嵌套循环的？

执行多重循环时，对于外层循环变量的每一个值，内层循环的循环变量都要从初值变化到终值。每执行一次外层循环，内层的循环就要完整执行一次。

**真题精选**

【例 1】以下程序的输出结果是（　　）。
```
#include<stdio.h>
main()
{ int k=0,m=0;
  int i,j;
  for(i=0;i<2;i++)
  { for(j=0;j<3;j++)
      k++;
      k-=j;
```

```
        }
        m = i + j;
        printf("k = %d,m = %d",k,m);
}
```
A. k = 0,m = 3　　　　B. k = 0,m = 5　　　　C. k = 1,m = 3　　　　D. k = 1,m = 5

【答案】B

【解析】本例考查双重循环结构。只要留意在一个循环终止时循环控制变量的变化即可。很明显,外层循环执行两次。这两次执行循环的情形如下：当 i = 0 时,内层循环执行 3 次（j = 0, 1, 2）, 直到 j = 3 时终止；由于每次内层循环使 k 加 1,故循环结束时 k = 3；再执行 k -= j 语句,当 i = 1 时,内层循环仍执行原操作,使 j = 3, k = 0；计算表达式 i = 2,表达式 i < 2 为假,外层循环结束,执行 m = i + j = 2 + 3 = 5。

【例2】以下程序的功能是按顺序读入 10 名学生 4 门课程的成绩,计算出每名学生的平均分并输出。程序如下：
```
#include < stdio.h >
main()
{   int n,k;
    float score,sum,ave;
    sum = 0.0;
    for(n = 1;n <= 10;n ++ )
    {   for(k = 1;k <= 4;k ++ )
        {   scanf("%f",&score);
            sum += score;
        }
        ave = sum/4.0;
        printf("NO%d:%f\n",n,ave);
    }
}
```
上述程序运行后结果不正确,调试中发现有一条语句在程序中的位置不正确。这条语句是（　　）。

A. sum = 0.0;　　　　　　　　　　　　　　B. sum + = score;
C. ave = sum/4.0;　　　　　　　　　　　　D. printf("NO%d:%f \n", n, ave);

【答案】A

【解析】本题考查的是 for 循环语句的嵌套结构。

【例3】以下程序段的输出结果是（　　）。
```
int i,j,m = 0;
for(i = 1;i <= 15;i += 4)
    for(j = 3;j <= 19;j += 4)
        m ++;
printf("%d\n",m);
```
A. 12　　　　　　　　B. 15　　　　　　　　C. 20　　　　　　　　D. 25

【答案】C

【解析】本题所示的程序段包含一个双重循环。外层的循环控制变量是 i,其初值为 1,每循环一次,i 的值增 4。在执行过程中,i 的值依次是 1、5、9、13,当 i 的值达到 17 时,外层的循环结束,执行最后的 printf 语句,因此外层循环执行 4 次。外层的循环体内只包含一条语句,也是一个 for 循环。内层的循环控制变量是 j,其初值是 3,每循环一次,j 的值增 4,j 的值依次为 3、7、11、15、19,内层循环执行 5 次。内层循环体也只包含一条语句——m ++;,即每执行一次内层循环体,m 的值增 1。因为 m 的初值是 0,所以 m 的值就是内层循环总的执行次数。内层循环总的执行次数 = 4（外层循环执行次数）×5（内层循环执行次数）= 20,所以 m 的值为 20。

【例4】请编写函数 fun(),其功能：找出 2×M（整型）的数组中最大的元素值,并将此值返回调用函数。
注意：部分源程序给出如下。
请勿改动主函数 main()和其他函数中的任何内容,仅在函数 fun()的花括号中填入你编写的若干语句。

## 试题程序

```
#define M 4
#include <stdio.h>
int fun(int a[][M])
{

}
```

```
void main()
{   int arr[2][M] = {5,8,3,45,76,-4,12,82};
    printf("max = %d\n",fun(arr));
}
```

【答案】
```
int fun(int a[ ][M])
{   int i,j,max = a[0][0];
    for(i = 0;i < 2;i ++)
        for(j = 0;j < M;j ++)
            if(max < a[i][j])
                max = a[i][j];
    return max;
}
```

【解析】本题要求数组的最大值，需要运用循环语句，因为数组是二维数组，所以应使用两层循环加 for 循环嵌套。使用 for 循环语句时需要注意循环变量的取值范围。

此类求最大值或最小值的问题，我们可以采用逐个比较的方式，要求对数组中所有元素遍历一遍，并且从中找出数组最大值或最小值。首先定义变量 max 存放数组中的第一个元素的值，然后利用 for 循环逐个找出数组中的元素，并将其与 max 比较，如果元素值大于 max，则将该值赋予 max，循环结束后 max 的值即数组最大值，最后将该值返回。

# 6.5　break 语句和 continue 语句

## 考点5　break 语句

在 break 后面加上分号就可以构成 break 语句。

在介绍选择结构时，已经介绍了 break 语句可以使程序流程跳出 switch 结构，继续执行 switch 语句之外的语句。实际上，break 语句还可以用于从循环体内跳出，即提前结束循环。

说明：

(1) break 语句只能出现在循环体内及 switch 语句内，不能用于其他语句内。

(2) 当 break 出现在循环体中的 switch 语句体内时，其作用只是跳出该 switch 语句体。当 break 出现在循环体中，但并不在 switch 语句体内时，则在执行 break 后，跳出本层循环，当然也不再进行条件判断。

**真考链接**

break 语句较简单，但属于重点掌握的知识点，其运用范围只限于循环体及 switch 语句内。在选择题中的考核概率约为 60%。

### 真题精选

【例1】在以下程序中，判断 i>j 共执行了（　　）次。
```
#include <stdio.h>
main()
{   int i = 0,j = 10,k = 2,s = 0;
    for(;;)
    {   i + = k;
        if(i > j)
```

```
            {   printf("%d",s);
                break;
            }
            s+=i;
        }
    }
```
A. 4        B. 7        C. 5        D. 6

【答案】D

【解析】本例涉及break语句，重点在于循环次数的确定。本例的循环由于无判断条件，只能借助break语句终止。题目要求说明判断i>j的执行次数，只需考虑经过i+=k运算如何累计i的值（每次累计i的值，都会累计判断i>j一次），i的值分别是2、4、6、8、10、12，当i的值为12时判断i>j为真，程序输出s的值并结束，共循环6次。

【例2】有以下程序

```
#include<stdio.h>
main()
{
    int a=1, b=0;
    for(;a<5;? a++)
    { if(a%2==0) break;
        b+= a;
    }
    printf("%d?\n", b);
}
```

程序的运行结果是（　　）。

A. 0        B. 2        C. 3        D. 1

【答案】D

【解析】程序的执行过程为：a=1时，a%2=1条件不成立，执行语句b+=a；得到b=1；a=2时，a%2=0条件成立，执行语句break；跳出循环。程序输出b的值，即1。本题答案为D选项。

## 考点6　continue语句

与break语句相似，在continue后加上分号就可以构成continue语句。其作用是结束本次循环，即跳过循环体中尚未执行的语句，而转去重新判断循环条件是否成立，从而确定下一次循环是否继续执行。

与break语句不同的是，执行continue语句并没有使整个循环终止。在while和do…while循环中，continue语句使得流程直接跳到循环控制的条件判断部分，然后决定循环是否继续执行。在for循环中，遇到continue后，跳过循环体中余下的语句，而去求解for语句中的"表达式3"的值，再次对"表达式2"的条件进行判断，最后根据"表达式2"的值来决定for循环是否继续执行。continue不管是作为何种语句中的成分，都按上述功能执行。

continue语句和break语句的区别是：continue语句只结束本次循环，而不是终止整个循环；break语句则是结束整个循环，不再判断执行循环的条件是否成立。

> **真考链接**
> continue语句较简单，但属于重点掌握的知识点。其在选择题中的考核概率约为30%，在操作题中的考核概率约为10%。

### 常见问题

continue语句只能出现在循环语句的循环体中。当出现在不同循环语句中时，continue分别是如何起作用的呢？

若执行while或do…while语句中的continue语句，则跳过循环体中continue语句后面的语句，直接转去判断下次循环控制条件；若continue语句出现在for语句中，则执行continue语句就是跳过循环体中continue语句后面的语句，转而执行for语句的"表达式3"。

**真题精选**

【例1】以下程序的输出结果是（　　）。
```
#include<stdio.h>
main()
{  int i;
   for(i=1;i<=5;i++)
   {  if(i%2) putchar('<');
      else continue;
      putchar('>');
   }
   putchar('#');
}
```
　　A.　<><><>#　　　　B.　><><><#　　　　C.　<><>#　　　　D.　><<#

【答案】A

【解析】本例考查 continue 语句的基本使用方法。在程序中，当 i%2 为真时，执行输出语句；否则执行 continue 语句，即开始 i++ 运算，进入下一次循环，即当 i 是偶数（i%2 为0）时执行 continue 语句，退出本次循环，无任何输出。

【例2】以下程序的输出结果是（　　）。
```
#include<stdio.h>
main()
{  int y=10;
   for(;y>0;y--)
      if(y%3==0)
      {  printf("%d",--y);
         continue;
      }
}
```
　　A.　741　　　　　B.　852　　　　　C.　963　　　　　D.　8754321

【答案】B

【解析】for 循环的循环控制变量 y 的初值是10，每循环一次 y 减1，因此 y 的值由10变化到1。for 循环中只包含一条 if 语句，if 子句是一个复合语句。if 后的表达式 y%3==0 表示只有 y 的值能被3整除时，其后的子句才执行。已知 y 由10变化到1，当 y 的值分别为9、6、3时才会执行 if 子句中的 printf 语句，进行输出。输出的值应是8、5、2。continue 语句的作用是结束本次循环，即跳过本次循环体中余下尚未执行的语句。就本题而言，在 if 语句之后，不再有余下尚未执行的语句，因此接着判断是否执行下一次循环。由此可见，在本题中，continue 是虚设的，不起任何作用。

## 6.6　综合自测

**一、选择题**

1. while(x)语句中的 x 与下面条件表达式等价的是（　　）。
　　A.　x==0　　　　B.　x==1　　　　C.　x!=1　　　　D.　x!=0

2. 以下程序的输出结果是（　　）。
```
#include<stdio.h>
```

```
   main()
   {  int k,j,m;
      for(k=5;k>=1;k--)
      {  m=0;
         for(j=k;j<=5;j++)
            m=m+k*j;
      }
      printf("%d\n",m);
   }
```
   A. 124          B. 25          C. 36          D. 15

3. 以下程序的输出结果是（　　）。
```
#include<stdio.h>
main()
{  int x=10,y=10,i;
   for(i=0;x>8;y=++i)
      printf("%d %d",x--,y);
}
```
   A. 10 1 9 2       B. 9 8 7 6       C. 10 9 9 0       D. 10 10 9 1

4. 以下程序段的输出结果是（　　）。
```
a=1;b=2;c=2;
while(a<b<c) {t=a; a=b; b=t; c--;}
printf("%d,%d,%d",a,b,c);
```
   A. 1, 2, 0        B. 2, 1, 0        C. 1, 2, 1        D. 2, 1, 1

5. 以下 for 循环体的执行次数是（　　）。
```
#include<stdio.h>
main()
{  int i,j;
   for(i=0,j=1;i<=j+1;i+=2,j--)printf("%d\n",i);
}
```
   A. 3          B. 2          C. 1          D. 0

6. 有以下程序：
```
#include<stdio.h>
main()
{  int n=9;
   while(n>6){n--;printf("%d",n);}
}
```
   该程序的输出结果是（　　）。
   A. 987         B. 876         C. 8765         D. 9876

7. 有以下程序段：
```
int k=0;
while(k=1)k++;
```
   while 循环执行的次数是（　　）。
   A. 无限次                              B. 有语法错误，不能执行
   C. 一次也不执行                        D. 执行一次

8. 以下程序中，while 循环执行的次数是（　　）。
```
#include<stdio.h>
main()
{  int i=0;
```

```
   while(i<10)
   {  if(i<1) continue;
      if(i==5) break;
      i++;
   }
   ...
}
```
   A. 1    B. 10    C. 6    D. 死循环，不能确定次数

9. 以下程序的输出结果是（    ）。
```
#include<stdio.h>
main()
{  int i=0,a=0;
   while(i<20)
   {  for(;;)
      {  if((i%10)==0)break;
         else i--;
      }
      i+=11;a+=i;
   }
   printf("%d\n",a);
}
```
   A. 21    B. 32    C. 33    D. 11

10. 语句 while(!E); 中的条件!E 等价于（    ）。
   A. E==0    B. E!=1    C. E!=0    D. ~E

11. 以下的 for 循环（    ）。
   for(x=0,y=0;(y!=123)&&(x<4);x++);
   A. 是死循环    B. 循环次数不定    C. 循环执行 4 次    D. 循环执行 3 次

12. 执行以下程序段的结果是（    ）。
```
int x=23;
do
{  printf("%d",x--);
}while(!x);
```
   A. 输出 321    B. 输出 23    C. 不输出任何内容    D. 陷入死循环

二、操作题

1. 下列给定程序中，函数 fun() 的功能：计算以下公式前 n 项的和，并作为函数值返回。

$$s = \frac{1\times3}{2^2} + \frac{3\times5}{4^2} + \frac{5\times7}{6^2} + \cdots + \frac{(2\times n-1)\times(2\times n+1)}{(2\times n)^2}$$

例如，当形参 n 的值为 10 时，函数返回值为 9.612558。
请在标号处填入正确的内容，使程序得出正确的结果。
注意：部分源程序给出如下，不得增行或删行，也不得更改程序的结构。

### 试 题 程 序

```
#include<stdio.h>
double fun(int n)
{  int i; double s,t;
   s=【1】;
   for(i=1; i<=【2】; i++)
   {  t=2.0*i;
      s=s+(2.0*i-1)*(2.0*i+1)/【3】;
   }
   return s;
}
main()
{  int n=-1;
```

```
    while(n<0)
    { printf("Please input(n>0): ");
      scanf("%d",&n); }
```

2. 给定程序中，函数fun( )的功能：统计形参s所指的字符串中数字字符出现的次数，并将其存放在形参t所指的变量中，最后在主函数中输出。例如，若形参s所指的字符串为"abcdef35adgh3kjsdf7"，则输出结果为4。

请在标号处填入正确内容，使程序得出正确的结果。

注意：部分源程序给出如下。不得增行或删行，也不得更改程序的结构。

## 试 题 程 序

```
#include<stdio.h>
void fun(char *s, int *t)
{   int i, n;
    n=0;
    for(i=0;【1】!=0;i++)
      if(s[i]>='0'&&s[i]<=【2】) n++;
        【3】;
}

main()
{   char s[80]="abcdef35adgh3kjsdf7";
    int t;
    printf("\nThe original string is : %s\n",s);
    fun(s,&t);
    printf("\nThe result is : %d\n",t);
}
```

```
        printf("\nThe result is: %f\n",fun(n));
    }
```

# 第 7 章

# 数 组

　　本章主要介绍全国计算机等级考试二级 C 语言程序设计中常考核的有关数组的定义和引用的知识点，包括一维数组的定义和引用、二维数组的定义和引用、字符数组等考核内容。

**选择题分析明细表**

| 考　点 | 考核概率 | 难易程度 |
| --- | --- | --- |
| 一维数组的定义及其元素的引用 | 80% | ★★★★★ |
| 一维数组的初始化 | 70% | ★★★ |
| 二维数组的定义及其元素的引用 | 90% | ★★★★★ |
| 二维数组的初始化 | 40% | ★★★ |
| 字符数组的定义及其初始化和引用 | 100% | ★★★ |
| 字符串和字符串结束标识 | 60% | ★★★ |
| 字符数组的输入/输出 | 100% | ★★★★ |
| 字符串处理函数 | 100% | ★★★★ |

**操作题分析明细表**

| 考　点 | 考核概率 | 难易程度 |
| --- | --- | --- |
| 一维数组的定义及其元素的引用 | 40% | ★★★★ |
| 一维数组的初始化 | 30% | ★★★ |
| 二维数组的定义及其元素的引用 | 20% | ★★ |
| 二维数组的初始化 | 10% | ★★ |
| 字符数组的定义及其初始化和引用 | 20% | ★★ |
| 字符串和字符串结束标识 | 70% | ★★★★ |
| 字符数组的输入/输出 | 20% | ★★ |
| 字符串处理函数 | 20% | ★★ |

## 7.1 一维数组的定义和引用

### 考点1 一维数组的定义及其元素的引用

**1. 一维数组的定义**

一维数组是指数组中的每个元素只带有一个下标的数组。一维数组的一般形式：

类型说明符 数组名[常量表达式];

例如：

long array[10];

说明：

（1）array 是数组名。

（2）此数组共有 10 个元素。

（3）每个元素的类型都为长整型。

（4）每个元素只有一个下标。在 C 语言中，每个数组的第一个元素的下标总是 0，称为数组下标的下界，所以上面数组的最后一个元素的下标应该是 9，称为数组下标的上界。

（5）在执行上面的语句后，C 编译程序将在内存中开辟连续的 10 个存储单元。可以用这样的名字来直接引用各存储单元，如 array[0]，array[1]，…。

（6）在一个定义数组的语句中，可以有多个数组说明符。例如：

int x[7],y[8],z[9];

（7）可以把数组说明符和普通变量名同时写在一条类型定义语句中。

**2. 一维数组元素的引用**

由于是一维数组，因此引用数组元素时只带一个下标。数组元素的引用形式：

数组名[下标表达式]

注意：

（1）一个数组元素实质上是一个变量名，代表内存中的一个存储单元，一个数组占据的是连续的存储单元。

（2）引用数组元素时，数组的下标可以是整型常量，也可以是整型表达式。

（3）和变量一样，数组必须先定义后使用。

（4）只能逐个引用数组元素而不能一次引用整个数组。

（5）在 C 语言程序的运行过程中，系统并不自动检验数组元素的下标是否越界，所以数组两端都可能因为越界而破坏其他存储单元中的数据，甚至破坏程序代码，因此，在编写程序时要保证数组的下标不越界。

> **真考链接**
>
> 考点 1 属于需考生重点掌握的内容。其中一维数组元素的引用是考查的重点，在选择题中的考核概率约为 80%，在操作题中的考核概率约为 40%。

> **小提示**
>
> 在定义一个数组时，需要定义数组的类型。所以一定会出现类型说明符。而在引用数组里的元素时，直接写出数组名及要引用元素的下标即可。

**真题精选**

【例1】要求定义一个具有 6 个元素的 int 型一维数组，以下选项中错误的是（  ）。

A. int N=6,a[N];  B. int a[2*3];  C. int a[3+3];  D. int a[6];

【答案】A

【解析】数组名后面括号中的值必须是整型常量，不可以是变量，选项 A 中 N 是变量，所以数组定义不合法。故本题答案为 A 选项。

【例2】若有定义 int a[10]; 语句，则对数组 a 元素的正确引用是（  ）。

A. a[10]  B. a[3.5]  C. a(5)  D. a[10-10]

【答案】D

【解析】本题考查一维数组引用的基本语法，考生需要清楚地了解引用一维数组的基本格式。

【例3】请编写函数fun()，该函数的功能：统计各年龄段的人数。N个年龄段通过调用随机函数获得，并放入主函数的age数组中。要求函数把0～9岁年龄段的人数放在d[0]中，把10～19岁年龄段的人数放在d[1]中，把20～29岁年龄段的人数放在d[2]中，以此类推，把100岁（含100岁）以上年龄段的人数都放在d[10]中。结果在主函数中输出。

注意：部分源程序给出如下。

请勿改动main()函数和其他函数中的任何内容，仅在函数fun()的花括号中填入你编写的若干语句。

### 试题程序

```
#include <stdio.h>
#define N 50
#define M 11
void fun(int *a, int *b)
{
}
double rnd()
{   static t=29,c=217,m=1024,r=0;
    r=(r*t+c)%m;
    return((double)r/m);
}
void main()
{   int age[N], i,d[M];
    for(i=0;i<N;i++)
        age[i]=(int)(115*rnd());
    /*产生一个随机的年龄数组*/
    printf("The original data:\n");
    for(i=0;i<N;i++)
        printf((i+1)%10==0?"%4d\n":"%4d",age[i]);/*每行输出10个数*/
    printf("\n\n");
    fun(age,d);
    for(i=0;i<10;i++)
        printf("%4d—%4d:%4d\n", i*10,i*10+9,d[i]);
    printf("Over 100:%4d\n",d[10]);
}
```

【答案】
```
void fun(int *a, int *b)
{   int i,j;
    for(j=0;j<M;j++)
        b[j]=0;/*数组b初始化为0*/
    for(i=0;i<N;i++)
        if(a[i]>=100)
            b[10]++;/*如果年龄值大于等于100,b[10]自增1*/
        else
            b[a[i]/10]++;/*如果年龄值小于100,则将其分别统计到b[a[i]/10]中*/
}
```

【解析】本题考查数组元素赋初值。本题是一个分段函数的问题，用两个循环来完成。第1个循环的作用是使b中的所有元素值都为0。这个循环不能省略，因为若未对b中的元素赋初值，则它们的值是不可预测的。第2个循环的作用是分别统计a中各年龄段的人数。当a[i]>=100时，按题意要将其统计到b[10]中。else的作用是如果年龄小于100，则将其分别统计到b[a[i]/10]中。由运算优先级可知先进行a[i]/10的运算，所得结果作为b的下标。a[i]为0～9时，a[i]/10的值为0，且0～9岁的人数正好要存入b[0]。a[i]为10～19时，a[i]/10的值为1，且10～19岁的人数正好要存入b[1]中，以此类推。

## 考点2　一维数组的初始化

当数组定义完后，系统会为该数组在内存中开辟一串连续的存储单元，但这些存储单元中并没有确定的值。可以在定义数组时为其所包含的数组元素赋初值，例如：

int a[6]={0,1,2,3,4,5};

所赋的初值放在一对花括号中，数值类型必须与所说明的类型一致。所赋的初值之间用逗号隔开，系统将按这些数值的排列顺序，从a[0]元素开始依次给数组a中的元素赋初值。以上语句将a[0]赋值0，a[1]赋值1……a[5]赋值5。在指定初值时，第一个初值必定赋给下标为0的元素。也就是说，数组元素的下标是从0开始的。同时，不可能跳过前面的元素给后面的元素赋初值，但是允许

### 真考链接

考点2难度适中，属于重点掌握知识点。在选择题中考核概率约为70%。在操作题中主要以填空题和编程题的形式考查，考核概率约为30%。

为前面元素赋值0。当所赋初值个数少于所定义数组的元素个数时，将自动给后面的其他元素补以初值0；当所赋初值个数多于所定义数组的元素个数时，也就是说超出数组已经定义的范围，在编译时系统将给出出错信息。

C语言程序中可以通过赋初值来定义一维数组的大小，定义数组时的一对方括号中可以不指定数组的大小。例如：

int a[]={0,1,2,3,4,5,6,7,8,9};

以上语句定义的数组初始化了10个整数，它隐含地定义了a数组含有10个元素，此定义语句和以下语句是等价的：

int a[10]={0,1,2,3,4,5,6,7,8,9};

 **常见问题**

如果定义一个一维数组a[3]={1,2,3}，则a[2]所指的元素的值是多少？

数组元素的下标是从0开始的。同时，不可能跳过前面的元素给后面的元素赋初值，但是允许为前面元素赋值0。当所赋初值个数少于所定义数组的元素个数时，将自动给后面的其他元素补以初值0。所以a[2]所指元素的值是3。

 **真题精选**

【例1】现有以下程序：

```
#include<stdio.h>
main()
{ int k[30]={12,324,45,6,768,98,21,34,453,456};
  int count=0, i=0;
  while(k[i])
  { if(k[i]%2==0 || k[i]%5==0) count++;
    i++ }
  printf("%d,%d\n", count, i); }
```

则程序的输出结果是（　　）。

A. 7, 8　　　　　B. 8, 8　　　　　C. 7, 10　　　　　D. 8, 10

【答案】D

【解析】在C语言中，定义一维数组的一般形式如下：

类型说明符　数组名[常量表达式]；

一维数组的引用形式如下：

数组名[下标表达式]

本程序中，count表示能被2或5整除的数的个数，i用来遍历数组元素表示非0数组元素个数。

【例2】以下选项中，合法的数组说明语句是（　　）。

A. int a[ ]="string";　　　　　　　　B. int a[5]={0,1,2,3,4,5};
C. char a="string";　　　　　　　　D. char a[ ]={0,1,2,3,4,5};

【答案】D

【解析】在C语言中，字符变量中存放的是与字符相对应的ASCII码值。数值0、1、2、3、4、5所对应的ASCII字符虽然是不可显示的字符，但是这些都可作为控制字符。此时，数组的大小由其后面的初始化数据的数量决定，即包含6个元素。

【例3】已知int类型的变量占4个字节，现有以下程序：

```
#include<stdio.h>
main()
{ int a[]={1,2,3,4,5};
  printf("%d", sizeof(a));
}
```

则程序的输出结果是（　　）。

A. 5　　　　　B. 10　　　　　C. 15　　　　　D. 20

【答案】D

【解析】int类型的数组a初始化了5个整数，它隐含地定义了a数组有5个元素，而一个int类型的变量占4个字节，所以程序输出20。

【例4】若有以下语句，则正确的描述是（　　）。
　　　char x[ ] = "12345";
　　　char y[ ] = {'1','2','3','4','5'};
　　A. x数组和y数组的长度相同　　　　　　B. x数组长度大于y数组长度
　　C. x数组长度小于y数组长度　　　　　　D. x数组等价于y数组
【答案】B
【解析】语句 char x[ ] = "12345";的作用是定义一个字符型数组并进行初始化，系统按照C语言对字符串处理的规定，在字符串的末尾自动加上串结束标识（\0），因此数组x的长度是6。而数组y是按照字符方式对数组进行初始化的，系统不会自动加上串结束标识，所以数组y的长度是5。

【例5】下列给定程序中，函数fun( )的功能：把形参a所指数组中的奇数按原顺序依次存放到a[0]、a[1]、a[2]……中，把偶数从数组中删除，奇数个数通过函数值返回。
　　例如，若a所指数组中的数据最初排列为9、1、4、2、3、6、5、8、7，删除偶数后a所指数组中的数据为9、1、3、5、7，返回值为5。
　　请在标号处填入正确的内容，使程序得出正确的结果。
　　注意：部分源程序给出如下。不得增行或删行，也不得更改程序的结构。

### 试题程序

```
#include<stdio.h>
#define N 9
int fun(int a[ ], int n)
{   int i,j;
    j = 0;
    for (i = 0; i < n; i ++)
        if (a[i]%2 ==【1】)
        {  a[j] = a[i];【2】;
        }
    return【3】;
}
main()
{   int b[N] = {9,1,4,2,3,6,5,8,7}, i, n;
    printf("\nThe original data :\n");
    for (i = 0; i < N; i ++)
        printf("%4d ", b[i]);
    printf("\n");
    n = fun(b, N);
    printf("\nThe number of odd:%d \n", n);
    printf("\nThe odd number :\n");
    for (i = 0; i < n; i ++)
        printf("%4d ", b[i]);
    printf("\n");
}
```

【答案】【1】1　　【2】j ++　　【3】j
【解析】本题考查：if语句条件表达式；自增/自减运算符；函数返回值。
　　标号【1】：根据题目要求，需要进行奇偶数的判断，可以通过if条件语句来判断数组元素是否是奇数，如果元素不能被2整除，则为奇数，所以填入 if (a[i]%2 ==1)。
　　标号【2】：将为奇数的元素重新存放到数组的前面，同时下标j增1。
　　标号【3】：函数返回值需要返回数组中奇数的个数，因此返回变量j。

## 7.2　二维数组的定义和引用

### 考点3　二维数组的定义及其元素的引用

**1. 二维数组的定义**

在C语言中，二维数组中元素排列的顺序是：按行存放，即在内存中先按顺序存放第一行的元素，再存放第二行的元素。因此，二维数组元素的存储与一维数组元素的存储类似，总是占用一块连续的内存单元。
二维数组的一般形式如下：
类型说明符 数组名[常量表达式][常量表达式];

例如：

`int c[3][4];`

定义c为3×4（3行4列）的数组。注意：不能写成c[3,4]。C语言对二维数组采用这样的定义方式：可以把二维数组当作一种特殊的一维数组。

例如，可以把c看成一个一维数组，它有3个元素c[0]、c[1]、c[2]，每个元素又是一个包含4个元素的一维数组。可以把c[0]、c[1]、c[2]看作3个一维数组的名字。

> **真考链接**
>
> 考点3属于需考生重点掌握的知识点，在选择题中的考核概率约为90%，在操作题中的考核概率约为20%。

**2. 二维数组元素的引用**

二维数组的引用形式如下：

数组名[下标表达式1][下标表达式2]

数组的下标可以是整型表达式，如c[3-1][3*2-2]。

数组元素可以出现在表达式中，也可以被赋值，如a[1][3] = b[3][2]/2。

> **小提示**
>
> 定义数组时用的c[3][4]和引用元素时用的c[3][4]的区别：前者用来定义数组的维数和元素个数，即c使一个3行4列的二维数组，共有12个元素；后者中的3和4是下标值，c[3][4]代表该数组中的一个元素。如果a[3][4]是二维数组中最后一个元素，那么该数组共有4行5列。

### 真题精选

**【例1】** 有以下程序段，最后输出的值为（　　）。

```
main()
{ int a[4][4]={{1,4,3,2},{8,6,5,7},{3,7,2,5},{4,8,6,1}},i,j,k,t;
  for(i=0; i <4; i++)
    for(j=0; j < 3; j++)
      for(k=j+1; k <4; k++)
        if(a[j][i] > a[k][i])
        { t =a[j][i];a[j][i] = a[k][i];a[k][i] =t;}
  for(i=0;i<4;i++) printf("%d,", a[i][i]);
}
```

A. 1, 6, 5, 7　　B. 8, 7, 3, 1　　C. 4, 7, 5, 2　　D. 1, 6, 2, 1

【答案】A

【解析】本题用多重for循环的嵌套来实现对二维数组的按列排序。利用最外层循环来实现对列的控制。内层循环利用选择法对数组元素按照从小到大的顺序进行排列，最后输出对角线上的元素值。

**【例2】** 若二维数组a有m列，则在a[i][j]之前的元素个数为（　　）。

A. j*m+i　　B. i*m+j　　C. i*m+j-1　　D. i*m+j+1

【答案】B

【解析】在C语言中，由于二维数组在内存中是按照行优先的顺序（先顺序存储第0行元素，再存储第1行元素，依次类推）存储的，且下标的起始值为0，因此在a[i][j]之前的元素有i*m+j个。

**【例3】** 以下程序的输出结果是（　　）。

```
#include<stdio.h>
main()
{ int i,x[3][3]={1,2,3,4,5,6,7,8,9};
  for(i=0;i<3;i++)
    printf("%d,",x[i][2-i]);
}
```

A. 1,5,9,　　B. 1,4,7,　　C. 3,5,7,　　D. 3,6,9,

【答案】C

【解析】本题考查二维数组的初始化赋值问题，考生需要清楚地了解在二维数组中逻辑存放结构的情况。
【例4】以下不能正确定义二维数组的选项是（　　）。
　　A. int a[2][2] = {{1},{2}};
　　B. int a[ ][2] = {1,2,3,4};
　　C. int a[2][2] = {{1},2,3};
　　D. int a[2][ ] = {{1,2},{3,4}};
【答案】D
【解析】C语言中明确规定，在定义二维数组时，后一个下标值不能省略，否则将无法判断数组中某一行的元素个数。
【例5】编写函数fun()，其功能是分别统计形参t所指二维数组中字母A和C的个数。
　　注意：部分源程序给出如下。
　　请勿改动主函数main()和其他函数中的任何内容，仅在函数fun()的花括号中填入你编写的若干语句。

### 试题程序

```
#include <stdio.h>
#include <stdlib.h>
#define M 14
void fun( char(*t)[M], int *a ,int *c)
{

}
void get( char (*s)[M] )
{   int i, j;
    for( i=0; i<M; i++ )
    {  for( j=0; j<M; j++)
       {  s[i][j] = 65 + rand()%12;
          printf("%c",s[i][j]); }
       printf("\n");
    }
}
void main()
{  char a[M][M];
   int x, y;
   get(a);
   fun(a, &x,&y);
   printf("A = %d C = %d\n",x,y);
}
```

【答案】int i = 0,j = 0;//循环统计的下标
　　　　*a = 0;//初始化a字符统计的个数
　　　　*c = 0; //初始化c字符统计的个数
　　　　for(i = 0;i < M;i + +)//行
　　　　{
　　　　　for(j = 0;j < M;j + +)//列
　　　　　{
　　　　　　if(t[i][j] = = 'A')//字符是A，计数
　　　　　　　(*a) + +;
　　　　　　if(t[i][j] = = 'C') //字符是C，计数
　　　　　　　(*c) + +;
　　　　　}
　　　　}

【解析】本题要求统计大写字母A和C的个数。需要通过两层循环对二维数组进行遍历，对数组中的每一个元素进行判断。如果是大写字母A，则将变量a累加1；如果是大写字母C，则将变量c累加1。

## 考点4　二维数组的初始化

可以在定义二维数组的同时给二维数组的各元素赋初值。例如：
float m[2][2] = {{1.5,3.2},{0.8}};
全部初值放在一对花括号中，每一行的初值又分别放在一对花括号中，初值之间用逗号隔开。当某行一对花括号内的初值个数少于该行中元素的个数时，系统将自动给后面的元素补初值0。同样，不能跳过每行前面的元素而给后面的元素赋初值。
数组是一种构造类型的数据。二维数组可以看作是由一维数组嵌套构成的。如果一维数组的每个元素又都是一个数组，就组成了二维数组（前

> **真考链接**
> 考点4属于需考生重点掌握的知识点，多以选择题的形式出现，考核概率约为40%。

提是各元素类型必须相同)。

由此可以这样分析,一个二维数组可以分解为多个一维数组。C语言允许这样分解二维数组,如a[3][4]可分解为3个一维数组,其数组名分别为a[0]、a[1]、a[2]。对这3个一维数组不需另做说明即可使用。这3个一维数组都有4个元素,一维数组a[0]的元素为a[0][0]、a[0][1]、a[0][2]、a[0][3]。必须强调的是,a[0]、a[1]、a[2]不能当作下标变量使用,它们是数组名,不是单纯的下标变量。

对于一维数组,可以在数组定义语句中省略方括号中的常量表达式,通过所赋初值的个数来确定数组的大小;对于二维数组,只可以省略第一个方括号中的常量表达式,而不能省略第二个方括号中的常量表达式。例如:

int a[ ][3] = {{1,2,3},{4,5},{6},{8}};

a数组的第一个方括号中的常量表达式省略,在所赋初值中,含有4对花括号,则第一维的大小由花括号的对数来决定。因此,该数组其实是与a[4][3]等价的。当用以下形式赋初值时:

int c[ ][3] = {1,2,3,4,5};

第一维的大小按以下规则决定。

(1) 当初值的个数能被第二维的常量表达式的值除尽时,所得商就是第一维的大小。
(2) 当初值的个数不能被第二维的常量表达式的值除尽时,则:

第一维的大小 = 所得商 + 1

因此,按此规则,以上c数组第一维的大小应该是2,也就是说语句等同于 int c[2][3] = {1,2,3,4,5};。

### 小提示

如果一个二维数组的最后一个元素的下标是a[5][5],则说明此二维数组有6行6列。即要注意,数组的下标是从0开始的。

### 常见问题

在程序中定义一个数组用来存储数据,通常会给其所有元素赋初值0,为什么?

如果定义一个数据而未给其赋初值,系统会自动给其赋随机值,为了避免在运算中造成不必要的麻烦,通常给其赋初值0,这也是一个良好的编程习惯。

### 真题精选

【例1】下面程序段输出的结果是(  )。
```
main()
{ int i;
  int a[3][3] = {1,2,3,4,5,6,7,8,9};
  for(i=0; i<3; i++)
      printf("%d ", a[2-i][i]);
}
```
A. 1 5 9    B. 7 5 3    C. 3 5 7    D. 5 9 1

【答案】B

【解析】本题用循环的方法考查对数组概念的掌握。首先,当i=0时,数组中的位置是a[2][0]=7。当然,如果用排除法,就不用考虑后面的循环,因为在4个选项中,第1个数为7的选项只有B。本题执行第2次循环时,i的值为1,则printf()函数中的数组指向a[1][1]=5,依次循环,可求出答案。

【例2】以下数组定义错误的是(  )。
A. int x[ ][3]={0};                    B. int x[2][3]={{1,2},{3,4},{5,6}};
C. int x[ ][3]={{1,2,3},{4,,56}};      D. int x[ ][3]={1,2,3,4,5,6};

【答案】B

【解析】二维数组的初始化有以下几种形式:①分行进行初始化;②不分行的初始化;③部分数组元素初始化;④省略第一维的定义,不省略第二维的定义。选项B等号右边分了3行,大于等号左边数组的行数。

【例3】以下能正确定义数组并正确赋初值的选项是(  )。
A. int N=5,b[N][N];                    B. int a[1][2]={{1},{3}};

C. int c[2][]={{1,2},{3,4}};　　　　　　　D. int d[3][2]={{1,2},{3,4}};

【答案】D

【解析】选项A中，数组的下标应为整型变量；选项B的行下标应为2；选项C的列下标不能省略。

【例4】以下能对二维数组a进行正确初始化的是（　　）。
　　A. int a[2][]={{1,0,1},{5,2,3}};　　　　　B. int a[][3]={{1,2,3},{4,5,6}};
　　C. int a[2][4]={{1,2,3},{4,5},{6}};　　　D. int a[][3]={{1,0,1},{},{1,1}};

【答案】B

【解析】本题考查二维数组的初始化。考生需要牢固地掌握初始化二维数组的方法。具体参见本节考点4的内容。

【例5】已知int类型的变量占4个字节，有下面的程序段：
```
main()
{ int a[ ][3]={{1,2,3},{4,5},{6},{8}};
  printf("%d", sizeof(a));
}
```
则程序段的输出结果是（　　）。
　　A. 12　　　　　B. 24　　　　　C. 48　　　　　D. 64

【答案】C

【解析】程序通过赋初值的方式定义了4行3列的数组，则大小为12，而一个int类型的变量占4个字节，所以程序输出48。

【例6】有以下程序段：
```
main()
{
    int m[][3]={1,4,7,2,5,8,3,6,9};
    int i,j,k=2;
    for(i=0;i<3;i++)
    { printf("%d ",m[k][i]);}
}
```
执行后输出的结果是（　　）。
　　A. 4 5 6　　　　B. 2 5 8　　　　C. 3 6 9　　　　D. 7 8 9

【答案】C

【解析】本题程序段的功能是输出m[2][0]、m[2][1]和m[2][2]。

【例7】下列给定程序中，函数fun()的功能：求ss所指字符串数组中长度最短的字符串所在的行下标，将其作为函数值返回，并把其串长放在形参n所指的变量中。ss所指字符串数组中共有M个字符串，且串长小于N。请在标号处填入正确的内容，使程序得出正确的结果。

注意：部分源程序给出如下。不得增行或删行，也不得更改程序的结构。

## 试 题 程 序

```
#include<stdio.h>
#include<string.h>
#define M 5
#define N 20
int fun(char (*ss)[N], int *n)
{ int i, k=0, len=N;
  for(i=0; i<【1】; i++)
  { len=strlen(ss[i]);
    if(i==0) *n=len;
    if(len【2】*n){
        *n=len;
        k=i;
    }
  }
  return(【3】);
}

main()
{ char ss[M][N]={"shanghai",
"guangzhou","beijing","tianjing","chongqing"};
  int n,k,i;
  printf("\nThe original strings are :\n");
  for(i=0;i<M;i++)puts(ss[i]);
  k=fun(ss,&n);
  printf("\nThe length of shortest string is : %d\n",n);
  printf("\nThe shortest string is : %s\n",ss[k]);
}
```

【答案】【1】M   【2】<   【3】k

【解析】本题考查：for 循环语句的循环条件；if 语句条件表达式；return 语句实现函数值的返回。

标号【1】：题目指出 ss 所指字符串数组中共有 M 个字符串，所以 for 循环语句的循环条件是 i<M。

标号【2】：要求长度最短的字符串，*n 中存放的是已知字符串中长度最短的字符串的长度，这里将当前字符串长度与 *n 比较，若小于 *n，则将该长度值赋给 *n，因此，if 语句的条件表达式为 len<*n。

标号【3】：将最短字符串的行下标作为函数值返回，变量 k 存储行下标的值。

# 7.3 字 符 数 组

## 考点5　字符数组的定义及其初始化和引用

字符数组就是指数组中的每个元素都是字符，其定义方法与普通数组相同，即逐个对数组元素进行赋值。例如：

char c[11];

c 为该数组的名字，该数组共有 11 个元素，并且每个元素都为字符型。

对字符数组初始化，可逐个元素地赋值，即把字符逐个赋给数组元素。例如：

char a[9] = {'T','h','a','n','k',' ','y','o','u'};

如果花括号中提供的初值个数（即字符个数）大于数组长度，则编译时会按语法错误处理。如果初值个数小于数组长度，则将这些字符赋给数组中前面的那些元素，其余的元素自动定义为空字符（\0）。例如：

char c[6] = {'G','o','o','d'};

数组元素在内存中的存储状态如图 7.1 所示。

> **真考链接**
>
> 考点 5 属于需考生重点掌握的知识点。在选择题中，该知识点主要以阅读程序题并写出程序运行结果的形式出现，考核概率约为 20%；在操作题中，常以修改题中的错误的形式出现，考核概率约为 20%。

| c[0] | c[1] | c[2] | c[3] | c[4] | c[5] |
|------|------|------|------|------|------|
| G | o | o | d | \0 | \0 |

图 7.1　数组元素在内存中的存储状态

字符数组的引用形式与其他数组的引用形式相同，采用下标引用，即数组名[下标表达式]。例如：

```
#include<stdio.h>
main()
{   char c[9] = {'T','h','a','n','k',' ','y','o','u'};
    int i;
    for (i=0; i<9; i++)
        printf("%c",c[i]);
}
```

输出结果：Thank you。

### 真题精选

【例1】已知字母 A 的 ASCII 码值是 65，有下面的程序：

```
#include<stdio.h>
main()
{   char c[5] = {65,66,67,68,69};
    int i;
    for (i=0; i<=4; i++)
        printf("%c ",c[i]);
```

}
则程序的输出结果是（　　）。

A. 1 2 3 4　　　　　　B. 0 1 2 3　　　　　　C. A B C D E　　　　　　D. 65 66 67 68

【答案】C

【解析】ASCII码值65、66、67、68、69分别对应的字母为A、B、C、D、E，初始化到字符数组c中，所以输出结果为A B C D E。

【例2】下列给定程序中，函数fun()的功能：统计substr所指的子字符串在str所指的字符串中出现的次数。例如，若字符串为aaas1kaaas，子字符串为as，则应输出2。请改正程序中的错误，使它能得出正确的结果。

注意：不要改动main()函数，不得增行或删行，也不得更改程序的结构。

### 试题程序

```
#include <stdio.h>
int fun (char *str,char *substr)
{ int i,j,k,num = 0;
  /*****found*****/
  for(i = 0, str[i], i ++)
    for(j = i,k = 0;substr[k] == str[j];k ++,j ++)
      /*****found*****/
      If(substr[k + 1] == '\0')
      { num ++;
        break;
      }
  return num;
}
main()
{ char str[80],substr[80];
  printf("Input a string:") ;
  gets(str);
  printf("Input a substring:") ;
  gets(substr);
  printf("%d\n",fun(str,substr));
}
```

【答案】(1) for(i = 0;str[i];i ++)

(2) if(substr[k + 1] == '\0')

【解析】本题考查：for循环语句的格式，for循环语句使用极为灵活，其一般形式为for(表达式1;表达式2;表达式3)。注意：表达式之间使用";"分隔；if条件语句的格式，其中if关键字需要区分大小写，这里不能混淆使用。关键字是由C语言规定的具有特定意义的字符串组成的，也称为保留字。用户定义的标识符不应与关键字相同，并且关键字应小写。

## 考点6　字符串和字符串结束标识

C语言中，将字符串作为字符数组来处理。为了测定字符串的实际长度，C语言规定了一个字符串结束标识，以字符"\0"代表。也就是说，在遇到字符"\0"时，表示字符串结束，由它前面的字符组成字符串。

系统对字符串常量也自动加一个"\0"作为结束标识。例如：

char c[] = "c program";

数组c共有9个字符，但其在内存中占10个字节，最后一个字符"\0"是由系统自动加上的。

有了结束标识"\0"后，在程序中往往依靠检测"\0"的位置来判定字符串是否结束，而不是根据数组的长度来决定字符串长度。

说明："\0"是ASCII码值为0的字符，是一个空操作符，即它什么也不干，在输出时也不输出"\0"，它只是一个结束标志。

> **真考链接**
>
> 考点6属于需考生理解的内容，其在选择题中的考核概率约为60%；在操作题中一般与其他知识点一起出现，考核概率约为70%。

### 真题精选

【例1】下面程序输出的结果是（　　）。

```
#include <stdio.h>
main()
{ char c[9] = {'T','h','a','\0','k',' ','y','o','u'};
  printf("%s", c);
}
```

A. Thank you　　　B. Thank　　　C. Tha　　　D. 无输出

【答案】C

【解析】C语言规定了一个字符串结束标识，以字符"\0"代表。字符数组中a后面为"\0"，字符串在此处结束，所以输出结果为Tha。

【例2】以下程序段的输出结果是（　　）。
```
char c[5] = {'a','b','\0','c','\0'};
printf("%s",c);
```
A. a　　　　B. b　　　　C. ab　　　　D. abc

【答案】C

【解析】由于字符数组c的元素c[2]中保存的是字符"\0"（字符串结束标识），因此将数组c作为字符串处理时，遇到字符"\0"时输出就会结束。

## 考点7　字符数组的输入/输出

字符数组的输入/输出可以有以下两种方法：
(1) 用"%c"格式字符将字符逐个输入或输出；
(2) 用"%s"格式字符将整个字符串一次输入或输出。

例如：
```
char c[] = "program";
printf("%s",c);
```

> **真考链接**
> 考点7属于需考生重点掌握的知识点，多出现在操作题、填空题和编程题中，考核概率约为20%。

> **小提示**
> 用格式字符"%s"输出字符串时，printf()函数中的输出项应该是数组名，而不是数组中的某个元素，如"printf("%s",c[0]);"是不对的，应改为"printf("%s",c);"。当数组中的字符串的实际长度小于数组定义的实际长度时，输出也是遇到"\0"就结束；当数组中有多个"\0"时，遇到第一个"\0"就结束输出。结束标识"\0"不被输出。在使用scanf()函数时，输入项是字符数组名。输入项为字符数组名时，不用再加取地址符"&"。因为在C语言中数组名代表该数组的起始地址，如"scanf("%s",str);"。

### 真题精选

【例1】下面程序输出的结果是（　　）。
```
#include <stdio.h>
main()
{ char w[][10] = {"ABCD", "EFGH", "IJKL", "MNOP"};
  for(k=1; k<3; k++) printf("%s ", &w[k][k]);
}
```
A. ABCD FGH KL　　B. ABC EFG IJ M　　C. EFG JK 0　　D. FGH KL

【答案】D

【解析】当k=1时，引用的是w[1][1]，值为字符串"FGH"；当k=2时，引用的是w[2][2]，即字符串"KL"。

【例2】以下程序段的输出结果是（　　）。
```
main()
{ char a[] = "abcdefg",b[10] = "abcdefg";
  printf("%d%d\n",sizeof(a),sizeof(b));
}
```
A. 77　　　　B. 88　　　　C. 810　　　　D. 1010

【答案】C

【解析】字符数组a共有8个元素，b有10个元素。

【例3】规定输入的字符串中只包含字母和"*"。编写函数fun()，其功能是删除字符串中所有的"*"。编写函数时，不得使用C语言提供的字符串函数。

例如，字符串中的内容：＊＊＊A＊BC＊DEF＊G＊＊＊＊＊＊，删除后，字符串中的内容应当是ABCDEFG。

注意：部分源程序给出如下。请勿改动主函数main()和其他函数中的任何内容，仅在函数fun()的花括号中填入你编写的若干条语句。

**试题程序**

```
#include<conio.h>
#include<stdio.h>
void fun(char *a)
{
}
void main()
{   char s[81];
    printf("Enter a string:\n");
    gets(s);
    fun(s);
    printf("The string after deleted:\n");
    puts(s);
}
```

【答案】
```
void fun(char *a)
{   int i,j=0;
    for(i=0;a[i]!='\0';i++)
        if(a[i]!='*')
            a[j++]=a[i];  /*若不是要删除的字符"*"，则保留*/
    a[j]='\0';  /*最后加上字符串结束标识"\0"*/
}
```

【解析】用循环操作从字符串开始往后逐个进行比较，若不是要删除的字符（用if(a[i]!='*')来控制）则保留。变量i和j用来表示原字符串的下标和删除"*"后新字符串的下标。注意：下标变量j要从0开始，最后还要加上字符串结束标识"\0"。

## 考点8　字符串处理函数

C语言没有提供对字符串进行整体操作的运算符。但C语言的库函数中提供了一些用来处理字符串的函数，可以通过调用这些库函数来实现字符串的赋值、合并和比较运算。使用这些函数时，必须在程序前面的命令行中包含标准头文件"string.h"。常用的字符串处理函数如表7.1所示。

> **真考链接**
>
> 考点8属于需考生重点掌握的内容，其在选择题中的考核概率约为100%，在操作题中的考核概率约为20%。

表7.1　　　　　　　　　　　　　字符串处理函数

| 函数名称 | 调用形式 | 作用 | 说明 |
| --- | --- | --- | --- |
| puts() | puts(字符数组) | 将一个字符串（以"\0"结束）输出到终端设备 | 用该函数输出的字符串中可以包含转义字符 |
| gets() | gets(字符数组) | 从终端输入一个字符串并放到字符数组中，还得到一个函数值 | puts()和gets()函数一次只能输入或输出一个字符串，不能写成puts(字符数组1,字符数组2)或gets(字符数组1,字符数组2) |
| strcpy() | strcpy（字符数组1,字符数组2） | 把字符数组2所指字符串的内容复制到字符数组1所指存储空间中。函数返回字符数组1的值，即目的串的首地址 | 为保证复制的合法性，字符数组1必须指向一个足够容纳字符数组2的存储空间 |
| strcat() | strcat（字符数组1,字符数组2） | 将字符数组2所指字符串的内容连接到字符数组1所指的字符串后面，并自动覆盖字符数组1所指字符串末尾的"\0"。该函数返回字符数组1的地址值 | 字符数组1所指的字符串应有足够的空间容纳两个字符串合并后的内容 |
| strlen() | strlen(字符数组) | 计算出以字符数组为起始地址的字符串的长度，并作为函数值返回 | 这一长度不包括串尾的结束标识"\0" |

续表

| 函数名称 | 调用形式 | 作 用 | 说 明 |
|---|---|---|---|
| strcmp( ) | strcmp（字符数组1,字符数组2） | 比较字符数组1和字符数组2所指字符串的大小。若字符数组1>字符数组2，则函数值大于0（正数）；若字符数组1=字符数组2，则函数值等于0；若字符数组1<字符数组2，则函数值小于0（负数） | 根据字符的ASCII码值依次对字符数组1和字符数组2所指字符串对应位置上的字符进行两两比较，当出现第一对不同的字符时，即由这两个字符决定所在串的大小 |

**小提示**

puts( )、gets( )这两个函数是针对一个字符或一个字符串的处理函数。而以"str"开头的处理函数，都是针对字符串的处理函数。

### 真题精选

【例1】下面程序输出的结果是（　　）。
```
#include <stdio.h>
#include <string.h>
main()
{ char c[20]={'T','h','a','\0','k',' ','y','o','u'};
  printf("%d", strlen(c));
}
```
A. 20　　　　B. 9　　　　C. 3　　　　D. 4

【答案】C

【解析】此程序计算出以字符数组为起始地址的字符串的长度，并作为函数值返回，这一长度不包括串尾的结束标识"\0"。所以输出为字符串"Tha"的长度3。

【例2】s1和s2已正确定义并分别表示两个字符串。若要求当s1所指字符串大于s2所指字符串时，执行语句S，则以下选项中正确的是（　　）。

A. if(s1>s2)S;
B. if(strcmp(s1,s2))S;
C. if(strcmp(s2,s1)>0)S;
D. if(strcmp(s1,s2)>0)S;

【答案】D

【解析】比较两个字符串时不能直接将两个字符串名进行比较，而是要使用字符串处理函数strcmp(s1,s2)。当s1所指字符串大于s2所指字符串时，strcmp(s1,s2)>0，所以选D。

【例3】调用函数strlen("abcd\0ef\0g")的返回值为（　　）。

A. 4　　　　B. 5　　　　C. 8　　　　D. 9

【答案】A

【解析】注意字符串中的字符"\0"，它在C语言的字符串中具有特殊的意义，字符"\0"标志字符串的结束。计算串长时，只计算字符"\0"之前的字符长度，而不管"\0"之后是什么字符。

【例4】下列给定程序中，函数fun( )的功能：从形参ss所指字符串数组中删除所有串长小于k的字符串，函数返回剩余字符串的个数。ss所指字符串数组中共有N个字符串，且串长小于M。

请在标号处填入正确的内容，使程序得出正确的结果。

注意：部分源程序给出如下。不得增行或删行，也不得更改程序的结构。

### 试题程序

```
#include <stdio.h>
#include <string.h>
#define N 5
#define M 10
```
```
int fun(char (*ss)[M], int k)
{ int i,j=0,len;
  for(i=0; i<【1】; i++)
  { len=strlen(ss[i]);
```

```
        if(len < =【2】)
            strcpy(ss[j ++],【3】);
    }
    return j;
}
main()
{ char x[N][M]={"Beijing",
" Shanghai "," Tianjin "," Nanjing "," Wu-
han"};
    int i,f;
```

```
    printf("\nThe original string\n\n");
    for(i =0;i <N;i ++)puts(x[i]);
    printf("\n");
    f = fun(x,7);
    printf ( " The string witch length is
less than or equal to 7 :\n");
    for(i =0; i <f; i ++) puts(x[i]);
    printf("\n");
}
```

【答案】【1】N　【2】k　【3】ss[i]

【解析】本题考查：for 循环语句；if 语句条件表达式；字符串复制函数 strcpy()的使用。

　　标号【1】：for 循环语句的作用是遍历字符数组中的每一个字符串，所以循环变量 i 的循环条件是 i<N。

　　标号【2】：题目要求删除串长小于 k 的字符串，所以 if 语句的条件表达式是 len <=k。

　　标号【3】：通过字符串复制函数将串长不大于 k 的字符串进行保存，并记录其个数。

## 7.4　综合自测

一、选择题

1. 有以下程序：
   ```
   #include < stdio. h >
   #include < string. h >
   main()
   { char a[ ]={'a','b','c','d','e','f','g','h','\0'};
     int i,j;
     i = sizeof(a); j = strlen(a);
     printf("%d,%d\n",i,j);
   }
   ```
   程序运行后的输出结果是（　　）。
   A. 9,9　　　　　　　B. 8,9　　　　　　　C. 1,8　　　　　　　D. 9,8

2. 以下程序中函数 reverse()的功能是将 a 所指数组中的内容进行逆置存放。
   ```
   #include < stdio. h >
   void reverse(int a[ ],int n)
   { int i,t;
     for(i =0;i <n/2;i ++)
     { t =a[i]; a[i] =a[n-1-i];a[n-1-i] =t;}
   }
   main()
   { int b[10] = {1,2,3,4,5,6,7,8,9,10}; int i,s =0;
     reverse(b,8);
     for(i =6;i <10;i ++)s + = b[i];
     printf("%d\n",s);
   }
   ```
   则程序运行后的输出结果是（　　）。
   A. 22　　　　　　　B. 10　　　　　　　C. 34　　　　　　　D. 30

3. 有以下程序：
   main(int argc,char * argv[ ])

```
{   int n,i=0;
    while(argv[1][i]!='\0')
    { n=fun();i++;}
    printf("%d\n",n*argc);
}
int fun()
{   static int s=0;
    s+=1;
    return s;
}
```
假设程序经编译、连接后生成可执行文件 exam.exe，若输入以下命令：

exam 123 <回车>

则运行结果为（　　）。

 A. 6      B. 8      C. 3      D. 4

4. 以下程序的输出结果是（　　）。
```
#include<stdio.h>
#include<string.h>
main()
{   char str[12]={'s','t','r','i','n','g'};
    printf("%d\n",strlen(str)); }
```
 A. 6      B. 7      C. 11      D. 12

5. 若有说明 int a[3][4];，则以下属于对数组 a 元素非法引用的是（　　）。

 A. a[0][2*1]    B. a[1][3]    C. a[4-2][0]    D. a[0][4]

6. 若有说明 int a[][4]={0,0};，则以下选项中不正确的是（　　）。

 A. 数组 a 的每个元素都可得到初值

 B. 二维数组 a 的第一维大小为 1

 C. 若二维数组 a 中初值的个数不能被第二维的常量表达式的值整除，则第一维的大小等于所得商数再加 1，故数组 a 的行数为 1

 D. 只有元素 a[0][0] 和 a[0][1] 可得到初值 0，其余元素均得不到初值 0

7. 以下程序段中有错误的一行是（　　）。
```
main()
{
int a[3]={1};
int i;
scanf("%d",&a);
for(i=1;i<3;i++) a[0]=a[0]+a[i];
printf("%f\n",a[0]);
}
```
 A. 第三行    B. 第六行    C. 第七行    D. 第五行

8. 若有说明 int a[][3]={1,2,3,4,5,6,7};，则数组 a 第一维的大小是（　　）。

 A. 2      B. 3      C. 4      D. 无确定值

9. 若有数组定义 char array[]="China";，则数组 array 所占的空间为（　　）。

 A. 4 个字节    B. 5 个字节    C. 6 个字节    D. 7 个字节

10. 以下程序的输出结果是（　　）。
```
#include<stdio.h>
#include<string.h>
main()
{   char arr[2][4];
    strcpy(arr,"you"); strcpy(arr[1],"me");
    arr[0][3]='&';
```

```
        printf("%s\n",arr);
    }
```
   A. you&me         B. you         C. me         D. err

11. 有以下程序：
```
#include<stdio.h>
main()
{   int n[5]={0,0,0},i,k=2;
    for(i=0;i<k;i++)n[i]=n[i]+1;
    printf("%d\n",n[k]);
}
```
    该程序的输出结果是（　　）。
   A. 无确定值         B. 2         C. 1         D. 0

12. 以下程序的输出结果是（　　）。
```
#include<stdio.h>
main()
{   int a[3][3]={{1,2},{3,4},{5,6}},i,j,s=0;
    for(i=1;i<3;i++)
    for(j=0;j<i;j++)s+=a[i][j];
    printf("%d\n",s);
}
```
   A. 14         B. 19         C. 20         D. 21

13. 当执行以下程序时，如果输入 ABC，则输出结果是（　　）。
```
#include<stdio.h>
#include<string.h>
main()
{   char ss[10]="1,2,3,4,5";
    gets(ss); strcat(ss,"6789"); printf("%s\n",ss);
}
```
   A. ABC6789         B. ABC67         C. 12345ABC6         D. ABC456789

14. 以下程序的输出结果是（　　）。
```
#include<stdio.h>
f(int b[],int m,int n)
{   int i,s=0;
    for(i=m;i<n;i=i+2)s=s+b[i];
return s;
}
main()
{   int x,a[]={1,2,3,4,5,6,7,8,9};
    x=f(a,3,7);
    printf("%d\n",x);
}
```
   A. 10         B. 18         C. 8         D. 15

15. 以下程序中函数 sort() 的功能是对数组 a 中的数据进行由大到小的排序。
```
#include<stdio.h>
void sort(int a[],int n)
{   int i,j,t;
for(i=0;i<n-1;i++)
for(j=i+1;j<n;j++)
if(a[i]<a[j]){t=a[i];a[i]=a[j];a[j]=t;}
}
```

```
main()
{ int aa[10]={1,2,3,4,5,6,7,8,9,10},i;
  sort(&aa[3],5);
  for(i=0;i<10;i++)printf("%d,",aa[i]);
  printf("\n");
}
```
程序运行后的输出结果是（　　）。
A. 1,2,3,4,5,6,7,8,9,10,  B. 10,9,8,7,6,5,4,3,2,1,
C. 1,2,3,8,7,6,5,4,9,10,  D. 1,2,10,9,8,7,6,5,4,3,

16. 对两个数组 a 和 b 进行以下初始化：
    char a[] = "ABCDEF";
    char b[] = {'A','B','C','D','E','F'};
    则以下叙述正确的是（　　）。
    A. 数组 a 与数组 b 完全相同       B. 数组 a 与数组 b 长度相同
    C. 数组 a 与数组 b 中都存放字符串   D. 数组 a 比数组 b 长度长

17. 有以下程序段：
    char a[3],b[] = "China";
    a = b;
    printf("%s",a);
    则（　　）。
    A. 运行后将输出 China   B. 运行后将输出 Ch
    C. 运行后将输出 Chi    D. 编译出错

18. 判断字符串 s1 是否大于字符串 s2，应当使用（　　）。
    A. if(s1 > s2)            B. if(strcmp(s1,s2))
    C. if(strcmp(s2,s1) > 0)  D. if(strcmp(s1,s2) > 0)

19. 以下程序的输出结果是（　　）。
```
#include<stdio.h>
main()
{ char ch[7]={"12ab56"};
  int i,s=0;
  for(i=0;ch[i]>='0'&&ch[i]<='9';i+=2)
  s=10*s+ch[i]-'0';
  printf("%d\n",s);
}
```
A. 1          B. 1256          C. 12ab56          D. 1

20. 当运行以下程序时，用键盘输入：AhaMA［空格］Aha＜回车＞，则程序的输出结果是（　　）。
```
#include<stdio.h>
main()
{ char s[80],c='a';
  int i=0;
  scanf("%s",s);
  while(s[i]!='\0')
  { if(s[i]==c)   s[i]=s[i]-32;
    else if(s[i]==c-32)  s[i]=s[i]+32;
    i++;
  }
  puts(s);
}
```
A. ahAMa      B. AbAMa      C. AhaMa［空格］ahA      D. ahAMa［空格］ahA

## 二、操作题

1. 下列给定程序中，函数 fun( ) 的功能：将形参 a 所指数组中的前半部分元素中的值与后半部分元素中的值对换；形参 n 中存放数组中数据的个数，若 n 为奇数，则中间的元素不变。

    例如，若 a 所指数组中的数据为 1、2、3、4、5、6、7、8、9，则调换后为 6、7、8、9、5、1、2、3、4。

    请在标号处填入正确的内容，使程序得出正确的结果。

    注意：部分源程序给出如下。不得增行或删行，也不得更改程序的结构。

### 试 题 程 序

```
#include <stdio.h>
#define N 9
void fun(int a[ ], int n)
{  int i, t, p;
    p = (n%2==0)? n/2:n/2+【1】;
    for(i=0;i<n/2;i++)
    {  t=a[i];
        a[i]=a[p+【2】];
        【3】=t;
    }
}
main()
{  int b[N]={1,2,3,4,5,6,7,8,9},i;
    printf("\nThe original data:\n");
    for (i=0;i<N;i++)
        printf("%4d",b[i]);
    printf("\n");
    fun(b,N);
    printf("\nThe data after moving:\n");
    for (i=0;i<N;i++)
        printf("%4d",b[i]);
    printf("\n");
}
```

2. 下列给定程序中，函数 fun( ) 的功能：把形参 s 所指字符串中下标为奇数的字符右移到下一个奇数位置，最右边被移出字符串的字符绕回放到第一个奇数位置，下标为偶数的字符不变。需注意，字符串的长度大于等于2。

    例如，形参 s 所指字符串为 abcdefgh，执行结果为 ahcbedgf。

    请在标号处填入正确的内容，使程序得出正确的结果。

    注意：部分源程序给出如下。不得增行或删行，也不得更改程序的结构。

### 试 题 程 序

```
#include <stdio.h>
void fun(char *s)
{  int i, n, k;
    char c;
    n=0;
    for(i=0;s[i]!='\0';i++)
        n++;
    if(n%2==0)k=n-【1】;
    else k=n-2;
    c=【2】;
    for (i=k-2;i>=1;i=i-2)
        s[i+2]=s[i];
    s[i]=【3】;
}
main()
{  char s[80]="abcdefgh";
    printf("\nThe original string is:%s\n",s);
    fun(s);
    printf("\nThe result is:%s\n",s);
}
```

# 第 8 章

# 函 数

本章主要介绍全国计算机等级考试二级 C 语言程序设计中常考核的函数知识点，包括库函数、函数的定义形式、函数参数和函数返回值、函数的调用、函数的递归调用、标识符的作用域和存储类别等考核内容。

**选择题分析明细表**

| 考 点 | 考核概率 | 难易程度 |
| --- | --- | --- |
| 调用库函数的一般形式 | 10% | ★★★ |
| 函数的定义 | 10% | ★★★★ |
| 函数参数及函数的返回值的基本概念 | 80% | ★★★★★ |
| 函数调用的一般形式和调用方式 | 10% | ★★★★ |
| 函数的说明及其位置 | 10% | ★★ |
| 函数递归调用的基本概念 | 90% | ★★★★★ |
| 标识符的作用域和存储类别的基本概念 | 20% | ★★ |

**操作题分析明细表**

| 考 点 | 考核概率 | 难易程度 |
| --- | --- | --- |
| 调用库函数的一般形式 | 50% | ★★ |
| 函数的定义 | 50% | ★★★ |
| 函数参数及函数的返回值的基本概念 | 60% | ★★★★ |
| 函数调用的一般形式和调用方式 | 60% | ★★★★ |
| 函数递归调用的基本概念 | 10% | ★★ |
| 标识符的作用域和存储类别的基本概念 | 10% | ★ |

## 8.1 库 函 数

### 考点1　调用库函数的一般形式

C语言提供了丰富的库函数,这些函数包括常用的数学函数,如求平方根的sqrt()函数、对字符和字符串进行处理的函数以及进行输入/输出处理的各种函数等。

调用C语言标准库函数时,要求使用include命令对每一类库函数进行文件包含,即在主调函数中需要调用库函数时,在主调函数的声明部分用#include命令把该库函数的头文件名包含进来。

例如,调用有关字符串处理的库函数时,要求程序在调用字符串处理函数前包含以下命令:

#include<string.h>

对库函数调用的一般形式:

函数名(参数列表);

在C语言中,库函数的调用有两种形式。

(1) 在表达式中调用。例如:

y = sin(x);

在这里,函数的调用出现在赋值号右边的表达式中。

(2) 作为独立的语句完成某种操作。例如:

printf("请输入两个整数:");

在这里,调用库函数输出提示性语言。

> **真考链接**
>
> 考点1通常在选择题里被考查,考核概率约为10%,在操作题中一般会结合其他考点出现,其考核概率约为50%。

#### 小提示

对于如"cos""abs"这样的内部数学函数,如果在程序中没有包含math.h头文件,编译时会出错。

#### 常见问题

如何处理和改正程序编译中出现的错误?

一般情况下,编译中出现的问题大部分是语法错误。如果出现未定义字符,首先要想到的是这些未定义字符是不是函数名,如果是,则要考虑在程序开始处是否包含了需要的头文件。

#### 真题精选

下列程序段正确的是(　　)。

A.
```
#include<stdio.h>
main()
{ int i,j;
  int(i) = j;
}
```

B.
```
#include<stdio.h>;
main()
{
}
```

C.
```
include<stdio.h>
main()
{ int i,j;
}
```

D.
```
#include<stdio.h>
main()
{
}
```

【答案】D

【解析】选项A错在调用库函数int()时,将它放在赋值号的左边;选项B中在第一行使用include命令时,最后用了一个分号;选项C在使用include命令时,缺少一个"#"。

## 8.2 函数定义的一般形式

### 考点2　函数的定义

C语言中函数定义的一般形式如下。
类型名　函数名(类型名 形式参数1,类型名 形式参数2,…)
{
　　说明部分;
　　语句部分;
}

> **真考链接**
>
> 考点2主要以选择题的形式出现，比如要求选择函数的正确定义，考核概率约为10%。在操作题中，其一般会以修改题的形式出现，比如要求考生改正函数的错误定义方法，考核概率约为50%。

函数名和各个形式参数都是由用户命名的合法标识符，其定义规则与普通变量名的定义规则相同。在同一程序中，函数名必须唯一，不能出现重名的情况。形式参数名只要在同一函数中唯一即可，由于形式参数的作用域不同，因此形式参数名可以与其他函数中的变量名同名。

说明：
（1）定义时若在函数的首部省略了类型名，可以把函数首部写成：
函数名(类型名 形式参数1,类型名 形式参数2,…,类型名 形式参数n)
（2）紧跟在函数名之后的圆括号中的内容是形式参数和类型名（统称为"形式参数列表"），在每个形参之前都要有类型名，以标识形式参数的类型。定义的各形参之间用逗号分隔。
例如，求两个整数和的函数：
int add(int a ,int b)
{ 　int t;/* 函数体中声明部分 */
　　t = a + b;
　　return t;
}

若所定义的函数没有形参，函数名后的一对圆括号依然不能省略。本例中函数体中的语句是用来实现求和的功能。在某些情况下，函数体可以是空的，例如：
fun()
{ }
该函数中没有任何语句，即没有任何实际作用。在主调函数上这样写，是为了表明此处要调用一个函数，而现在这个函数的具体功能可能还没有设计好，不起作用，等以后扩充函数功能时补上即可。

（3）在函数体中，除形参外，用到的其他变量必须在说明部分进行定义，这些变量（包括形参）只在函数被调用时才被临时分配存储单元。当退出函数调用时，这些临时分配的存储单元全部被释放掉，即在该函数体内部定义的变量都将不存在。因此，这些变量只在函数体内部起作用，与其他函数体的内部变量不相关。

> **小提示**
>
> C语言规定，不能在一个函数内部再定义函数，也就是说函数不能嵌套定义。

> **？常见问题**
>
> 在函数的定义中，对形式参数有什么具体的要求？
> 形式参数名只要在同一函数中唯一即可，由于形式参数的作用域不同，因此形式参数名可以与其他函数中的变量同名。

# 第8章 函数

真题精选

**【例1】** 以下函数的类型是（　　）。
```
fff(float x)
{  printf("%d\n",x*x);
}
```
A. 与参数x的类型相同　　　　　　B. void 类型
C. int 类型　　　　　　　　　　　D. 无法确定

【答案】C

【解析】在函数的首部（第一行），函数名（在此是fff）的前面应当是一个类型名，此类型名规定了函数返回值的类型；此类型名可以省略，这时C语言默认函数返回值的类型为int，因此本题的答案应当是C。考生应当记住：当定义函数时，函数名前缺类型名时，函数返回值的类型应为int。

**【例2】** 下列给定程序中，函数fun()的功能是进行数字字符转换。若形参ch中是数字字符0~9，则将0转换成9，1转换成8，2转换成7……9转换成0；若是其他字符则保持不变，并将转换后的结果作为函数值返回。

请在标号处填入正确的内容，使程序得出正确的结果。

注意：部分源程序给出如下。

不得增行或删行，也不得更改程序的结构。

### 试题程序

```
#include<stdio.h>
【1】fun(char ch)
{  if (ch >= '0' &&【2】)
       return '9' - (ch -【3】);
   return ch ;
}
main()
{  char c1, c2;
   printf("\nThe result :\n");
   c1 = '2'; c2 = fun(c1);
   printf("c1 = %cc2 = %c\n",c1,c2);
   c1 = '8'; c2 = fun(c1);
   printf("c1 = %cc2 = %c\n",c1,c2);c1 = 'a';c2 = fun(c1);
   printf("c1 = %cc2 = %c\n",c1,c2);
}
```

【答案】【1】char　【2】ch <= '9'　【3】'0'

【解析】本题考查：函数定义，应注意函数定义的一般形式以及有参函数和无参函数的区别；if语句条件表达式，本题的条件表达式是判断数字字符；函数返回值，其一般形式为"return 表达式;"。

标号【1】：函数定义时，类型名指明了函数的类型，函数的类型实际上是函数返回值的类型，所以此处应该填入char。

标号【2】：通过if条件语句判断字符串中字符是否是数字字符，即大于等于字符'0'，同时小于等于字符'9'。

标号【3】：return语句完成函数返回操作，要实现字符转换，完整语句为return '9' - ( ch - '0' )；。

## 8.3　函数参数和函数返回值

### 考点3　函数参数及函数的返回值的基本概念

**1. 形式参数和实际参数**

在程序中调用函数时，绝大多数情况下，主调函数和被调函数之间会产生数据传递关系，这就要用到前面提到的有参函数。在定义函数时，在被调函数中，函数名后面括号中的变量称为"形式参数"（简称"形参"）；在主调函数中，函数名后面括号中的参数（可以是

### 真考链接

考点3属于需考生重点掌握的内容，在选择题中，通常以选择相应的形式参数或实际参数的形式出现，考核概率约为80%；在操作题中，通常要求考生编写一个子函数来实现某种特定的功能，且返回必要的值，考核概率约为60%。

一个表达式）称为"实际参数"（简称"实参"）。

说明：

（1）实参可以是常量、变量或表达式。

（2）在被定义的函数中必须指定形参类型。

（3）实参与形参的类型应相同或赋值相兼容。

（4）C语言规定，实参变量对形参变量的数据传递是"值传递"，即单向传递。只能由实参传递给形参，而不能由形参返回给实参。在内存中，实参单元与形参单元是不同的存储单元。

（5）在调用函数时，给形参分配存储单元，并将实参对应的值传递给该存储单元。调用结束后，形参单元被释放，实参单元仍保留并保持为原值。

**2. 函数的返回值**

函数的返回值就是通过函数调用使主调函数能得到的一个确定的值。函数的值通过 return 语句返回，return 语句的形式如下：

   return 表达式；

或者  return(表达式)；

或者  return；

return 语句中表达式的值就是所求的函数值。此表达式值的类型必须与函数首部所说明的类型一致。若类型不一致，则以函数首部所说明的类型为准，由系统自动进行强制转换。

---

**小提示**

（1）数组元素可以作为函数的实参，与用变量作为实参一样，按照单向值传递的方式进行传递。

（2）可以用数组名作为函数参数，此时实参与形参都应有数组名，数组名是整个数组的首地址。

如果要确保函数没有返回值，最好使用 void 定义函数为无类型函数。

---

**常见问题**

如果子函数没有指明返回值，源程序应如何处理？

当函数没有指明返回值，或没有返回语句时，函数执行后实际上不是没有返回值，而是返回一个不确定的值，这有可能给程序带来某种意外影响。因此，为了使函数不返回任何值，C语言规定，可以使用 void 定义无类型函数。

---

**真题精选**

【例1】有以下函数调用语句：

  func((exp1,exp2),(exp3,exp4,exp5));

其中含有的实参个数是（  ）。

A. 1    B. 2    C. 4    D. 5

【答案】B

【解析】在调用函数时，实参可以是表达式，若有两个以上的实参，实参之间应用逗号隔开。在以上调用语句中，(exp1,exp2)和(exp3,exp4,exp5)是两个用括号标识的逗号表达式，它们之间用逗号隔开，因此，该函数调用语句中含有两个实参。总结：本题要求考生正确掌握前面学过的逗号表达式的内容，这样考生才能明白本题函数调用语句中实参的个数。

【例2】以下程序的输出结果是（  ）。

```
#include<stdio.h>
func(int a,int b)
{   int temp=a;
    a=b;b=temp;
}
main()
{   int x,y;
    x=10;y=20;
```

```
        func(x,y);
        printf("%d,%d\n",x,y);
}
```
      A. 10, 20　　　　　　B. 10, 10　　　　　　C. 20, 10　　　　　　D. 20, 20

【答案】A

【解析】这里是传值调用,不会改变实参的值,所以输出为10,20。注意:传值调用时,只将实参的副本传给形参,在函数中只对副本进行修改,不会影响实参的值。

【例3】下列给定程序中函数 fun( )的功能:计算 $S = f(-n) + f(-n+1) + \cdots + f(0) + f(1) + f(2) + \cdots + f(n)$ 的值。例如,当 $n$ 的值为5时,函数值应为10.407143。

$f(x)$ 函数定义如下:

$$f(x) = \begin{cases} (x+1)/(x-2) & x>0, x \neq 2 \\ 0 & x=0 \text{ 或 } x=2 \\ (x-1)/(x-2) & x<0 \end{cases}$$

请改正程序中的错误,使它能得出正确的结果。

注意:不要改动 main( )函数,不得增行或删行,也不得更改程序的结构。

### 试 题 程 序

```c
#include<stdlib.h>
#include<conio.h>
#include<stdio.h>
#include<math.h>
/*****found*****/
f(double x)
{
    if(x==0.0||x==2.0)
        return 0.0;
    else if(x<0.0)
        return(x-1)/(x-2);
    else
        return(x+1)/(x-2);
}
double fun(int n)
{
    int i;double s=0.0,y;
    for(i=-n;i<=n;i++)
    {y=f(1.0*i);s+=y;}
    /*****found*****/
    return s
}
void main()
{   printf("%f\n", fun(5));
}
```

【答案】(1) double f(double x)
　　　　(2) return s;

【解析】本题考查:函数的定义,其一般形式为"类型名 函数名(形参列表)",其中类型名指明了本函数的类型,函数的类型实际上就是函数返回值的类型。

该程序的流程:fun( )函数对 f(n)项循环累加,fun( )函数采用条件选择语句计算函数 f(x)的值。第一处错误在于未定义函数 f(double x)的类型,因此返回值类型为 double 型,则此处函数应定义为 double 型。第二处是语法错误。

## 8.4　函数的调用

### 考点4　函数调用的一般形式和调用方式

**1. 函数调用的一般形式**

函数调用的一般形式如下:

函数名(实参列表);

函数的调用可以分为调用无参函数和调用有参函数两种。如果是调用无参函数,则不用实参列表,但括号不能省略。在调用有参函数时,若实参列表中有多个实参,则各参数间用逗号隔开。实参与形参要求类型一致。

**2. 函数调用的方式**

根据函数在程序中的用途,调用函数的方式主要有以下3种。

(1) 函数语句。把函数调用作为一条语句,这时该函数只需要完成一定的操作而不必有返回值。

(2) 函数表达式。当一个函数出现在一个表达式中时,该表达式就被称为函数表达式。因为要参与表达式中的计算,所以要求该函数有一个确定的返回值提供给表达式。

(3) 函数参数。函数调用作为一个函数的实参。

C语言中,调用函数和被调用函数之间的数据可通过以下3种方式进行传递。

(1) 实参与形参之间进行数据传递。

(2) 通过 return 语句把函数值返回到主调函数中。

(3) 通过全局变量进行传递。通过全局变量进行传递的值总是程序运行中的最新值。

> **真考链接**
>
> 考点4属于考生需重点掌握的内容。在选择题中,主要考查考生是否掌握函数的调用方法,其考核概率约为10%。
>
> 在操作题中,常常通过编程题的形式来考查考点4,如要求考生编写满足特定要求(如能进行特定运算)的子程序,以实现某种计算功能,其考核概率约为60%。

### 真题精选

【例1】以下程序的输出结果是( )。

**试题程序**

```
#include<stdio.h>
main()
{ int i=2,p;
  p=f(i,i+1);
  printf("%d\n",p);
}
int f(int a,int b)
{ int c;
  c=a;
  if(a>b)
      c=1;
  else if(a==b)
      c=0;
  else
      c=-1;
  return(c);
}
```

A. -1     B. 0     C. 1     D. 2

【答案】A

【解析】以上程序中定义了名为f()的整型函数,它有两个int类型的形参。在main()函数中调用了f()函数,可以很直观地看到,实参的值分别是2和3,2传给函数形参a,3传给函数形参b。函数返回的值赋给变量p,main()函数中输出的值就是函数中的返回值。在函数f()中,若a大于b,则c被赋值为1;若a等于b,则c被赋值为0;若a小于b,则c被赋值为-1。按照实参传送过来的值,a小于b,因此c被赋值为-1,所以函数的返回值为-1。总结:本题程序中没有复杂的算法,考生必须熟练地掌握if...else分支结构的执行流程,同时清晰地认识有关函数定义和函数调用的基本概念,这样就可得出正确的答案。

【例2】若已定义的函数有返回值,则以下关于该函数调用的叙述中,错误的是( )。

A. 函数调用可以作为独立的语句存在     B. 函数调用可以作为一个函数的实参
C. 函数调用可以出现在表达式中         D. 函数调用可以作为一个函数的形参

【答案】D

【解析】函数的形参只能是一般变量,函数调用不可以作为函数的形参,但可以作为实参,选项A、B和C的描述都是正确的。

【例3】以下程序用以求阶乘的累加和:$S=0!+1!+2!+\cdots+n!$。请阅读程序并填空。

**试题程序**

```
#include<stdio.h>            { int i;
long f(int n)                  long s;
```

```
        s = _____ ;                                      int k, n;
        for(i=1;i<=n;i++)                                   scanf("%d",&n);
            s = _____ ;                                  s = _____ ;
        return s;                                           for(k=0;k<=n;k++)
    }                                                           s = s + _____ ;
    main()                                                  printf("%ld\n",s);
    { long s;                                           }
```

【答案】1　s*i　0　f(k)

【解析】本题要求进行累加计算，但每一个累加项是一个阶乘值，阶乘值由0!、1!、2!、3!依次变化到n!。函数f( )用于求阶乘值n!（n为形参），由于阶乘的值很大，因此定义函数为long类型。求阶乘的值存于变量s中，因此s的初值应为1，第一个空处填1。连乘的算法可用表达式s=s*i（i从1变化到n），因此第二个空处应填s*i。累加运算是在主函数中完成的，累加的值放在主函数的s变量中，因此s的初值应为0，在第三个空处填0。累加放在for循环中，循环控制变量k的值确定了n的值，调用一次f( )函数可求出一个阶乘值，所以在第四个空处应填f(k)（k从0变化到n）。总结：在进行累加及连乘时，存放乘积或累加和的变量必须赋初值；求阶乘（即连乘）时，存放乘积的变量其初值不能是0。

【例4】编写函数fun( )，其功能是计算如下等式的和：

$s = \ln(1) + \ln(2) + \ln(3) + \cdots + \ln(m)$

s的平方根作为函数值返回。

在C语言中，可调用log(n)函数求ln(n)。log( )函数的引用说明：double log(double x)。

例如，若m的值为20，则fun( )函数值为6.506583。

注意：部分源程序给出如下。请勿改动主函数main( )和其他函数中的任何内容，仅在函数fun( )的花括号中填入你编写的若干语句。

**试题程序**

```
#include<stdlib.h>                                      {
#include<conio.h>                                       }
#include<stdio.h>                                       void main()
#include<math.h>                                        { printf("%f\n",fun(20));
double fun(int m)                                       }
```

【答案】double fun(int m)
{ int i;
  double s=0.0;
  for(i=1;i<=m;i++)
     s=s+log(i); /*计算s=ln(1)+ln(2)+ln(3)+…+ln(m)*/
  return sqrt(s); /*对s求平方根并返回*/
}

【解析】本题考查：计算表达式的值运用for循环语句通过累加操作求和；平方根函数sqrt( )的使用。

首先计算1~m的对数的和，因此循环变量的范围是1~m，每次循环都进行一次累加求和。该题需要注意的是，log( )函数的形式参数应当为double型变量，而用于循环的基数变量为整型变量，需要进行强制转换。在返回时求出平方根。

## 考点5　函数的说明及其位置

**1. 函数的说明**

C语言中，除了主函数外，用户定义的函数要遵循先定义后使用的规则。如果在程序中把函数的定义代码放在调用代码之后，则应该在调用之前对函数进行说明（或函数原型说明）。函数说明的一般形式如下：

类型名　函数名(参数类型1,参数类型2,…,参数类型n);

例如：

int add(int,int);

> **真考链接**
> 考点5属于简单识记内容，其在选择题中的考核概率约为10%。

或者

类型名 函数名(参数类型1 参数名1,参数类型2 参数名2,…,参数类型n 参数名n);

此处的参数名完全是虚设的,它们可以是任意的用户标识符,既不必与函数首部中的形参名一致,又可以与程序中的任意用户标识符同名,实际上参数名常常省略。函数说明语句中的类型必须与函数返回值的类型一致。

函数说明可以是一条独立的语句。对函数进行说明,能使C语言的编译程序在编译时进行有效的类型检查。当调用函数时,若实参的类型与形参的类型不能赋值兼容而进行非法转换,则C语言的编译程序将会发现错误并报错;当实参的个数与形参的个数不同时,编译程序也会报错。

**2. 函数说明的位置**

一个函数在所有函数的外部,如在被调用之前说明,则在说明后的所有位置上都可以对该函数进行调用。函数说明也可以放在调用函数内的说明部分,如在main()函数内部进行说明,则只能在main()函数内部才能识别该函数。

> **小提示**
>
> 函数调用可以让源代码更美观,而且易读,但要确保函数能返回格式和数字都正确的值。

## 真题精选

**【例1】** 以下程序的输出结果是(    )。

```
#include<stdio.h>
func(int a,int b)
{   int c;
    c=a+b;
    return c;
}
main()
{   int x=6,r;
    r=func(x,x+=2);
    printf("%d\n",r);
}
```

A. 14  　　　　B. 15  　　　　C. 16  　　　　D. 17

**【答案】** C

**【解析】** 对于func()函数,先求右边参数x+=2,它返回8(x=8);然后求左边参数,x为8。所以输出为16。

**【例2】** 以下叙述中,正确的是(    )。

A. C语言程序总是从第一个定义的函数开始执行

B. 在C语言程序中,要调用的函数必须在main()函数中定义

C. C语言程序总是从main()函数开始执行

D. C语言程序中的main()函数必须放在程序的开始部分

**【答案】** C

**【解析】** 一个实用的C语言程序总是由许多函数组成,main()函数可以放在程序的任何位置。C语言中规定,不能在一个函数内部定义另一个函数。无论源程序包含多少函数,C语言程序总是从main()函数开始执行。对于用户定义的函数,一般必须遵循先定义后使用的规则。

**【例3】** 若有以下程序:

```
#include<stdio.h>
void f(int n);
main()
{   void f(int n);
    f(5);
}
```

```
void f(int n)
{   printf("%d\n",n);
}
```
则以下叙述中不正确的是（　　）。

A. 若在主函数中对函数 f( )进行说明，则只能在主函数中正确调用函数 f( )
B. 若在主函数前对函数 f( )进行说明，则在主函数和其他函数中都可以正确调用 f( )
C. 对于以上程序，编译时系统会报错，提示对 f( )函数重复说明
D. 函数 f( )无返回值，所以可用 void 将其类型定义为无值型

【答案】C

【解析】C 语言规定，在一个函数中调用另一个函数（即被调用函数）需要具备的条件有：①首先被调用的函数必须是已经存在的函数（是库函数或用户自己定义的函数）；②如果使用库函数，一般还应该在主调函数的声明部分用#include 命令把该库函数的头文件名包含进来；③如果使用自定义函数，而且该函数与调用它的函数在同一个文件中，一般还应该在主调函数中对被调用的函数进行声明。

# 8.5　函数递归调用

### 考点6　函数递归调用的基本概念

在调用一个函数的过程中又出现直接或间接地调用该函数本身的，称为函数的递归调用。允许函数的递归调用是 C 语言的特点之一。

当采用递归法解决问题时，此问题必须符合以下 3 个条件。

（1）可以把要解决的问题转化为新的问题。而这个新问题的解决方法仍与原来的解决方法相同，只是所处理的对象有规律地递增或递减。

（2）可以应用这个转化过程使问题得到解决。

（3）必须要有一个明确的结束递归的条件（也称为出口条件）。

> **真考链接**
> 考点6一般多出现在选择题的读程序题中，考核概率约为90%；在操作题中也偶有出现，考核概率约为10%。

当函数自己调用自己时，系统将自动把函数中当前的变量和形参暂时保留起来，在新一轮的调用过程中，系统将为本次调用的函数所用到的变量和形参开辟新的存储单元。因此，递归调用的层次越多，同名变量所占的存储单元也就越多。当本次调用的函数运行结束时，系统将释放一次调用所占的存储单元。当程序执行的流程返回到上一层的调用点时，同时取用该层函数中的变量和形参所占用的存储单元中的数据。

> **小提示**
> 在函数的递归调用过程中，并不是重新复制该函数，只重新使用新的变量和参数。每次递归调用都要保存旧的参数和变量，使用新的参数和变量，当递归调用返回时，再恢复旧的参数和变量。
> 在使用函数的递归调用和嵌套调用时，一定要清楚其中的逻辑关系，否则容易造成程序的混乱。

> **常见问题**
> 如果没有正确的递归结束条件，程序会出现什么问题?
> 在编写递归函数时，必须建立递归结束条件，使程序能够在满足一定条件时结束递归并逐层返回。如果没有正确的递归结束条件，在调用该函数进入递归过程后，就会无休止地执行下去而不会返回。

## 真题精选

**【例1】** 以下程序的输出结果是（   ）。
```
#include <stdio.h>
int func(int n)
{   if(n==1)
    return 1;
    else
    return(n*func(n-1));
}
main()
{   int x;
    x=func(3);
    printf("%d\n",x);
}
```
A. 5　　　　　B. 6　　　　　C. 7　　　　　D. 8

**【答案】** B

**【解析】** func()是递归函数，func(3)=3*func(2)=3*2*func(1)=3*2*1=6。

**【例2】** 以下程序的输出结果是（   ）。
```
#include <stdio.h>
long fun(int n)
{   long s;
    if(n==1||n==2)
        s=2;
    else
        s=n+fun(n-1);
    return s;
}
main()
{   printf("\n%ld",fun(4));
}
```
A. 7　　　　　B. 8　　　　　C. 9　　　　　D. 10

**【答案】** C

**【解析】** 此题考查基本的函数递归调用方法。n=1或n=2是出口条件，此时程序不再递归，否则一直执行s=n+fun(n-1)的操作。展开此求和公式，有s=4+fun(3)=4+3+fun(2)=4+3+2=9。如果调用函数fun()的实参大于等于2，出口条件n==1的判断就不需要了。

**【例3】** 下列给定程序中，函数fun()的功能是用递归算法计算斐波那契（Fibonacci）数列中第n项的值。从第1项起，斐波那契数列为1、1、2、3、5、8、13、21……

例如，若n为7，则该项的斐波那契数值为13。

请改正程序中的错误，使它能得出正确的结果。

注意：不要改动main()函数，不得增行或删行，也不得更改程序的结构。

### 试题程序

```
#include <stdio.h>
long fun(int g)
{ /*****found*****/
  switch(g);
  {  case 0:return 0;
  /*****found*****/
     case 1;case 2:return 1;
  }
  return(fun(g-1)+fun(g-2));
}
void main()
{   long fib;int n;
```

```
    printf("Input n:");                              fib = fun(n);
    scanf("%d",&n);                                  printf("fib = %d\n\n",fib);
    printf("n = %d\n",n);                         }
```

【答案】(1) 去掉 switch 语句后的分号  (2) case 1:case 2:return 1;

【解析】本题考查 switch 语句，其一般形式如下：

```
switch(表达式){
case 常量表达式1:语句1;
case 常量表达式2:语句2;
…
case 常量表达式n:语句n;
default:语句 n+1;
}
```

其中 switch(表达式)后不应该带有"；"，同时 case 常量表达式后应该是"："。

## 8.6 标识符的作用域和存储类别

### 考点7 标识符的作用域和存储类别的基本概念

**1. 标识符的作用域**

作用域又称为作用范围，程序中的标识符，如变量或函数等都有一定的作用域。

**2. 局部变量和全局变量**

在一个函数内部定义的变量，它们只在该函数范围内有效，即只有该函数才能使用它们，其他函数不能使用这些变量，这些变量称为局部变量。不同函数中可以使用具有相同名字的局部变量，它们代表不同的对象，在内存中占不同的单元，互不干扰。

在函数之外定义的变量称为全局变量。全局变量可以为程序中其他函数所共用，它的有效范围从定义变量处开始到程序结束处为止。

**3. 变量的存储类别**

每一个变量和函数所具有的两个属性是：数据的存储类别和数据类型（前面已经介绍过）。所谓的存储类别指的是数据在内存中存储的方法，其可分为两类：静态存储类和动态存储类。具体包括自动（auto）、静态（static）、寄存器（register）和外部（extern）共4种。

当在函数内部或复合语句内定义变量时，如果没有指定存储类别，或使用了 auto 说明符，系统就会认为所定义的变量属于自动类别。

例如：float a;等价于 auto float a;。

当函数体（或复合语句）内部用 static 来说明一个变量时，可以称该变量为静态局部变量。

有时希望函数中的局部变量的值在函数调用结束后不消失而保留原值，即其占用的存储单元不释放，在下一次该函数调用时，该变量已有值，就是上一次函数结束时的值。这时就应该指定该局部变量为静态局部变量，用关键字 static 进行声明。

> **真考链接**
> 考点7属于需考生理解的内容，其在选择题中的考核概率约为20%，在操作题中的考核概率约为10%。

**真题精选**

【例1】以下叙述中，正确的是（　　）。
  A. 局部变量说明为 static 的存储类别，其生存期将得到延长
  B. 全局变量说明为 static 的存储类别，其作用域将被扩大
  C. 任何存储类别的变量在未赋初值时，其值都是不确定的

D. 形参可以使用的存储类别说明符与局部变量的完全相同

【答案】A

【解析】选项A，静态局部变量的存储空间在程序整个运行期间都不释放，所以比动态局部变量的生存期长。选项B，全局变量说明为静态存储时，作用域不会扩大。选项C，静态局部变量未赋初值时，系统编译时会自动赋初值0或空字符。选项D，在未调用函数时，函数的形参不占用内存的存储单元，只有调用时才动态分配存储空间，所以形参不能说明为静态存储，而局部变量可以说明为静态存储。

【例2】在C语言中，形参的默认存储类别说明符是（　　）。

A. auto　　　　　　B. static　　　　　　C. register　　　　　　D. extern

【答案】A

【解析】当在函数内部或复合语句内定义变量时，如果没有指定存储类别，或使用了auto说明符，系统就会认为所定义的变量属于自动类别。

## 8.7　综合自测

一、选择题

1. 以下函数值的类型是（　　）。
   ```
   fun( float x )
   {  float y;
      y = 3 * x - 4;
      return y;
   }
   ```
   A. int　　　　　　B. 不确定　　　　　　C. void　　　　　　D. float

2. 以下程序的输出结果是（　　）。
   ```
   #include<stdio.h>
   int a, b;
   void fun()
   {  a=100; b=200; }
   main()
   {  int a =5, b=7;
      fun();
      printf("%d%d\n", a,b);
   }
   ```
   A. 100200　　　　　B. 57　　　　　　C. 200100　　　　　D. 75

3. 以下程序的输出结果是（　　）。
   ```
   #include<stdio.h>
   int x=3;
   main()
   {  int i;
      for (i=1;i<x;i++)incre();
   }
   incre()
   {  static int x=1;
      x*=x+1;
      printf("%d",x);
   }
   ```
   A. 33　　　　　　B. 22　　　　　　C. 26　　　　　　D. 25

4. 以下程序的输出结果是（　　）。
   ```
   #include<stdio.h>
   ```

```
int f(int n)
{  if(n==1)return 1;
   else return f(n-1)+1;
}
main()
{  int i,j=0;
   for(i=1;i<3;i++)
      j+=f(i);
   printf("%d\n",j);
}
```
　　A. 4　　　　　　　B. 3　　　　　　　C. 2　　　　　　　D. 1

5. 以下程序的输出结果是（　　）。
```
#include<stdio.h>
int d=1;
fun(int p)
{  int d=5;
   d+=p++;
   printf("%d ",d);
}
main()
{  int a=3;
   fun(a);
   d+=a++;
   printf("%d\n",d);
}
```
　　A. 84　　　　　　　B. 96　　　　　　　C. 94　　　　　　　D. 85

6. 函数调用 strcat(strcpy(str1,str2),str3)的功能是（　　）。
　　A. 将字符串 str1 复制到字符串 str2 中后再连接到字符串 str3 之后
　　B. 将字符串 str1 连接到字符串 str2 之后再复制到字符串 str3 之后
　　C. 将字符串 str2 复制到字符串 str1 中后再将字符串 str3 连接到字符串 str1 之后
　　D. 将字符串 str2 连接到字符串 str1 之后再将字符串 str1 复制到字符串 str3 中

7. 有以下程序：
```
int sub(int n)
{  if(n<5) return 0;
   else if(n>12) return 3;
   return 1;
   if(n>5) return 2;
}
main()
{  int a=10;
   printf("%d\n",sub(a));
}
```
该程序的输出结果是（　　）。
　　A. 0　　　　　　　B. 1　　　　　　　C. 2　　　　　　　D. 3

8. 以下程序的输出结果是（　　）。
```
#include<stdio.h>
int d=1;
fun(int p)
{  static int d=5;
   d+=p;
   printf("%d ",d);
   return(d);
```

```
}
main()
{ int a = 3;
  printf("%d\n",fun(a+fun(d)));
}
```
   A. 699　　　　　　　B. 669　　　　　　　C. 61515　　　　　　D. 6615
9. 在一个源文件中定义的外部变量的作用域为（　　）。
   A. 本文件的全部范围　　　　　　　　　B. 本程序的全部范围
   C. 本函数的全部范围　　　　　　　　　D. 从定义该变量的位置开始至本文件结束
10. 以下叙述中，正确的是（　　）。
    A. 全局变量的作用域一定比局部变量的作用域范围大
    B. 静态（static）类别变量的生存期贯穿于整个程序的运行期
    C. 函数的形参都属于全局变量
    D. 未在定义语句中赋初值的 auto 变量和 static 变量的初值都是随机值
11. 以下对 C 语言函数的描述中，正确的是（　　）。
    A. C 程序由一个或一个以上的函数组成
    B. C 函数既可以嵌套定义又可以递归调用
    C. C 函数必须有返回值，否则不能使用函数
    D. C 程序中调用关系的所有函数必须放在同一个程序文件中
12. C 语言中形参的默认存储类别是（　　）。
    A. 自动（auto）　　B. 静态（static）　　C. 寄存器（register）　D. 外部（extern）
13. 以下叙述中，不正确的是（　　）。
    A. 在 C 语言中，调用函数时只能把实参的值传送给形参，形参的值不能传送给实参
    B. 在 C 函数中，最好使用全局变量
    C. 在 C 语言中，形式参数的作用范围只局限于其所在函数
    D. 在 C 语言中，函数的存储类别默认为外部
14. C 语言中函数返回值的类型由（　　）决定。
    A. return 语句中的表达式类型　　　　　B. 调用函数的主调函数类型
    C. 调用函数时的临时类型　　　　　　　D. 定义函数时所指定的函数类型
15. C 语言规定，调用一个函数时，实参变量和形参变量之间的数据传递是（　　）。
    A. 地址传递　　　　　　　　　　　　　B. 由实参传给形参，并由形参返回给实参
    C. 值传递　　　　　　　　　　　　　　D. 由用户指定传递方式
16. 在 C 语言中（　　）。
    A. 函数的定义可以嵌套，但函数的调用不可以嵌套
    B. 函数的定义和调用均可以嵌套
    C. 函数的定义和调用均不可以嵌套
    D. 函数的定义不可以嵌套，但函数的调用可以嵌套
17. 以下函数调用语句中，含有的实参个数是（　　）。
    fun(x+y,(e1,e2),fun(xy,d,(a,b)));
    A. 3　　　　　　　　B. 4　　　　　　　　C. 6　　　　　　　　D. 8
18. 以下程序的输出结果是（　　）。
```
#include<stdio.h>
fun(int x)
{ static int a = 3;
  a += x;
  return(a);
}
main()
{ int k=2,m=1,n;
  n = fun(k);
  n = fun(m);
  printf("%d",n);
```

A. 3　　　　　　B. 4　　　　　　C. 6　　　　　　D. 9

19. 以下程序的输出结果是（　　）。
```
#include<stdio.h>
int func(int a,int b)
{return(a+b);}
main()
{  int x=2,y=5,z=8,r;
   r=func(func(x,y),z);
   printf("%d\n",r);
}
```
A. 12　　　　　B. 13　　　　　C. 14　　　　　D. 15

二、操作题

下列给定程序中，fun()函数的功能为求以下表达式的值：

s = aa…aa – … – aaa – aa – a

提示：此处 aa…aa 表示 n 个 a，a 和 n 的值为 1～9。

例如，a=3，n=6，则以上表达式为

s = 333333 – 33333 – 3333 – 333 – 33 – 3

其值是 296298。

a 和 n 是 fun()函数的形参，表达式的值作为函数值传回 main()函数。

请改正程序中的错误，使它能计算出正确的结果。

注意：不要改动 main()函数，不得增行或删行，也不得更改程序的结构。

### 试 题 程 序

```
#include<stdio.h>
long fun (int a,int n)
{  int j;
   /*****found*****/
   long s=0,t=1;
   for (j=0;j<n;j++)
      t=t*10+a;
   s=t;
   for(j=1;j<n;j++)
   {  /*****found*****/
      t=t%10
      s=s-t;
   }
   return(s);
}
main ()
{  int a,n;
   printf("\nPlease enter a and n:");
   scanf("%d%d",&a,&n);
   printf("The value of function is%ld\n",fun(a,n));
}
```

# 第9章

# 指 针

本章主要介绍全国计算机等级考试二级 C 语言程序程中常考核的指针知识点，包括地址和指针变量的概念，指向变量、数组、字符串、函数、结构体的指针变量的定义，以及返回指针值的函数等考核内容。

**选择题分析明细表**

| 考 点 | 考核概率 | 难易程度 |
| --- | --- | --- |
| 指针变量的定义和引用 | 20% | ★★★ |
| 指针变量作为函数参数 | 30% | ★★★★ |
| 移动指针 | 30% | ★★ |
| 指向数组元素的指针及通过指针引用数组元素 | 80% | ★★★ |
| 用数组名作为函数参数 | 30% | ★★ |
| 字符串及字符指针 | 80% | ★★★ |
| 用函数指针变量调用函数 | 20% | ★★★ |

**操作题分析明细表**

| 考 点 | 考核概率 | 难易程度 |
| --- | --- | --- |
| 指针变量的定义和引用 | 60% | ★★★★ |
| 指针变量作为函数参数 | 10% | ★★ |
| 移动指针 | 10% | ★★ |
| 指向数组元素的指针及通过指针引用数组元素 | 20% | ★★ |
| 字符串及字符指针 | 40% | ★★★ |

## 9.1 关于地址和指针

要想搞清楚地址和指针的概念，首先要清楚变量在内存中的存储方式及变量是如何被存取的。

众所周知，程序中定义的某个变量，在编译时系统会给这个变量相应地分配与该变量类型相匹配的存储单元。即按照程序中所定义的变量类型，分配与该变量类型所占空间长度相同的空间。在内存区中每一个字节都有一个编号，这个编号就是"地址"，它相当于每个变量的房间号。变量的数据就存放在地址所标识的内存单元中，变量中的数据其实就相当于仓库中各个房间存放的货物。如果内存中没有对字节编号，系统将无法对内存进行管理。内存的存储空间是连续的，因此内存中的地址号也是连续的，并且用二进制数表示，直观起见，这里将用十进制数进行描述。

> **真考链接**
> 指针用于存放其他数据的地址。当指针指向变量时，利用指针可以引用该变量；当指针指向数组时，利用指针可以访问数组元素；当指针指向函数时，此时指针变量中会存放函数的入口地址，可以通过指针调用该函数；当指针指向结构时，可以用指针引用结构变量的成员。

一般计算机使用的 C 编译系统会为整型变量分配 2 字节的存储单元，为实型变量分配 4 字节的存储单元，为字符型变量分配 1 字节的存储单元，为双精度类型变量分配 8 字节的存储单元。当某一变量被定义后，其内存中的地址也就确定了。例如：

```
int x,y;
float z;
```

这时，系统为 x 和 y 分配 2 字节的存储单元，为 z 分配 4 字节的存储单元，如图 9.1 所示。图 9.1 中的数字只表示字节的地址。每个变量的地址是指该变量所占存储单元的第一个字节的地址。在这里，称 x 的地址为 2012，y 的地址为 2015，z 的地址为 2201。

图 9.1　x、y、z 的存储单元分配

一般情况下，在程序中只需定义变量并指出变量名，无须知道每个变量在内存中的具体地址，由 C 编译系统来完成每个变量与其具体地址产生联系的操作。在程序中对变量进行存取的操作，实际上也就是对某个变量的地址存储单元进行操作。这种直接按变量的地址存取变量的方式称为"直接存取"方式。

在 C 语言中，还可以用另一种称为"间接存取"的方式来完成对变量进行存取的操作，即将变量的地址存放在另一种类型的变量中，从而通过这种新类型的变量来得到变量的值。C 语言规定，可以在程序中定义整型变量、实型变量、字符型变量等，也可以定义这样一种特殊的变量，它是专门用来存放地址的。假设定义一个变量 p，用来存放整型变量 i 的地址，它的地址被分配 1010 字节，可以通过下面的语句将 i 的地址（1500）存放到 p 变量中：

```
p = &i;
```

这时，p 的值就是 1500，即变量 p 是 i 所占用单元的起始地址。要存取变量 i 的值，也可以用间接的方式，先找到存放 i 的地址的变量 p，从中取出 i 的地址（1500），然后到 1500、1501 字节取出 i 值。

由于通过地址能找到所需的变量，就可以说：地址"指向"该变量。所谓的"指向"就是通过地址来体现的。在 C 语言中，将地址形象地称为"指针"，意思是通过它能找到以它为地址的内存单元，这里包含一个方向指向的意思。一个变量的地址称为变量的"指针"。一个专门用来存放另一个变量的地址（即指针）的变量，则称为"指针变量"。

> **小提示**
> 变量的类型不同，其在内存中所占的空间也不一样。

## 常见问题

在程序中定义一个变量，编译时系统会给这个变量开辟存储单元，如果要对这个变量进行操作，是否需要知道它在内存中的存储位置呢？

只要在程序中定义了变量并指出变量名，就无须知道每个变量在内存中的具体地址，由 C 编译系统来完成每个变量与其具体地址产生联系的操作。在程序中对变量进行存取操作，实际上也就是对某个变量的地址存储单元进行操作。

## 9.2 变量的指针和指向变量的指针变量

### 考点 1　指针变量的定义和引用

**1. 指针变量的定义**

定义指针变量的一般形式如下：

类型名 *指针变量名1，*指针变量名2，…；

例如：

int *p, *t;

以上定义语句中，p 和 t 都是合法的用户标识符，变量前的星号（*）是类型说明符，用来标识该变量是指针变量。

**真考链接**

对于考点 1，要注意定义不同类型的指针用于指向相应类型的数据。考点 1 属于简单识记类内容，在选择题中的考核概率约为 20%，在操作题中的考核概率约为 60%。

为什么指针变量要有"基类型"呢？一个指针变量中存放的是一个存储单元的地址值。这里"一个存储单元"中的"一"所代表的字节数是不同的：对整型而言，它代表 2 个字节；对实型而言，它就代表 4 个字节。这就是基类型不同的含义。在以后的章节中将涉及指针的移动，也就是要对地址进行增减运算，这时指针移动的最小单位是 1 个存储单元，而不是 1 个字节。因此，对于基类型不同的指针变量，其内容（地址值）增 1、减 1 所"跨越"的字节数是不同的。故指针变量必须区分基类型，基类型不同的指针变量不能混合使用。

**2. 指针变量的引用**

指针变量中只能存放地址（指针），将一个整型数据（或任何其他非地址类型的数据）赋给一个指针变量是不允许的。例如：

int *p;  /*定义一个指向整型变量的指针*/
p=300 ;  /*300 为整数*/

以上语句均是不合法的赋值语句。

与指针相关的两个运算符是"&"（取地址运算符）和"*"（指针运算符）。

### 小提示

在定义指针变量时，变量名前面的星号不可省略，若省略了星号说明符，就是将变量 p 和 t 定义为整型变量（int 是类型名）。在这里，变量 p 和 t 是两个指向整型变量的指针，也就是说变量 p 和 t 中只能存放 int 类型变量的地址，这时称 int 是指针变量 p 和 t 的"基类型"。基类型用来指定该指针变量可以指向的变量的类型。

### 真题精选

【例1】若有说明 int n=2, *p=&n, *q=p;，则以下为非法的赋值语句的是（　　）。

　　A. p=q;　　　　B. *p=q;　　　　C. n=*q;　　　　D. p=n;

【答案】D

【解析】选项 A 是两个指针变量之间的赋值；而选项 B 是把 q 的值赋给 p 指向的整型变量，虽然不常用，但也是对的；选项 C 是把 q 指向的变量的值赋给 n，也是没有问题的；而选项 D 中，整型数据和指针型数据之间不能进行赋值运算，所以是错误的。

【例2】若有以下定义和语句：
```
#include<stdio.h>
int a=4,b=3,*p,*q,*w;
p=&a; q=&b; w=q; q=NULL;
```
则以下选项中，错误的语句是（　　）。
A．*q=0;　　　　B．w=p;　　　　C．*p=a;　　　　D．*p=*w;

【答案】A

【解析】给一指针赋空值的正确语句是"q=NULL;"或"q='\0';"或"q=0;"。选项B的含义为使指针w指向指针p所指向的存储单元。选项C的含义为使指针p指向变量a所在的存储单元。选项D的含义为将指针w所指的变量值赋给指针p所指的变量。

【例3】若有定义：int x,*pb;，则正确的赋值表达式是（　　）。
A．pb=&x　　　　B．pb=x　　　　C．*pb=&x　　　　D．*pb=*x

【答案】A

【解析】本题的定义语句中，在pb的前面有一个"*"说明符，表示pb是一个指针变量，按规定，在指针变量中只能存放存储单元（即变量）的地址。定义语句中的类型名int说明了pb的基类型为int，因此pb中只能存放int类型变量的地址，即pb只能指向int类型的变量。已定义x为int类型的变量，若其中已存放整型数据，则选项B中的赋值表达式pb=x企图把一个整数放到一个指针变量中，这是不允许的（赋值不兼容）。在C程序中，"&"是取地址运算符，表达式&x的值是变量x在内存中的地址，而"*"是间址运算符（与说明语句中的说明符"*"的含义不同）。在选项C中，若pb已指向一个整型变量（已放入某整型变量的地址），*pb就代表此整型变量，所以赋值表达式*pb=&x企图把一个地址值放入一个整型变量，这是不允许的，地址值不可能转换为整数。间址运算符只能用于指针变量。在选项D中，赋值表达式右边出现了*x，把间址运算符"*"用于一个整型变量是错误的。按定义，pb是一个指针变量，且只能存放int类型变量的地址，表达式&x取int型变量x的地址，表达式pb=&x把x的地址赋给指针变量pb，所以选项A中的表达式是正确的。考生应掌握：①指针的定义方法；②指针变量的基类型；③所定义的指针变量中允许存放何种类型变量的地址；④取地址运算符"&"的正确运用；⑤间址运算符"*"的正确运用。若pb的基类型为double，考生则应掌握*pb出现在赋值号右边的含义是什么，出现在赋值号左边的含义又是什么。

【例4】设有定义：
int n,*k=&n;
以下语句将利用指针变量k读写变量n中的内容，请将语句补充完整。
scanf("%d",【1】);
printf("%d\n",【2】);

【答案】【1】k　【2】*k

【解析】在语句"int n,*k=&n;"中，变量k中存放的是n的存储地址，*k表示变量n中的值，scanf()函数需要地址值，而printf()函数中的输出项是正常的基本类型，所以答案如上。

【例5】下列给定程序中，函数fun()的功能：实现两个变量值的交换，规定不允许增加语句和表达式。
例如，变量a中的值原为8，b中的原为3，程序运行后a中的值为3，b中的值为8。
请改正程序中的错误，使它得出正确的结果。
注意：不要改动main()函数，不得增行或删行，也不得更改程序的结构。

试 题 程 序

```
#include<stdlib.h>
#include<conio.h>
#include<stdio.h>
int fun(int *x,int y)
{ int t;
  /******found******/
  t=x;x=y;
  /******found******/
                                    return(y);
                                }
                                void main()
                                { int a=3,b=8;
                                  printf("%d %d\n",a,b);
                                  b=fun(&a,b);
                                  printf("%d %d\n",a,b);
                                }
```

【答案】(1) t = * x；* x = y；
(2) return(t)；或 return t；

【解析】本题考查：指针类型变量的使用；通过 return 语句完成函数值的返回。

首先，定义变量 t 作为中间变量，然后进行数据交换，注意参数 x 是指针变量，交换时应使用 * x，最后确定返回值。根据语句 b = fun(&a,b)；可以知道返回值将赋给变量 b，而 b 中应存放交换前 * x 中的值，所以函数应返回变量 t 的值。

### 考点 2　指针变量作为函数参数

前面的章节中曾介绍过，函数参数可以是整型、实型、字符型等类型的数据，指针类型的数据同样可以作为函数参数来进行传递。它的作用是将一个变量的地址传送到另一个函数中，参与该函数的运算。

如果想通过函数调用得到 n 个要改变的值，可以采用以下步骤。
(1) 在主调函数中设 n 个变量，分别用 n 个指针变量指向它们。
(2) 将各个指针变量作为实参，即将这 n 个变量的地址传递给所调用的函数的形参。
(3) 通过形参指针变量的改变，从而改变这 n 个变量的值。
主调函数中就可以使用这些改变了值的变量了。

> **真考链接**
> 
> 考点 2 属于重点掌握的知识点，在选择题中的考核概率约为 30%。在操作题中，主要在编程题中考查此知识点，一般会要求编写满足条件的程序段，考核概率约为 10%。

#### 真题精选

【例1】有以下程序：
```
void fun(char *c,int d)
{ *c = *c+1;d+ =1;
  printf("%c,%c,",*c,d);
}
main()
{ char a ='A',b ='a';
  fun(&b,a); printf("%c,%c\n",a,b);
}
```
程序运行后的输出结果是（　　）。
A. B, a, B, a　　　　B. a, B, a, B　　　　C. A, b, A, b　　　　D. b, B, A, b

【答案】D

【解析】本题考查函数之间地址值的传递，当形参为指针变量时，实参和形参之间的数据传递是地址传递，可以在被调用函数中对调用函数中的变量进行引用，在被调用函数中直接改变调用函数中的变量的值，所以主函数中的 b 在代入到 fun() 函数后要发生变换，而 a 不发生变换。所以在调用子函数时输出 b 和 B，返回到主函数中输出的是 A 和 b，正确答案是选项 D。

【例2】以下程序的输出结果是（　　）。
```
#include <stdio.h>
void fun(float *a,float *b)
{ float w;
  *a = *a+*a;
  w = *a;
  *a = *b;
  *b = w;
}
main()
{ float x =2.0, y =3.0;
  float *px =&x, *py =&y;
  fun(px,py);
  printf("%2.0f,%2.0f\n",x,y);
```

}
A. 4，3    B. 2，3    C. 3，4    D. 3，2

【答案】C

【解析】主函数中定义了两个 float 类型的变量 x 和 y，以及基类型为 float 的指针变量 px 和 py，并且把 x 和 y 的地址分别赋给了 px 和 py。主函数中调用 fun() 函数时，把 px 和 py 作为实参，也就是把变量 x 和 y 的地址传送给形参。函数 fun() 为 void 类型，因此函数没有函数值返回。函数的形参 a 和 b 是两个基类型为 float 的指针变量。因此，在 a 和 b 中接收的是主函数中 x 和 y 的地址。在 fun() 函数体中，*a 和 *b 将分别引用主函数中 x 和 y 的存储单元。fun() 函数中，语句"*a = *a + *a;"的含义是两次取 a 所指对象（主函数的 x）中的值相加，其和为 4.0，赋给 a 所指对象（主函数的 x），因此主函数的 x 被重新赋值，x 的值变成 4.0。fun() 函数中的后3 条语句（不包含"}"），是交换两个变量值的典型算法。先把 a 所指存储单元（主函数的 x）中的值放在临时变量 w 中，然后把 b 所指存储单元（主函数的 y）中的值放在 a 所指存储单元（主函数的 x）中，最后把 w 中的值放入 b 所指存储单元（主函数的 y）中。从而通过 fun() 函数，对主函数的 x 和 y 中的值进行交换。交换之前 x 中的值变成 4.0，y 中的值是 3.0，经过交换，x 中的值为 3.0，y 中的值为 4.0。主函数的输出语句中，使用了"%2.0f"的格式说明，表明输出数据占两个字符的位置，但".0"的格式规定输出时不含小数点和小数，所以输出结果应是 3，4。总结：本题给出了通过函数对两数进行交换的算法。注意：实参和形参之间仍遵循"按值传送"的规则，交换是通过指针间接进行的。

【例 3】以下程序的输出结果是（    ）。
```
#include <stdio.h>
void sub(int x,int y,int *z)
{   *z=y-x;
}
main()
{   int a,b,c;
    sub(10,5,&a); sub(7,a,&b); sub(a,b,&c);
    printf("%d,%d,%d\n",a,b,c);
}
```
A. 5，2，3    B. -5，-12，-7    C. -5，-12，-17    D. 5，-2，-7

【答案】B

【解析】sub() 函数为 void 类型，因此无函数返回值。函数的形参中，z 是一个基类型为 int 的指针变量，因此它只能从实参接收一个 int 类型变量的地址。在 sub() 函数体中，语句"*z=y-x;"把形参 y 与 x 的差值放入形参 z 所指的存储单元中。在主函数中，3 次调用 sub() 函数。第一次调用时，把 10 和 5 分别传送给形参 x 和 y，把主函数中变量 a（int 类型）的地址传送给形参 z，所以形参 z 就指向主函数中的变量 a。在 sub() 函数中，语句"*z=y-x;"把 -5 放入 z 所指的存储单元中，如上所述，形参 z 已指向主函数中的变量 a，因此，这时主函数中的变量 a 中就已被赋值 -5。接着返回主函数。第二次调用时，把 7 传送给形参 x，把 a 中的值（-5）传送给形参 y，主函数中变量 b（int 类型）的地址传送给对应形参中的指针变量 z，所以形参 z 就指向主函数中的变量 b。执行 sub() 函数中的语句"*z=y-x;"把 -12 赋给主函数中的变量 b，然后返回主函数。第三次调用时，把 a 中的值（-5）传送给形参 x，把 b 中的值（-12）传送给形参 y，而形参指针变量 z 指向主函数中的变量 c。sub() 函数中语句"*z=y-x;"把 -12-(-5) 的值放入 z 所指的变量 c，因此，c 中就放入了 -7。返回主函数后，输出 a、b、c 的值，因此输出的结果是 -5，-12，-7。

【例 4】以下程序的输出结果是（    ）。
```
#include <stdio.h>
sub(int *a,int n, int k)
{   if(k<=n) sub(a,n/2,2*k);
    *a+=k;
}
main()
{   int x=0;
    sub(&x,8,1);
    printf("%d\n",x);
}
```
A. 1    B. 8    C. 7    D. 4

【答案】C

【解析】在main()函数中调用函数sub(&x,8,1)时,实参&x将x的地址传给形参指针a,使指针a指向变量x,在sub()函数中对指针a的操作将影响x。形参n的值为8,k的值为1。由于k<=n,递归调用sub(a,4,2),此时n的值为4,k的值为2,仍满足k<=n;再次递归调用sub(a,2,4),此时n的值为2,k的值为4,不满足k<=n。执行"*a+=k;"使*a的值为4,返回第一次递归调用,再执行"*a+=k;"使*a的值为6,返回第一次递归调用,再执行"*a+=k;"使*a的值为7,因此变量x的值为7。

【例5】下列给定程序中函数fun()的功能是：将形参n所指变量中各位上为偶数的数去掉,剩余的数按原来从高位到低位的顺序组成一个新数,并通过形参n传回所指变量。

例如,若输入一个数27638496,则新数为739。

请在标号处填入正确的内容,使程序得出正确的结果。

注意：部分源程序给出如下。不得增行或删行,也不得更改程序的结构。

### 试 题 程 序

```
#include<stdio.h>
void fun(unsigned long *n)
{ unsigned long x=0, i; int t;
  i=1;
  while(*n)
  { t=*n%【1】;
    if(t%2!=【2】)
    { x=x+t*i; i=i*10;
    }
    *n=*n/10;
  }
  *n=【3】;
}
main()
{ unsigned long n=-1;
  while(n>99999999||n<0)
  { printf("Please input(0<n<100000000):");
    scanf("%ld",&n); }
  fun(&n);
  printf("\nThe result is:%ld\n",n);
}
```

【答案】【1】10　【2】0　【3】x

【解析】本题考查：求余运算,if语句条件表达式,指针变量作为函数参数。

标号【1】：通过t对10求余,取出该数值的各个位。

标号【2】：通过if条件语句实现奇偶数的判断。如果条件表达式对2求余值为0则是偶数,否则是奇数。

标号【3】：最后将剩余的数赋给n指向的元素。

# 9.3　数组与指针

一个数组包含若干个元素（变量）,在定义时会被分配一段连续的内存单元,因此,可以用指针变量来指向数组的首地址,通过该首地址就可以依次找到其他数组元素,同样指针变量也可以指向数组中的某一个元素。所谓数组的指针是指数组的起始地址,数组元素的指针是各个数组元素的地址。

## 考点3　移动指针

移动指针是指当指针变量指向一串连续的存储单元时,对指针变量进行加减运算,或通过赋值运算使指针变量指向相邻的存储单元。

假定内存中有10个连续的int类型的存储单元,分别用a[0],a[1],…,a[9]表示。此时定义int类型的指针变量p指向存储单元a[0],则可以通过移动指针变量p来访问a[0]到a[9]的存储单元。例如,p+1指向a[1]存储单元,则*(p+1)为a[1]的值。p+5指向a[5]存储单元,则*(p+5)为a[5]的值。同时可以通过指针变量p来改变其中存储单元的值。例如,经过*(p+7)=10的操作后,a[7]存储单元的值被改写为10。

> **真考链接**
> 
> 考点3常出现在选择题的读程序题中,要求考生选出相应的运行结果。考点3属于重点掌握的知识点,难度偏大,其在选择题中的考核概率约为30%,在操作题中的考核概率约为10%。

# 第9章 指针

真题精选

**【例1】** 以下选项中,对基类型相同的指针变量不能用于运算的运算符是(   )。

    A. +           B. -           C. --           D. ++

**【答案】** A

**【解析】** 在C语言中,当指针变量指向某一连续存储单元时,可以对该指针变量进行++、--运算或加、减某个整数的算术运算,以达到移动指针的目的。此外,当两个基类型相同的指针变量都指向某一连续存储区中的存储单元时,如指向同一组中的两个元素,则这两个指针可以相减,得到的差值(取绝对值)表示两个指针之间的元素个数。

**【例2】** 请补充函数fun(),该函数的功能:按0~9的顺序统计一个字符串中的奇数数字字符各自出现的次数,将结果保存在数组num中。

注意1:不能使用字符串库函数。

例如,输入"x=112385713.456+0.909*bc",结果为1=3,3=2,5=2,7=1,9=2。

注意2:部分源程序给出如下。请勿改动main()函数和其他函数中的任何内容,仅在函数fun()的标号处填入所编写的若干表达式或语句。

### 试 题 程 序

```
#include <stdlib.h>
#include <stdio.h>
#define N 1000
void fun(char *tt,int num[ ])
{  int i,j;
   int bb[10];
   char *p=tt;
   for(i=0;i<10;i++)
   {  num[i]=0;
      bb[i]=0;
   }
   while(【1】)
   {  if(*p>='0'&&*p<='9')
         【2】;
      p++;
   }
   for(i=1,j=0;i<10;i=i+2,j++)
      【3】;
}
void main()
{  char str[N];
   int num[10],k;
   printf("\nPlease enter a char string:");
   gets(str);
   printf("\n**The original string**\n");
   puts(str);
   fun(str,num);
   printf("\n**The number of letter**\n");
   for(k=0;k<5;k++)
   {  printf("\n");
      printf("%d=%d",2*k+1,num[k]);
   }
   printf("\n");
}
```

**【答案】** 【1】*p   【2】bb[*p-'0']++   【3】num[j]=bb[i]

**【解析】** 标号【1】:通过移动指针p来指向字符串tt中的各个字符,当指针p所指的字符为\0时,即指向字符串tt的最后一个字符,while循环结束。

标号【2】:将字符串中的数字字符0~9的个数都保存在数组bb[10]中。*p-'0'可实现将数字字符转换成对应的数字。

标号【3】:由于奇数数字字符的个数存于bb[1]、bb[3]、bb[5]、bb[7]、bb[9]中,所以for循环的目的是将这些元素分别赋给num[0]、num[1]、num[2]、num[3]、num[4]。

## 考点4 指向数组元素的指针及通过指针引用数组元素

**1. 指向数组元素的指针**

C语言规定数组名代表数组的首地址,也就是数组中第0号元素的地址。有以下语句:

int c[10]={0};

int *p;

p=c;

语句p=c;与语句p=&c[0];是等价的。

定义指向数组元素的指针变量的方法，与定义指向变量的指针变量的方法相同。例如：

```
int c[10],*p;
p=&c[5];
```

指针变量p指向数组c中下标为5的那个元素，即p用来保存c[5]的地址。

**2. 通过指针引用数组元素**

C语言规定：如果指针变量p已指向数组中的一个元素，则p+1指向同一数组中的下一个元素（而不是将p的值简单加1），这里的"+1"是指增加一个长度单位（与数组基类型所占存储单元的长度单位相同）。例如，数组元素是浮点型的，每个元素占4个字节，则p+1意味着使p的值（是一个地址）加4个字节，以使它指向下一个元素。

> **真考链接**
> 
> 考点4属于重点掌握的知识点，其在选择题中出现的概率较大，考核概率约为80%。在操作题中，针对考点4的考查一般以修改题和编程题的形式出现，考核概率约为20%。涉及字符或数组的处理时，应首先考虑用指针来处理，因为用指针处理这类问题更简单、方便。

**小提示**

定义一个指针指向数组，只需将数组第一个元素的地址赋给指针变量即可。

数组c不代表整个数组。上述"p=c;"的作用是把数组c的首地址赋给指针变量p，而不是把数组c中各元素的值赋给p。

将++和--运算符用于指针变量的操作中是十分有效的，可以使指针变量自动向前或向后移动，以指向下一个或上一个数组元素。不过要小心使用，否则会导致内存方面的错误。

## 真题精选

【例1】若有定义语句double x[5]={1.0,2.0,3.0,4.0,5.0},*p=x,则错误引用x数组元素的是（　　）。

　　A．*p　　　　　　B．x[5]　　　　　　C．*(p+1)　　　　　　D．*x

【答案】B

【解析】x[5]说明数组x有5个元素。下标范围为0~4，选项B中x[5]超过了下标范围，故引用错误。

【例2】由N个有序整数组成的数列已放在一维数组中。下列给定程序中，函数fun()的功能是利用折半查找算法查找整数m在数组中的位置。若找到，返回其下标值；否则返回-1。

折半查找的基本算法：每次查找前先确定数组中待查的范围low和high(low<high)，然后用m与中间位置(mid)元素的值进行比较。如果m的值大于中间位置元素的值，则下一次的查找范围落在中间位置之后的元素中；反之，下一次的查找范围落在中间位置之前的元素中，直到low>=high，查找结束。

请改正程序中的错误，使它能得出正确的结果。

注意：不要改动main()函数，不得增行或删行，也不得更改程序的结构。

### 试题程序

```
#include<stdio.h>
#define N 10
/*****found*****/
void fun(int a[], int m)
{   int low=0,high=N-1,mid;
    while(low<=high)
    {   mid=(low+high)/2;
        if(m<a[mid])
            high=mid-1;
        /*****found*****/
        else If(m>a[mid])
            low=mid+1;
        else return(mid);
    }
    return(-1);
}
main()
{   int i,a[N]={-3,4,7,9,13,45,67,89,100,180},k,m;
    printf("a数组中的数据如下:");
    for(i=0;i<N;i++) printf("%d ",a[i]);
    printf("Enter m: "); scanf("%d",&m);
    k=fun(a,m);
    if(k>=0) printf("m=%d,index=%d\n",m,k);
    else printf("Not be found!\n");
}
```

【答案】(1) int fun(int a[ ],int m) 或 fun(int a[ ],int m)
　　　　(2) else if(m > a[mid])
【解析】本题考查：折半查找算法；函数定义；if...else 语句。
　　　(1) fun(int a[ ],int m)函数的返回值为 int 型，所以定义函数时，函数的返回类型不能是 void 型，而是 int 型。这里 int 可以省略，若省略函数类型名，系统将默认该函数为 int 型。
　　　(2) else If(m > a[mid])中，关键字 if 需要区分大小写，大写是错误的。

## 考点5　用数组名作为函数参数

数组名可以作为函数的形参和实参。当数组名作为参数被传递时，若形参数组中各元素发生了变化，则原实参数组中各元素的值也随之变化。因为数组名作为实参时，在调用函数时是把数组的首地址传送给形参，所以实参数组与形参数组共占用一段内存单元。用数组元素作为实参的情况就与用变量作为实参时一样，是"值传递"方式，单向传递，即使形参数组元素值发生了变化，原实参数组元素的值也不会受到影响。

> **真考链接**
> 考点5的难度低，属于重点掌握的知识点，在选择题中的考核概率约为30%。

下面来看一下变量名作为函数参数和数组名作为函数参数的比较，如表9.1所示。

表9.1　变量名作为函数参数和数组名作为函数参数的比较

| 实参类型 | 要求形参的类型 | 传递的信息 | 通过函数调用参数是否可以改变实参的值 |
| --- | --- | --- | --- |
| 变量名 | 变量名 | 变量的值 | 不可以 |
| 数组名 | 数组名或指针变量 | 数组的起始地址 | 可以 |

### 常见问题

对数组元素的访问，采用下标方式和指针方式有何异同？

采用下标方式和指针方式是等价的，但从 C 语言系统内部处理机制上来讲，指针方式的效率更高。需要注意的是，指针方式不如下标方式直观。下标方式可以直截了当地表现出要访问的是数组中的哪个元素；而对于指向数组的指针变量，进行运算以后，指针变量的值改变了，其当前指向的是哪一个数组元素不再一目了然。

### 真题精选

下述程序在数组中同时查找最大值元素的下标和最小值元素的下标，并分别存放在 main()函数的变量 max 和 min 中，请填空。

**试题程序**

```
#include<stdio.h>
void find(int *a,int n,int *max,int *min)
{  int i;
   *max = *min = 0;
   for(i =1;i < n;i ++)
   if(a[i] > a[*max])
   _____;
   else
   if(a[i] < a[*min])
             _____;
}
main()
{  int a[ ] = {5,8,7,6,2,7,3};
   int max,min;
   find(_____);
   printf("\n%d,%d",max,min);
}
```

【答案】*max = i　　*min = i　　a,7,&max,&min 或 &a[0],7,&max,&min
【解析】初始时，函数 find()中的指针变量 max 和 min 指向的单元都存放在下标0，表示 a[0]是临时的最大值和最小值。需要更新时，*max = i、*min = i，因为*max 和*min 才代表下标变量。调用函数时，传递数组实际地址、数组长度及存放最大、最小下标值的地址。说明：此典型的简单算法经常出现在考试题目中，为此，考生应该熟悉一些离散数据处理的算法，如排序、查找算法等。这些程序一般不能脱离循环结构，经常在函数之间传递数组或指针。

## 9.4 字符串与指针

### 考点6　字符串及字符指针

**1. 字符串的表示形式**

（1）用字符数组存放一个字符串，然后输出该字符串。
例如：
char str[ ] = "I am a student.";
printf("%s\n",str);
（2）用字符指针指向一个字符串。
可以不定义数组，而定义字符指针，用字符指针指向字符串中的字符。
例如：
char * str = " I am a student.";
/*定义 str 为指针变量，并使其指向字符串的首地址*/
printf("%s\n",str);

> **真考链接**
>
> 此知识点属于简单识记类内容，在选择题中的考核概率约为80%。要求针对字符串做出相应处理的题目较多，考生应首先考虑采用字符指针，这样写出的代码简单且不易出错。

这里没有使用字符数组，而是在程序中定义了一个字符型指针变量 str，并使该指针变量指向该字符串的首地址。C 语言对字符串常量是按字符数组进行处理的，在内存中开辟了字符数组来存放字符串常量。程序在定义字符指针变量 str 时，把字符串的首地址赋给 str。str 只能指向一个字符变量或其他字符类型的数据，不能同时指向多个字符类型的数据，不能将其理解为把字符串中的全部字符存放到 str 中（指针变量只能存放地址）。在输出时，利用字符指针变量 str 的移动来控制输出，直至遇到字符串结束标识（\0）为止。

显然，用%s 可以控制对一个字符串进行整体的输入/输出。对字符串中字符的存取，与操作其他数组的方法相同，既可以用下标方式，又可以用指针方式。

**2. 字符串指针作为函数参数**

将一个字符串从一个函数传递到另一个函数，可以用地址传递的办法，即用字符数组名作为参数或用指向字符串的指针变量作为参数进行传递。

> **小提示**
>
> 如果将一个字符串赋给一个指针变量，那是代表将字符串的第一个字符的地址赋给指针变量。
> 通过字符数组名或字符指针变量可以一次性输出的只有字符数组（即字符串），而对于一个数值型的数组，是不能用数组名输出它的全部元素的，只能借助于循环逐个输出元素。
> 当字符指针变量作为实参时，对应的形参是字符指针变量。字符数组名也可以作为实参传递，但数组名本身是一个地址，因此，对应的形参也是一个字符指针变量。

### 真题精选

若有以下定义：
char s[100] = "string";
则下述函数调用中，（　　）是错误的。
A．strlen(strcpy(s, "Hello"))
B．strcat(s,strcpy(s1, "s"));
C．puts(puts("Tom"))
D．!strcmp("",s)

【答案】C

【解析】本题说明了字符串操作类函数的返回指针的特性。一些典型的字符串操作函数返回值是字符指针，如 strcpy(s1,s2)和 strcat(s1,s2)，这两个函数都返回 s1 的值。因此，选项 A、选项 B 正确。选项 D 中的连续两个""组成空字符串，调用正确。选项 C 中的错误来自函数 puts()，该函数的返回值是整数而不是字符串，因此，外层的函数调用使用了错误的实参。

## 9.5 指向函数的指针及返回指针值的函数

### 考点7　用函数指针变量调用函数

我们已经知道，可以用指针变量指向整型变量、字符型变量、字符串、数组，同样指针变量也可以指向函数。编译时，一个函数将被分配给一个入口地址，这个入口地址就称为该函数的指针。因此，可以使用一个指向函数的指针变量来调用此函数。

指向函数的指针变量的一般定义形式如下：

数据类型（*指针变量名）（）；

例如：

int（*s）（）；

"数据类型"指该函数返回值的类型。

说明如下。

> **真考链接**
> 
> 考点7在选择题中主要以读程序题的形式出现。此考点难度适中，属于重点掌握的知识点，在选择题中的考核概率约为20%。

(1)（*s）（）表示定义一个指向函数的指针变量，但目前它不是固定指向哪一个函数，而只是表示定义一个这样类型的变量，它的作用是存放函数的入口地址。在程序中实现把某一个函数的地址赋给它，它就指向该函数，这样它的值也就确定了。在程序中，一个指针变量可以先后指向不同的函数，也就是说指向函数的指针变量和普通指针变量一样，可以多次使用。

(2) 在给函数指针变量赋值时，只需给出函数名而不必给出参数。例如：

s = fun;/* fun 为已有定义的有参函数 */

因为是将函数入口地址赋给s，不涉及参数的问题，所以不能写成：

s = fun(a,b);

(3) 用函数指针变量调用函数时，只需用（*s）代替函数名即可，s为已经定义过的指向函数的指针变量名，在（*s）之后的括号中应根据需要写上实参。

(4) 对指向函数的指针变量，有些运算，如++s、--s、s+3等都是没有意义的。

> **小提示**
> 
> 在C语言中，()的优先级比*的高，因此，在定义指向函数的指针变量时，"*指针变量名"外面必须有圆括号。
> 
> 和变量的指针一样，函数的指针也必须赋初值才能指向具体的函数。由于函数名代表该函数的入口地址，因此，一个简单的方法是：直接用函数名为函数指针变量赋值。

### 真题精选

有以下程序：
```
int fa(int x)
{ return x*x;
}
int fb(int x)
{ return x*x*x;
}
int f(int (*f1)(),int (*f2)(),int x)
{
    return f2(x) - f1(x);
```

}
main()
{   int i;
    i=f(fa,fb,2);
    printf("%d\n",i);
}
程序运行后的输出结果是（　　）。
A. -4　　　　　　B. 1　　　　　　C. 4　　　　　　D. 8

【答案】C

【解析】本题考查函数之间的参数传递。注意在被调用函数中的形参是指针类型还是基类型即可。

## 9.6 综合自测

一、选择题

1. 在说明语句 int *f(); 中，标识符 f 代表的是（　　）。
   A. 一个用于指向整型数据的指针变量　　B. 一个用于指向一维数组的行指针
   C. 一个用于指向函数的指针变量　　　　D. 一个返回值为指针型的函数名

2. 以下程序的输出结果是（　　）。
   ```
   #include<stdio.h>
   #include<string.h>
   main()
   {   char *p="abcde\0fghjik\0";
       printf("%d\n",strlen(p));
   }
   ```
   A. 12　　　　　　B. 15　　　　　　C. 6　　　　　　D. 5

3. 设有以下语句，则不是对 a 数组元素正确引用的是（　　），其中 $0 \leqslant i < 10$。
   int a[10]={0,1,2,3,4,5,6,7,8,9},*p=a;
   A. a[p-a]　　　　B. *(&a[i])　　　C. p[i]　　　　D. *(*(a+i))

4. 以下程序段的输出结果是（　　）。
   int *var,ab;
   ab=100;var=&ab;ab=*var+10;
   printf("%d\n",*var);
   A. 110　　　　　B. 100　　　　　C. 0　　　　　D. 出现错误

5. 设有以下的程序段：
   char str[ ]="Hello";
   char *ptr;
   ptr=str;
   执行上面的程序段后，*(ptr+5)的值为（　　）。
   A. o　　　　　　B. 0　　　　　　C. 不确定的值　　D. o的地址

6. 若有以下定义和语句：
   #include<stdio.h>
   int a=4,b=3,*p,*q,*w;
   p=&a;q=&b;w=q;q=NULL;
   则以下选项中错误的语句是（　　）。
   A. *q=0;　　　　B. w=p;　　　　C. *p=a;　　　　D. *p=*w;

7. 下面函数的功能是（　　）。
   sss(s,t)

```
char *s, *t;
{ while((*s)&&(*t)&&(*t++ == *s++));
  return(*s-*t);
}
```
A. 求字符串的长度  B. 比较两个字符串的大小
C. 将字符串 s 复制到字符串 t 中  D. 将字符串 s 接续到字符串 t 中

8. 有以下程序：
```
#include<stdlib.h>
#include<stdio.h>
main()
{ char *p, *q;
  p=(char *)malloc(sizeof(char)*20);q=p;
  scanf("%s%s",p,q);printf("%s%s\n",p,q);
}
```
若用键盘输入：abc def<回车>，则输出结果是（    ）。
A. def def    B. abc def    C. abc d    D. d d

9. 若有以下说明和定义：
typedef int *INTEGER;
INTEGER p, *q;
以下叙述正确的是（    ）。
A. p 是 int 型变量  B. p 是基类型为 int 的指针变量
C. q 是基类型为 int 的指针变量  D. 程序中可用 INTEGER 代替 int 类型名

10. 说明语句 int *(*p)(); 的含义是（    ）。
    A. p 是一个指向 int 型数组的指针
    B. p 是指针变量，它构成了指针数组
    C. p 是一个指向函数的指针，该函数的返回值是一个整型变量
    D. p 是一个指向函数的指针，该函数的返回值是一个整型的指针

11. 已知 char *p, *q;，正确的语句是（    ）。
    A. p*=3;        B. p/=q;
    C. p+=3;        D. p+=q;

12. 已知 int i,x[3][4];，则不能将 x[1][1] 的值赋给变量 i 的语句是（    ）。
    A. i=*(*(x+1)+1);    B. i=x[1][1];
    C. i=*(*(x+1));      D. i=*(x[1]+1);

13. 下列程序的输出结果是（    ）。
```
#include<stdio.h>
int b=2;
int func(int *a)
{ b+=*a; return (b);
}
main()
{ int a=2, res=2;
  res+=func(&a);
  printf("%d \n",res);
}
```
A. 4    B. 6    C. 8    D. 10

14. 有以下程序段：
    int *p,a=10,b=1;
    p=&a;a=*p+b;
    执行该程序段后，a 的值为（    ）。
    A. 12    B. 11    C. 10    D. 编译出错

15. 对于基类型相同的两个指针变量,不能进行的运算是(    )。
    A. <           B. =           C. +           D. -

16. 以下程序的输出结果是(    )。
    ```
    #include<stdio.h>
    main()
    { char ch[2][5]={"6937","8254"},*p[2];
      int i,j,s=0;
      for(i=0;i<2;i++) p[i]=ch[i];
      for(i=0;i<2;i++)
         for(j=0;p[i][j]>'\0';j+=2)
             s=10*s+p[i][j]-'0';
      printf("%d\n",s);
    }
    ```
    A. 69825        B. 63825        C. 6385        D. 693825

17. 当调用函数时,实参是一个数组名,则向函数传递的是(    )。
    A. 数组的长度                    B. 数组的首地址
    C. 数组每一个元素的地址          D. 数组每一个元素中的值

18. 若有说明语句 int a,b,c,*d=&c;,则能正确从键盘输入3个整数来将其分别赋给变量a、b、c的语句是(    )。
    A. scanf("%d%d%d",&a,&b,d);     B. scanf("%d%d%d",&a,&b,&d);
    C. scanf("%d%d%d",a,b,d);       D. scanf("%d%d%d",a,b,*d);

19. 若定义 int a=511,*b=&a;,则 printf("%d\n",*b);的输出结果为(    )。
    A. 无确定值     B. a 的地址     C. 512         D. 511

## 二、操作题

1. 下列给定程序中,函数 fun()的功能:在形参 s 所指字符串中的每个数字字符之后插入一个 *。例如,形参 s 所指的字符串为 def35adh3kjsdf7,执行后结果为 def3*5*adh3*kjsdf7*。
   请在标号处填入正确的内容,使程序得出正确的结果。
   注意:部分源程序给出如下。不得增行或删行,也不得更改程序的结构。

### 试 题 程 序

```
#include<stdio.h>
void fun(char *s)
{ int i,j,n;
  for (i=0;s[i]!='\0';i++)
  if (s[i]>='0'【1】s[i]<='9')
  { n=0;
    while (s[i+1+n]!=【2】)
    n++;
    for (j=i+n+1;j>i;j--)
    s[j+1]=【3】;
    s[j+1]='*';
      i=i+1;
  }
}
main ()
{ char s[60]="ba3a54cd23a";
  printf("\nThe original string is:%s\n",s);
  fun(s);
  printf("\nThe result is:%s\n",s);
}
```

2. 下列给定程序中,函数 fun()的功能:将 s 所指字符串中出现的与 t1 所指字符串相同的子串全部替换为 t2 所指字符串,所形成的新串放在 w 所指的数组中。要求 t1 和 t2 所指字符串的长度相同。
   例如,当 s 所指字符串中的内容为"abcdabfab",t1 所指子串中的内容为"ab",t2 所指子串中的内容为"99"时,w 所指的数组中的内容应为"99cd99f99"。
   请改正程序中的错误,使它能得出正确的结果。
   注意:不要改动 main()函数,不得增行或删行,也不得更改程序的结构。

## 试题程序

```c
#include <stdlib.h>
#include <conio.h>
#include <stdio.h>
#include <string.h>
void fun(char *s, char *t1, char *t2, char *w)
{ char *p, *r, *a;
  strcpy(w,s);
  while(*w)
  {  p=w;r=t1;
     /*****found*****/
     while(r)
     if(*r==*p) {r++;p++;}
     else break;
     if(*r=='\0')
     {  a=w;r=t2;
        while(*r)
        /*****found*****/
        {  *a=*r;a++;r++}
        w+=strlen(t2);
     }
     else w++;
  }
}
void main()
{ char s[100],t1[100],t2[100],w[100];
  printf("\nPlease enter string S:");
  scanf("%s",s);
  printf("\nPlease enter substring t1:");
  scanf("%s",t1);
  printf("\nPlease enter substring t2:");
  scanf("%s",t2);
  if (strlen(t1)==strlen(t2))
  {  fun (s,t1,t2,w);
     printf("\nThe result is:%s\n",w);
  }
  else printf("Error:strlen(t2)\n");
}
```

# 第10章

# 编译预处理和动态存储分配

本章主要介绍全国计算机等级考试二级 C 语言程序设计中常考核的有关编译预处理和动态存储分配的知识点，包括宏定义、文件包含和关于动态存储的函数等考核内容。

**选择题分析明细表**

| 考 点 | 考核概率 | 难易程度 |
| --- | --- | --- |
| 不带参数的宏定义 | 60% | ★★★ |
| 带参数的宏定义 | 70% | ★ |
| 文件包含的一般形式 | 10% | ★★ |
| malloc( )函数 | 40% | ★ |
| free( )函数 | 10% | ★ |

**操作题分析明细表**

| 考 点 | 考核概率 | 难易程度 |
| --- | --- | --- |
| malloc( )函数 | 10% | ★ |
| free( )函数 | 10% | ★ |

## 10.1 宏 定 义

**考点 1　不带参数的宏定义**

不带参数的宏定义的一般形式如下：
#define 宏名 替换文本 或 #define 宏名
define 宏名和替换文本之间要用空格隔开。

说明：宏名一般习惯用大写字母表示，宏替换的过程实质上是原样替换的过程；宏定义可以减少程序中重复写某些字符串的工作量。

注意：可以用 #undef 命令结束宏定义的作用域。

例如：
```
#define PI 3.14        --
main()                  ↑
{                       PI 的作用域
}                       ↓
#undef PI              --
```
在进行宏定义时，可以引用已定义的宏名，例如：
```
#define R 15.5
#define PI 3.14
#define L 2*PI*R
```

> **真考链接**
> 此知识点难度适中，属于重点掌握的内容。该知识点在选择题中的考核概率约为 60%。

> **小提示**
> 　使用宏定义过的常量，只要在定义常量处改变常量的值，则此常量在整个程序中的值都会换成最新的值。
> 　宏定义是用宏名代替一个字符串，也就是进行简单的置换，不进行语法检查。宏定义不是 C 语句，不必在行末加分号。
> 　#define 命令出现在程序中函数的外面，宏名的有效范围为定义命令之后到源文件结束，可以用#undef 命令结束宏定义的作用域。

**真题精选**

【例1】以下函数的功能是通过键盘输入数据，为数组中的所有元素赋值。在下画线处应填入的是（　　）。
```
#define N 10
void arrin(int x[N])
{  int i=0;while(i<N)
    scanf("%d",_____);
}
```
A．x+i　　　　　　B．&x[i+1]　　　　　C．x+(i++)　　　　　D．&x[++i]

【答案】C

【解析】本题考查宏替换的知识，同时考查自加的知识。因为要通过键盘输入数据，为数组中的所有元素赋值，所以下标要从 0 开始，到 9 为止，只有选项 C 可以满足。

【例2】下面是对宏定义的描述，不正确的是（　　）。

A．宏不存在类型问题，宏名无类型，它的参数也无类型

B．宏替换不占用运行时间

C．宏替换时先求出实参表达式的值，然后将其代入形参运算求值

D. 宏替换只不过是字符替代而已

【答案】C

【解析】本例涉及宏替换的基本概念及与函数的简单比较，题目中的选项涉及的也确实是需要了解的一般知识。在本例中，宏替换的实质恰如选项D所言，是字符替代，因此不会有类型，当然就更不可能进行运算（选项C错误）。带参数的宏与函数相比，宏在程序编译之前已经将代码替换到程序内，执行时不会产生类似于函数调用的问题，可以说不占用运行时间。

## 考点2　带参数的宏定义

带参数的宏定义的一般形式如下：
#define 宏名(参数表)字符串
宏定义不只进行简单的字符串替换，还要进行参数替换，例如：
#define MV(x,y)((x)*(y))
…
a = MV(5,2); /* 引用带参数的宏名 */
b = 6/MV(a + 3,a);

> **真考链接**
> 此知识点属于重点掌握的内容，在选择题中的考核概率约为70%。

以上宏定义命令行中，MV(x,y)称为宏，其中MV是一个用户标识符，称为宏名。宏名和左括号"("必须紧挨着，它们之间不能留有空格。其后圆括号中由称为形参的标识符组成，并且可以有多个形参，各参数之间用逗号隔开，替换文本中通常应该包含形参。

执行过程：如果程序中有带实参的宏，则按#define命令行中指定的字符串从左到右进行替换。如果字符串中包含宏中的形参（如 x, y），则用程序语句中相应的实参（可以是常量、变量或表达式）代替形参。如果宏定义中的字符串中的字符不是参数字符（如（x*y）中的"*"），则保留。这样就形成了替换的字符串。

带参数的宏和函数之间有一定类似之处，在引用函数时也是在函数名右边的括号内写实参，也要求实参与形参数目相等，但两者是不同的，主要表现在以下几个方面。

（1）函数调用时，要求实参、形参类型相匹配，但在宏替换中对参数没有类型的要求。
（2）函数调用时，先求出实参表达式的值，然后将其代入形参，而使用带参数的宏只是进行简单的字符串替换。
（3）函数调用是在程序运行时处理的，要分配临时的内存单元，还要占用一系列的处理时间。宏替换在编译预处理时完成，因此，宏替换不占用运行时间，不被分配内存单元，不进行值的传递，也没有返回值的概念。
（4）使用宏的次数较多时，宏展开后源程序变长，而函数调用则不会。

> **小提示**
> 与不带参数的宏定义相同，同一个宏名不能重复定义。在替换带参数的宏名时，圆括号必不可少。

### 真题精选

【例1】有以下程序：
```
#define N 2
#define M N+1
#define NUM (M+1)*M/2
#include<stdio.h>
main()
{   int i;
    for(i=1;i<=NUM;i++);
    printf("%d\n",i);
}
```
for循环执行的次数是（　　）。
A. 5　　　　　　B. 6　　　　　　C. 8　　　　　　D. 9

【答案】C

【解析】程序中for循环的执行次数取决于NUM的值，因此正确地计算NUM的值是关键。在(M+1)*M/2中替换M，替换后为(N+1+1)*N+1/2，然后替换N使之成为(2+1+1)*2+1/2。这时可以根据其中的数字进行计算,得到4*2+1/2,计算的最后结果是8。

总结:切记不可直接把值代入。例如,认为M的值是3,于是认为NUM是(3+1)*3/2,而得出错误的结果6。

【例2】以下程序的输出结果为(　　)。

```
#include<stdio.h>
#define SQR(x) x*x
main()
{
    int a,k=3;
    a=++SQR(k+1);
    printf("%d\n",a);
}
```

A. 6　　　　　B. 10　　　　　C. 8　　　　　D. 9

【答案】D

【解析】此题程序中定义了一个带参数的宏定义,宏名为SQR,当程序中遇到此宏名进行展开时,应使用定义时的字符串x*x进行替换。替换的原则是:遇到形参x,则以实参k+1代替,其他字符不变。所以,SQR(k+1)经宏展开后成为字符串k+1*k+1。整个赋值语句的形式变为a=++k+1*k+1;,k的值为3。若按从左到右的顺序运算,k先自增1,变为4,则a=4+1*4+1=9。

## 10.2 文件包含

### 考点3　文件包含的一般形式

所谓文件包含,是指在一个文件中包含另一个文件的全部内容。C语言中用#include命令行来实现文件包含的功能。形式如下:

#include"文件名" 或 #include<文件名>

在预编译时,预编译程序将用指定文件中的内容来替换此命令行。如果文件名用双引号标识,则系统先在当前源程序所在的目录内查找指定的包含文件,如果找不到,再按照系统指定的标准方式到有关目录中去寻找。如果文件名用角括号标识,系统将直接按照指定的标准方式到有关目录中去寻找。

**真考链接**

考点3属于理解的内容,在选择题中的考核概率约为10%。

说明:

(1) #include命令行通常书写在所用文件的最开始部分,所以有时也把包含文件称作"头文件"。头文件可以由用户指定,其扩展名不一定用".h"。

(2) 当包含文件被修改后,对包含该文件的源程序必须重新进行编译连接,这样才会使修改后的文件生效。

(3) 在一个包含文件中还可以包含另外的文件。

(4) 在一个程序中可以有多个#include命令行。

**小提示**

如果程序在编译过程中出现"程序中包含未定义的变量",则首先应考虑在头文件中是否包含程序所必需的文件。

**常见问题**

在包含文件中一般都是什么内容?

一般包含一些公用的#define命令行、外部说明或对(库)函数的原型说明,如常见的标准输入/输出头文件stdio.h就包含这些内容。

### 真题精选

**【例1】** 以下叙述中，正确的是（  ）。
A. 用#include 包含的头文件的扩展名不可以是".a"
B. 若一些源程序中包含某个头文件，当该头文件有错误时，只需对该头文件进行修改，包含此头文件的所有源程序不必重新进行编译
C. 宏命令行可以看作一行C语句
D. C编译中的预处理是在编译之前进行的

**【答案】** D

**【解析】** #include 命令行中，头文件只要是文本文件，文件的扩展名可以是任意合法的扩展名，可以用".a"作为扩展名。当源程序中包含头文件时，可以对其中所包含的头文件进行修改，但修改后必须对该源程序重新进行编译。宏命令行不是C语句。C编译中的预处理是在编译之前进行的。

**【例2】** 程序中头文件 type1.h 的内容是：
```
#define N 5
#define M1 N*3
/*程序如下:*/
#include "stdio.h"
#include "type1.h"
#define M2 N*2
main()
{  int i;
   i = M1 + M2;
   printf("%d\n",i);
}
```
程序编译后运行的输出结果是（  ）。
A. 10    B. 20    C. 25    D. 30

**【答案】** C

**【解析】** 本题考查两个知识点：一个是宏替换（不带参数和带参数的都考查了）；另一个是头文件包含。需要注意的是，宏替换是先原样替换，然后判断运算的优先级，本题难度不大，通过正常的运算可得到答案是25。

## 10.3  关于动态存储的函数

众所周知，构成链表结构的每一个节点是在需要时由系统自动分配存储的，即在需要时才开辟一个节点的存储单元。C语言编译系统是如何动态地开辟和释放存储单元的呢？在C语言的库函数中有以下有关函数。

### 考点4  malloc()函数

ANSI C 标准规定 malloc() 函数返回值的类型为 void *。
函数的调用形式如下：
malloc(size)
其中，size 的类型为 unsigned int。
功能：malloc() 函数用来分配 size 个字节的存储区，返回一个指向存储区首地址的基类型为 void 的地址。若没有足够的内存单元供分配，则函数返回空值（NULL）。
在 ANSI C 中，malloc() 函数返回的地址为 void *（无值型），所以在

**真考链接**

此知识点属于理解的内容。在选择题中的考核概率约为40%；在操作题中，主要以修改题的形式进行考查，考核概率约为10%。

调用函数时，必须利用强制类型转换将其转换成所需的类型。此处的 * 不可少。

由动态分配得到的存储单元没有名字，只能靠指针变量来引用它。一旦指针改变指向，原存储单元及所存数据都将无法再引用。通过调用 malloc( ) 函数所分配的动态存储单元中没有确定的初值。

一般情况下，若不能确定数据类型所占字节数，可以使用 sizeof 运算符来求得。这是一种常用的形式，它由系统来计算指定类型的字节数。

 真题精选

【例1】有以下程序：
```
#include <stdio.h>
#include <stdlib.h>
int fun(int n)
{   int *p;
    p = (int *)malloc(sizeof(int));
    *p = n;
    return *p;
}
main()
{   int a;
    a = fun(10);
    printf("%d\n", a + fun(a));
}
```
程序的运行结果是（　　）。
A. 0            B. 10            C. 20            D. 出错

【答案】C

【解析】分配内存空间函数 malloc( ) 的调用形式：（类型说明符 *）malloc(size)；。其功能是在内存的动态存储区中分配一块长度为"size"字节的连续区域，函数的返回值为该区域的首地址。类型说明符可表示把该区域用于何种数据类型。

【例2】下列给定程序中已建立一个带头节点的单向链表，链表中的各节点按节点数据域中的数据递增有序链接。函数 fun( ) 的功能：把形参 x 的值放入一个新节点并插入链表，使插入后各节点数据域中的数据仍保持递增有序。

请在标号处填入正确的内容，使程序得出正确的结果。

注意：部分源程序给出如下。不得增行或删行，也不得更改程序的结构。

## 试 题 程 序

```
#include <stdio.h>
#include <stdlib.h>
#define N 8
typedef struct list
{   int data;
    struct list *next;
} SLIST;
void fun( SLIST *h, int x)
{   SLIST *p, *q, *s;
    s = (SLIST *)malloc(sizeof(SLIST));
    s->data =【1】;
    q = h;
    p = h->next;
    while(p! = NULL && x > p->data) {
        q =【2】;
        p = p->next;
    }
    s->next = p;
    q->next =【3】;
}
SLIST *creatlist(int *a)
{   SLIST *h, *p, *q; int i;
    h = p = (SLIST *)malloc(sizeof(SLIST));
    for(i = 0; i < N; i++)
    {   q = (SLIST *)malloc(sizeof(SLIST));
        q->data = a[i]; p->next = q; p = q;
    }
    p->next = NULL;
    return h;
}
```

```
void outlist(SLIST *h)                          main()
{ SLIST *p;                                     { SLIST *head;int x;
  p = h -> next;                                  int a[N]={11,12,15,18,19,22,25,29};
  if(p == NULL)                                   head = creatlist(a);
    printf("\nThe list is NULL! \n");             printf("\nThe list before inserting:\n");
  else                                            outlist(head);
  { printf("\nHead");                             printf("\nEnter a number : ");
    do { printf(" ->%d",p->data);                 scanf("%d",&x);
      p = p -> next; } while(p! = NULL);          fun(head,x);
    printf(" ->End\n");                           printf("\nThe list after inserting:\n");
  }                                               outlist(head);
}                                               }
```

【答案】【1】x 【2】p 【3】s

【解析】本题考查：malloc()函数，链表的基本操作。考生需了解链表的基本思想和相关算法，理解有关链表插入及删除时指针移动的先后顺序问题，注意指针的保存和归位。

标号【1】：将形参x赋给节点的数据域。

标号【2】和标号【3】：将新的节点和原有链表中的节点进行比较。

## 考点5　free()函数

函数原型如下：

　　void free(void *p);

该函数的功能是释放由p所指向的那段内存空间，使这段空间能作他用。p是最近一次调用malloc()或calloc()函数时返回的值。

注意：free()函数无返回值。

**真考链接**

考点5属于理解的内容，其在选择题中的考核概率约为10%；在操作题中，主要以修改题的形式进行考查，考核概率约为10%。

### 常见问题

为什么对于曾经使用动态存储来进行分配的指针变量，要在程序结束前全部用free()函数进行释放？

因为在程序结束前，全部用free()函数进行释放可以节约内存，同时需注意要保证内存的安全管理。

### 真题精选

以下程序的输出结果是（　　）。
```
#include <stdio.h>
void fut(int **s,int p[2][3])
{ **s = p[1][1]; }
main()
{ int a[2][3] = { 1,3,5,7,9,11 }, *p;
  p = (int *)malloc(sizeof(int));
  fut(&p, a);
  printf("%d\n", *p);
  free(p);
}
```
A. 1　　　　　　　B. 7　　　　　　　C. 9　　　　　　　D. 11

【答案】C

【解析】函数fut()中，形参s是一个指向指针的指针，它接收一个基类型为int的指针的地址；p是一个行指针，它可以指向一个二维数组的起始行，此二维数组每行只能有3个元素。从fut()函数的语句**s=p[1][1];中可知 p[1][1]的值为 9。在主函数中，定义 p 是一个基类型为 int 的指针，通过调用 malloc( )函数，在内存中分配了一个 int 类型的存储单元，并把其地址赋给了 p，使它指向此存储单元。调用语句 fut(&p,a)；把指针 p 的地址传给了形参 s，使 s 指向指针 p。在 fut( )函数中，语句 **s=p[1][1]；赋值号的左边，s 中存放的是主函数中指针 p 的地址，**s 则代表主函数中指针 p 所指的动态分配的存储单元；**s=p[1][1]；就是把 9 赋给此动态分配的存储单元。主函数中 printf( )的输出项是 *p，即输出 p 所指动态分配的存储单元中的值，输出结果为 9 。总结：malloc( )函数是在程序运行、调用该函数时，在内存开辟指定字节的存储单元。malloc( )函数返回一个 void 类型的地址，因此，若要把此地址赋给基类型为 int 的指针 pi 就必须进行强制类型转换，如 pi=(int *)malloc(sizeof(int))，而不能直接写成 pi=malloc(sizeof(int))。同理，若要把此地址赋给基类型为 double 的指针 pd，就应当写成 pd=(double *)malloc(sizeof(double))。强制类型转换时不能缺少"*"，如把调用语句写成(int)malloc(sizeof(int))，以至要求把指针类型转换为整型，这是不允许的。

## 10.4 综合自测

**一、选择题**

1. 对于下面的程序段，正确的判断是（　　）。
   ```
   #define A 3
   #define B(a) ((A+1)*a)
   x=3*(A+B(7));
   ```
   A. 程序错误，不许嵌套宏定义　　　　　　　　B. x=93
   C. x=21　　　　　　　　　　　　　　　　　　D. 程序错误，宏定义不许有参数

2. 以下程序的输出结果为（　　）。
   ```
   #include <stdio.h>
   #define F(y) 3.84+y
   #define PR(a) printf("%d",(int)(a))
   #define PRINT(a) PR(a);putchar('\n')
   main()
   {  int x=2;
      PRINT(F(3)*x);
   }
   ```
   A. 8　　　　　　B. 9　　　　　　C. 10　　　　　　D. 11

3. 以下说法中，正确的是（　　）。
   A. #define 和 printf 都是 C 语句　　　　　　B. #define 是 C 语句，而 printf 不是
   C. printf 是 C 语句，但#define 不是　　　　D. #define 和 printf 都不是 C 语句

4. 以下程序的输出结果是（　　）。
   ```
   #define f(x) x*x
   #include <stdio.h>
   main()
   {  int a=6,b=2,c;
      c=f(a)/f(b);
      printf("%d\n",c);
   }
   ```
   A. 9　　　　　　B. 6　　　　　　C. 36　　　　　　D. 18

5. 以下程序运行后，输出的结果是（　　）。
   ```
   #define PT 5.5
   #define S(x) PT*x*x
   #include <stdio.h>
   main()
   ```

```
{ int a=1,b=2;
  printf("%4.1f\n",S(a+b));
}
```
A. 49.5　　　　　B. 9.5　　　　　C. 22.0　　　　　D. 45.0

6. 下列程序执行后的输出结果是（　　）。
```
#define MA(x) x*(x-1)
#include <stdio.h>
main()
{ int a=1,b=2;printf("%d \n",MA(1+a+b));
}
```
A. 6　　　　　B. 8　　　　　C. 10　　　　　D. 12

7. 有以下程序：
```
#define N 2
#define M N+1
#define NUM 2*M+1
main()
{ int i;
   for(i=1;i<=NUM;i++) printf("%d\n",i);
}
```
该程序中的 for 循环执行的次数是（　　）。
A. 5　　　　　B. 6　　　　　C. 7　　　　　D. 8

8. 程序中头文件 type1.h 的内容是：
```
#define N 5
#define M1 N*3
```
程序如下：
```
#include "type1.h"
#define M2 N*2
main()
{ int i;
   i=M1+M2;printf("%d\n",i);
}
```
程序编译后运行的结果是（　　）。
A. 10　　　　　B. 20　　　　　C. 25　　　　　D. 30

9. 以下正确的描述为（　　）。
　A. 每个 C 语言程序必须在开头使用预处理命令#include <stdio.h>
　B. 预处理命令必须位于 C 语言源程序的首部
　C. 在 C 语言中预处理命令都以"#"开头
　D. C 语言的预处理命令只能实现宏定义和条件编译的功能

10. 下列选项中不会引起二义性的宏定义是（　　）。
　A. #define POWER(x)x*x　　　　　B. #define POWER(x)(x)*(x)
　C. #define POWER(x)(x*x)　　　　D. #define POWER(x)((x)*(x))

11. 设有以下宏定义：
```
#define N 3
#define Y(n)  ((N+1)*n)
```
则执行语句 z=2*(N+Y(5+1)); 后，z 的值为（　　）。
A. 出错　　　　　B. 42　　　　　C. 48　　　　　D. 54

12. 若有宏定义#define MOD(x,y) x%y，则执行以下语句后的输出为（　　）。
```
int z, a=15,b=100;
z=MOD(b,a);
printf("%d\n",z++);
```

A. 11　　　　　　　B. 10　　　　　　　C. 6　　　　　　　D. 宏定义不合法

13. 以下程序的输出结果是（　　）。
```
#include <stdio.h>
int a[3][3]={1,2,3,4,5,6,7,8,9},*p;
f(int *s, int p[][3])
{ *s=p[1][1]; }
main()
{ p=(int *)malloc(sizeof(int));
  f(p,a);
  printf("%d\n",*p);
  free(p);
}
```
A. 1　　　　　　　B. 4　　　　　　　C. 7　　　　　　　D. 5

## 二、操作题

下列给定程序中，函数 fun() 的功能：将形参 s 所指字符串中的所有字母字符按顺序前移，其他字符按顺序后移，处理后将新字符串的首地址作为函数值返回。

例如，若 s 所指字符串为 asd123fgh543df，处理后新字符串为 asdfghdf123543。

请在标号处填入正确的内容，使程序得出正确的结果。

注意：部分源程序给出如下。不得增行或删行，也不得更改程序的结构。

### 试 题 程 序

```
#include <stdio.h>
#include <stdlib.h>
#include <string.h>
char *fun(char *s)
{ int i,j,k,n; char *p,*t;
  n=strlen(s)+1;
  t=(char *)malloc(n*sizeof(char));
  p=(char *)malloc(n*sizeof(char));
  j=0; k=0;
  for(i=0; i<n; i++)
    { if(((s[i]>='a')&&(s[i]<='z'))||
         ((s[i]>='A')&&(s[i]<='Z'))) {
        t[j]=【1】; j++;}
      else
        { p[k]=s[i]; k++; }
    }
  for(i=0; i<【2】; i++) t[j+i]=p[i];
  t[j+k]=【3】;
  return t;
}
main()
{ char s[80];
  printf("Please input:"); scanf("%s",s);
  printf("\nThe result is:%s\n",fun(s));
}
```

# 第11章

# 结构体和共用体

本章主要介绍全国计算机等级考试二级 C 语言程序设计中常考核的结构体和共用体知识点，包括用 typedef 说明一种新类型名、结构体类型和结构体变量的定义和引用、指向结构体类型数据的指针、链表和共用体等考核内容。

**选择题分析明细表**

| 考 点 | 考核概率 | 难易程度 |
| --- | --- | --- |
| 用 typedef 说明一种新类型名的一般形式 | 30% | ★★ |
| 结构体类型的变量、数组和指针变量的定义 | 20% | ★★ |
| 指向结构体变量的指针 | 20% | ★★ |
| 链表的基本结构 | 60% | ★★★ |
| 建立单向链表 | 10% | ★★★★ |
| 顺序访问链表中各节点的数据域 | 10% | ★★★★ |
| 在链表中插入和删除节点 | 30% | ★★★★ |
| 共用体类型的定义和引用 | 30% | ★★ |

**操作题分析明细表**

| 考 点 | 考核概率 | 难易程度 |
| --- | --- | --- |
| 用 typedef 说明一种新类型名的一般形式 | 10% | ★★ |
| 链表的基本结构 | 25% | ★★ |
| 建立单向链表 | 15% | ★★ |
| 顺序访问链表中各节点的数据域 | 15% | ★★ |
| 在链表中插入和删除节点 | 20% | ★★ |

## 11.1 用 typedef 说明一种新类型名

### 考点 1  用 typedef 说明一种新类型名的一般形式

C 语言可以用 typedef 说明一种新类型名。说明新类型名的语句的一般形式如下：

typedef 类型名 标识符；

其中，类型名一定是在此语句之前已有定义的类型标识符。标识符是一个用户定义的标识符，用来标识新的类型名。typedef 语句的作用仅仅是用标识符来代表已存在的类型名，并没有产生新的数据类型，因此，原有的类型名依然有效。

> **真考链接**
> 考点1属于理解的内容，其在选择题中的考核概率约为30％，此操作题中的考核概率约为10％。

声明一个新类型名的具体步骤如下。
（1）按定义变量的方法写出定义的主体（如 float a;）。
（2）将变量名换成新类型名（如将 a 换成 FLO）。
（3）在最左边加上关键字 typedef（如 typedef float FLO;）。
（4）用新类型名去定义其他的变量（如 FLO b;）。

**小提示**

typedef 语句的作用仅仅是用标识符来代表已经存在的类型名，并未产生新的数据类型。原有类型名依然有效，这样做可以满足一些特殊情况的需要。

**常见问题**

typedef long LONG 是什么意思？

该语句把一个用户命名的标识符 LONG 说明为一个 long 类型的类型名。使用 typedef 语句说明之后，就可以用标识符 LONG 来定义长整型变量了。

**真题精选**

以下程序的输出结果是（　　）。
```
#include<stdio.h>
typedef union {
    long x[2];
    int y[4];
    char z[8];
} MYTYPE;
MYTYPE them;
main()
{  printf("%d\n",sizeof(them));
}
```
A. 32　　　　　　　B. 16　　　　　　　C. 8　　　　　　　D. 24

【答案】C

【解析】程序说明了一个共用体类型 MYTYPE 并定义了 them 为 MYTYPE 类型的共用体变量。程序要求输出变量 them 所占的字节数。共用体中包含3个成员，而每个成员所占的字节数都是8，共用体变量所占内存字节数与其成员中占字节数最多的那个成员所占的字节数相等。

## 11.2 结构体类型、结构体变量的定义和引用

### 考点2 结构体类型的变量、数组和指针变量的定义

一共有4种方式可用于定义结构体类型的变量、数组和指针变量。
(1) 紧跟在结构体类型说明之后进行定义。
例如:
```
struct student
{   char name[12];
    char sex;
    int num;
} std,array[10],*p;
```

**真考链接**

此知识点属于重点掌握的内容,在考试中,常常会结合其他知识点进行综合考查,多以选择题的形式出现,考核概率约为20%。

此处,在说明结构体类型 struct student 的同时,定义了一个结构体变量 std、具有10个元素的结构体数组 array 和基类型为结构体类型的指针变量 p。

具有这一结构体类型的变量中只能存放一组数据(即一个学生的记录)。结构体变量中的各成员在内存中是按说明中的顺序依次排列存储的。

如果要存放多个学生的数据,就要使用结构体类型的数组。以上定义的数组 array 就可以存放10个学生的档案。作为数组,它的每一个元素都是一个 struct student 类型的变量,符合数组元素属于同一数据类型这一原则。

以上定义的指针变量 p 可以指向具有 struct student 类型的存储单元,但目前还没有具体的指向。

(2) 在说明一个无名结构体类型的同时直接进行定义。
例如:在以上定义的结构体中可以把 student 略去,写成:
```
struct
{
    ...
} std,array[10],*p;
```

这种方式与前一种的区别仅仅是省去了结构体标识名。其通常用于不需要再次定义此类型结构体变量的情况。

(3) 先说明结构体类型,再单独进行变量定义。
例如:
```
struct student
{
    ...
};
struct student std,array[10],*p;
```

此处先说明了结构体类型 struct student,再由一条单独的语句定义了变量 std、数组 array 和指针变量 p。

(4) 使用 typedef 说明结构体类型名,再用新类型名来定义变量。
例如:
```
typedef struct
{   char name[12];
    char sex;
    int num;
} ST;
ST std,array[10],*p;
```

此时,ST 是一个具体的结构体类型名,它能够唯一地标识这种结构体类型。因此,可以直接用它来定义变量,如同使用 int 等基本类型一样,此时是不能写关键字 struct 的。

## 第11章 结构体和共用体

> **小提示**
>
> 对于某个具体的结构体类型，成员的数量必须固定，这一点与数组相同；不过该结构体中各个成员的类型可以不同，这是结构体与数组的重要区别。
>
> 不能只写 struct 而不写结构体标识名 student，因为 struct 不像 int、char 可以唯一地标识一种数据类型。作为构造类型，属于 struct 类型的结构体可以有任意多种具体的"模式"，因此，struct 必须与结构体标识名共同来说明不同的结构体类型。也不能只写结构体标识名 student 而省掉 struct，因为 student 不是类型标识符，只有关键字 struct 和 student 一起使用才能唯一地确定以上所说明的结构体类型。

> **常见问题**
>
> 类型和变量有什么区别？
>
> 类型和变量是两个不同的概念，使用时应注意区分。只能对变量进行赋值、存取和运算，而不能对类型进行赋值、存取或运算。可以单独使用结构体中的成员，它与普通变量的作用相同。

### 真题精选

**【例1】** 以下程序的运行结果是（　　）。

```c
#include "stdio.h"
main()
{  struct date {
    int year,month,day;
   } today;
   printf("%d\n",sizeof(struct date));
}
```

A. 6　　　　　B. 8　　　　　C. 10　　　　　D. 12

**【答案】** A

**【解析】** 结构体变量的长度是其内部成员总长度之和，本题中，struct date 中包含 year、month、day 这 3 个整型变量。一个整型变量所占的字节数为 2。需注意结构体和共用体的差别，这是本题容易产生混淆的地方。

**【例2】** 若有以下结构体定义：

```c
struct example {
    int x;
    int y;
    } v1;
```

则（　　）是正确的引用或定义。

A. example. x = 10;　　　　　　　B. example v2; v2. x = 10;
C. struct v2; v2. x = 10;　　　　　D. struct example v2 = ｛10｝;

**【答案】** D

**【解析】** 此题考查基本的结构体定义和引用方法。选项 A 的错误是通过结构体名引用结构体成员；选项 B 的错误是将结构体名作为类型名使用；选项 C 的错误是将关键字 struct 作为类型名使用；选项 D 是定义变量 v2 并对其初始化的语句，初值只有前一部分，这是允许的。

**【例3】** 有以下程序：

```c
#include<stdio.h>
main()
{  struct cmplx{ int x; int y; } cnum[2]={1,3,2,7};
   printf("%d\n",cnum[0].y/cnum[0].x*cnum[1].x);
}
```

则正确的输出结果为（　　）。

A. 0　　　　　B. 1　　　　　C. 3　　　　　D. 6

175

【答案】D

【解析】程序定义了一个名为cnum的含有两个元素的结构体类型数组，结构体类型为struct cmplx，cnum的每个元素含有两个成员。在定义cnum的同时给它的元素赋初值，cnum[0].x的初值是1，cnum[0].y的初值是3，cnum[1].x的初值是2，cnum[1].y的初值是7。因此，printf()输出项中的表达式可表示为3/1*2，输出结果是6。

总结：对结构体变量（或数组）赋初值时，C编译程序按每个成员在内存中排列的顺序，一一对应赋予其初值表中的值。

【例4】设有以下定义：
```
struct sk
{ int a;
  float b;
} data;
int *p;
```
若要使p指向data中的a域，正确的赋值语句是（    ）。

A. p = &a;     B. p = data.a;     C. p = &data.a;     D. *p = data.a;

【答案】C

【解析】结构体变量的引用方法有3种：①结构体变量名.成员名；②指针变量名 -> 成员名；③(*指针变量名).成员名。因为p是指针变量，所以应将地址值赋给p。

【例5】某学生的记录由学号、8门课程的成绩和平均分组成，学号和8门课程的成绩已在主函数中给出，请编写函数fun()，其功能是求出该学生的平均分，并将其放入记录的ave成员。

例如，学生的8门课程成绩分别是85.5、76、69.5、85、91、72、64.5、87.5，则他的平均分应为78.875。

注意：部分源程序给出如下。

请勿改动主函数main()和其他函数中的任何内容，仅在函数fun()的花括号中填入你编写的若干语句。

## 试题程序

```
#include <stdio.h>
#define N 8
typedef struct {
    char num[10];
    double s[N];
    double ave;
} STREC;
void fun(STREC *a)
{
}
void main()
{   STREC s = {"GA005",85.5,76,69.5,85,91,72,64.5,87.5};
    int i;
    fun(&s);
    printf("The %s's student data:\n", s.num);
    for(i = 0; i < N; i++)
    printf("% 4.1f\n", s.s[i]);
    printf("\nave = % 7.3f\n", s.ave);
}
```

【答案】
```
void fun(STREC *a)
{ int i;
    a -> ave = 0.0;
    for (i = 0; i < N; i++)
      a -> ave = a -> ave + a -> s[i];
      /*求各门课程成绩的总和*/
    a -> ave = a -> ave/N;  /*求平均分*/
}
```

【解析】本题考查：结构体类型成员运算，指向结构体类型的指针变量作为函数参数，自定义形参的相关知识点。程序流程是这样的：在fun()函数中求出平均分后，返回到主函数时平均分也要返回，所以只能定义一个指针类型的形参STREC *a。此时，引用成员的方式可以使用指向运算符，即 a -> ave 和 a -> s[i]。当然，也可用 (*a).ave 和 (*a).s[i]。

## 11.3 指向结构体类型数据的指针

### 考点3  指向结构体变量的指针

看下面的例子：
```c
#include<string.h>
#include<stdio.h>
main()
{   struct objects{
        char name[20];
        int size;
        char color[10];
        float weight;
        float height;
    };
    struct objects obj1;
    struct objects *p;
    p=&obj1;
    strcpy(obj1.name,"pen");
    obj1.size=10;
    strcpy(obj1.color,"black");
    obj1.weight=50.5;
    obj1.height=18.5;
    printf("name:%s\nsize:%d\ncolor:%s\nweight:%f\nheight:%f\n",obj1.name,obj1.size,obj1.color,obj1.weight,obj1.height);
    printf("name:%s\nsize:%d\ncolor:%s\nweight:%f\nheight:%f\n",(*p).name,(*p).size,(*p).color,(*p).weight,(*p).height);
}
```

**真考链接**

此知识点的难度较低，属于理解的内容。在考试中，该知识点多在选择题中以读程序题写运行结果的形式出现，考核概率约为20%。

这里声明了一个struct objects类型，并且定义了一个该类型的变量obj1，又定义了一个指向struct objects类型的数据指针p，并且将p指向obj1，然后是对各成员赋值。第一个printf语句用"."的方式将obj1成员的值输出。第二个printf语句用(*p)的方式将obj1成员的值输出，因为成员运算符"."的优先级高于"*"运算符的，所以(*p)两侧的圆括号不能省略。以上两个printf语句的输出结果是相同的。

可用p->name来代替(*p).name，其中"->"称为指向运算符，它由两部分组成，即"-"减号和">"大于号，它们之间不能有空格。"结构体变量.成员名""(*结构体指针变量名).成员名""结构体指针变量名->成员名"这3种形式是等价的。

> **小提示**
> 
> 一个结构体变量的指针就是用来指向该结构体类型的存储单元，并指向结构体变量所占用的内存段的首地址。

**真题精选**

以下程序的输出是（　　）。
```c
#include<stdio.h>
```

```
main()
{ struct s1{ int x; int y; };
  struct s1 a = {1,3};
  struct s1 *b = &a;
  b->x = 10;
  printf("%d%d\n", a.x, a.y);
}
```

A. 13    B. 103    C. 310    D. 31

【答案】B

【解析】b为指向结构a的指针,通过"->"运算符改变了a成员x的值,使其为10,所以输出为103。

## 11.4 链　表

### 考点4　链表的基本结构

链表是一种常见的重要的数据结构,它是动态地进行存储单元分配的一种结构。图11.1所示是一种简单的链表。

**真考链接**

此知识点属于重点掌握的内容,其在选择题中的考核概率约为60%;在操作题中常常考查链表的建立、插入和删除,考核概率约为25%。

图11.1　链表示意图

从图11.1可以看出,链表中的各元素在内存中不一定是连续存放的。要寻找链表中某一元素,必须先找到上一个元素,根据该元素提供的下一元素的地址才能找到下一个元素。所以,如果没有头指针（head）,则整个链表无法访问。另外,这种链表的数据结构可以使用指针变量实现,即一个节点中应包含一个指针变量,用它存放下一节点的地址。当然也可以不使用指针变量,用其他方式也可以构建简单链表,请参考有关数据结构的教材。

下面通过一个例子来说明如何建立和输出一个简单链表。

```c
#include<string.h>
#include<stdio.h>
struct node
{ int data;
  struct node *next;
};
typedef struct node NODETYPE;
main()
{ NODETYPE s1,s2,s3,*begin,*p;
  s1.data=100; /*给变量中的data域赋值*/
  s2.data=200;
  s3.data=300;
  begin = &s1;
  s1.next = &s2;      /*使s1的域next指向s2*/
  s2.next = &s3;
  s3.next = NULL;
  p=begin;/*移动p,使之依次指向s1、s2、s3,输出它们的data域中的值*/
```

```
    while(p)
    {  printf("%d",p->data);
       p=p->next; /* p 按顺序后移 */
    }
    printf("\n");
}
```

main( )函数中定义的变量 s1、s2、s3 都是结构体变量,它们都含有 data 和 next 两个成员。变量 begin 和 p 是指向 NO-DETYPE 结构体类型的指针变量,它们与结构体变量 s1、s2、s3 中的成员变量 next 类型相同。执行赋值语句后,begin 中存放 s1 变量的地址,变量 s1 的成员 s1. next 中存放变量 s2 的地址……最后一个变量 s3 的成员 s3. next 设置成 NULL,从而把同一类型的结构体变量 s1、s2、s3 "链接" 到一起,形成链表。

在此例中,链接到一起的每个节点(结构体变量 s1、s2、s3)都是通过定义,由系统在内存中开辟了固定的存储单元(不一定连续)的。在程序执行的过程中,不可能人为地再产生新的存储单元,也不可能人为地使已开辟的存储单元消失。从这一角度来看,可称这种链表为 "静态链表"。在实际中,使用更广泛的是 "动态链表"。

### 小提示

当链表最后一个节点的指针域不再存放地址时,就设置成 NULL,标志着链表的结束。链表的每个节点只有一个指针域,每个指针域存放下一个节点的地址。

每一个链表都用一个头指针变量来指向链表的开始,称为 head 指针。head 指针中存放了链表第一个节点的地址。

### 真题精选

下列给定程序中,函数 fun( ) 的功能:计算一个带头节点的单向链表中各节点的数据域中数值的和,并将结果作为函数值返回。

请在标号处填入正确的内容,使程序得出正确的结果。

注意:部分源程序给出如下。不得增行或删行,也不得更改程序的结构。

### 试 题 程 序

```
#include <stdio.h>
#include <stdlib.h>
#define N 8
typedef struct list
{  int data;
   struct list *next;
} SLIST;
SLIST *creatlist(int *);
void outlist(SLIST *);
int fun( SLIST *h)
{  SLIST *p;int s=0;
   p=h->next;
   while(p)
   {  s+=p->【1】;
      p=p->【2】;
   }
   return s;
}
main()
{  SLIST *head;
   int a[N]={12,87,45,32,91,16,20,48};
   head=creatlist(a); outlist(head);
   printf("\nsum=%d\n", fun(【3】));
}
SLIST *creatlist(int a[])
{  SLIST *h,*p,*q;int i;
   h=p=(SLIST *) malloc (sizeof(SLIST));
   for(i=0; i<N; i++)
   {  q=(SLIST *)malloc(sizeof(SLIST));
      q->data=a[i]; p->next=q; p=q;
   }
   p->next=NULL;
   return h;
}
void outlist(SLIST *h)
{  SLIST *p;
   p=h->next;
```

```
            if (p==NULL)                              p=p->next;
                printf("The list is NULL! \n");    }
            else                                    while(p!=NULL);
            {   printf("\nHead ");                  printf(" ->End\n");
                do                                }
                {   printf(" ->%d", p->data);
```

**【答案】**【1】data  【2】next  【3】head

**【解析】** 本题考查：链表数据结构，节点的表示方法。考生需掌握链表数据结构的基本思想。

本题考查的链表的数据结构需利用指针变量才能实现，一个节点中应包含一个指针变量，用来存放下一个节点的地址。

建立单向链表的一般步骤是：建立头指针→建立第一个节点→头指针指向第一个节点→建立第二个节点→第一个节点的指针指向第二个节点→……→最后一个节点的指针指向 NULL。

标号【1】：变量 s 用来累加各节点的数据域，因此该处应为 data。

标号【2】：每次循环结束时，指针 p 指向下一个节点，即 p = p -> next。

标号【3】：由被调用函数的形参列表可知，此处应为指针类型变量，因为要对链表的数据域求和，所以将链表的头指针传给被调用函数。

## 考点5  建立单向链表

单向链表中，每个节点应该由两个成员组成：一个是数据成员；另一个是指向自身结构的指针类型成员。

节点的类型定义如下：
```
struct slist
{   int data;
    struct slist *next;
};
typedef struct slist SLIST;
```

> **真考链接**
> 此知识点属于需重点掌握的内容，其在选择题中的考核概率约为 10%，在操作题中，常以程序填空题的形式出现，考核概率约为 15%。

(1) 建立单向链表的主要操作步骤如下。

①读取数据。

②生成新节点。

③将数据存入节点的成员变量。

④将新节点插入链表。重复上述操作直至输入结束。

(2) 顺序访问链表中各节点的数据域。

(3) 在单向链表中插入节点。在单向链表中插入节点，首先要确定插入的位置。将节点插在指针所指的节点之前，称为"前插"，将节点插在指针所指的节点之后，称为"后插"。

当进行前插操作时，需要3个工作指针（假设为 s1、s2 和 s3）。用 s1 指向新开辟的节点；用 s2 指向插入的位置；用 s3 指向 s2 的前驱节点（由于是单向链表，没有指针 s3 就无法通过 s2 去指向它所指的前驱节点）。

(4) 删除单向链表中的节点。要删除单向链表中的某个节点，首先要找到待删除节点的前驱节点，然后将此前驱节点的指针域指向待删除节点的后继节点，最后释放被删除节点所占的存储空间即可。

### 真题精选

**【例1】** 以下 creat() 函数用来建立一个带头节点的单向链表，新产生的节点总是插在链表的末尾，节点数据域中的数值通过键盘输入，以字符"?"作为输入结束标识。单向链表的头指针作为函数值返回。请填空。

### 试题程序

```
#include<stdio.h>                              };
struct list                                    struct list *creat()
{   char data;                                 {   struct list *h, *p, *q;
    struct list *next;                             char ch;
```

```
h = _____ malloc(sizeof(_____));              q = p;
p = q = h;                                      ch = getchar();
ch = getchar();                                 }
while(ch! = '?')                                p -> next = '\0';
{   p = _____ malloc(sizeof(_____));          return _____;
    p -> data = ch;                             }
    q -> next = p;
```

【答案】（struct list *）　struct list　（struct list *）　struct lis　h

【解析】前4个空处要求填入的内容都是为了开辟一个链表节点的动态存储单元。由说明语句可知，节点的类型为 struct list，因此在第1个空处和第3个空处应填指针强制类型转换（struct list *），在第2个空处和第4个空处应填节点的类型名 struct list。函数的最后应当把所建链表的头指针作为函数值返回。在函数中，链表的头节点放在 h 中，所以在第5个空处应填 h。

【例2】下列给定程序中已建立了一个带头节点的单向链表，在 main() 函数中将多次调用 fun() 函数，每调用一次，输出链表尾部节点中的数据，并释放该节点，使链表缩短。

请在标号处填入正确的内容，使程序得出正确的结果。

注意：部分源程序给出如下。不得增行或删行，也不得更改程序的结构。

## 试题程序

```
#include <stdio.h>                              }
#include <stdlib.h>                             void outlist(SLIST *h)
#define N 8                                     {   SLIST *p;
typedef struct list                             p = h -> next;
{   int data;                                   if (p == NULL)
    struct list *next;                          printf("\nThe list is NULL!\n");
} SLIST;                                        else
void fun( SLIST *p)                             {   printf("\nHead");
{   SLIST *t, *s;                                   do { printf(" ->%d",p -> data);
    t = p -> next; s = p;                           p = p -> next;} while(p! = NULL);
    while(t -> next ! = NULL)                       printf(" ->End\n");
    {   s = t;                                  }
        t = t -> 【1】;                          }
    }                                           main()
    printf(" %d ",【2】);                       {   SLIST *head;
    s -> next = NULL;                               int a[N] = {11,12,15,18,19,22,25,29};
    free(【3】);                                    head = creatlist(a);
}                                                   printf("\nOutput from head:\n");
SLIST *creatlist(int *a)                            outlist(head);
{   SLIST *h,*p,*q;int i;                           printf("\nOutput from tail: \n");
    h = p = (SLIST *)malloc(sizeof(SLIST));         while(head -> next! = NULL){
    for(i = 0; i < N; i ++)                             fun(head);
    { q =(SLIST *)malloc(sizeof(SLIST));                printf("\n\n");
        q -> data = a[i]; p -> next = q; p = q;     printf("\nOutput from head again:\n");
    }                                                   outlist(head);
    p -> next = NULL;                               }
    return h;                                   }
```

【答案】【1】next　【2】t -> data　【3】t

【解析】本题考查：malloc() 函数、free() 函数、链表数据结构、节点的表示方法。考生需掌握链表数据结构的基本思想，释放内存空间的函数 free()。

标号【1】：因为是链表操作，所以要使 t 逐一往后移动，语句为 t = t -> next；。
标号【2】：输出链表节点的数据域，即 t -> data。
标号【3】：使用 free( ) 函数将 t 所指向的内存空间释放。释放内存空间的函数 free( ) 的调用形式为：free( void * p)；。

功能：释放 p 所指向的一块内存空间，p 是一个任意类型的指针变量，它指向被释放区域的首地址。被释放区域应该是由 malloc( ) 或 calloc( ) 函数所分配的区域。

### 考点6　顺序访问链表中各节点的数据域

所谓"访问"，可以理解为读取各节点的数据域中的值进行各种运算，以及修改各节点的数据域中的值等一系列的操作。

输出单向链表各节点数据域中内容的算法比较简单，只需利用一个工作指针（p），使其从头到尾依次指向链表中的每个节点，当指针指向某个节点时，就输出该节点数据域中的内容，直到遇到链表结束标识为止。如果是空链表，就只输出提示信息并返回调用函数。

> **真考链接**
> 此知识点属于需理解的内容、其在选择题中的考核概率约为10%；在操作题中，常以程序修改题的形式出现，考核概率约为15%。

示例函数如下：

```
void printlist(NODETYPE * head)
{   NODETYPE * p;
    p = head -> next;         /* 指向头节点后的第一个节点 */
    if(p == '\0')             /* 链表为空时 */
       printf("Linklist is null\n");
    else                      /* 链表不为空时 */
    {   printf("head");
        do
        {   printf(" ->%d",p -> data);   /* 输出当前节点数据域中的值 */
            p = p -> next;               /* 指向下一个节点 */
        }while(p! = '\0');               /* 未到链表结尾处，继续循环下去 */
    }
    printf(" ->end\n");
}
```

#### 真题精选

下列给定程序中，函数 fun( ) 的功能：在带头节点的单向链表中，查找数据域中值为 ch 的节点。找到后通过函数值返回该节点在链表中的顺序号；若不存在值为 ch 的节点，函数返回 0。

请在标号处填入正确的内容，使程序得出正确的结果。

注意：部分源程序给出如下。不得增行或删行，也不得更改程序的结构。

**试 题 程 序**

```
#include <stdio.h>
#include <stdlib.h>
#define N 8
typedef struct list
{   int data;
    struct list * next;
} SLIST;
SLIST * creatlist(char *);
void outlist(SLIST *);
int fun( SLIST * h, char ch)
{   SLIST * p;int n = 0;
    p = h -> next;
    while(p! =【1】)
    {   n++;
        if (p -> data == ch) return【2】;
        else p = p -> next;
    }
    return 0;
}
main()
{   SLIST * head; int k; char ch;
    char a[N] = {'m','p','g','a','w','x','r','d'};
    head = creatlist(a);
    outlist(head);
```

```
        printf("Enter a letter:");                              }
        scanf("%c",&ch);                                     void outlist(SLIST *h)
        k = fun(【3】);                                       {  SLIST *p;
        if(k==0)  printf("\nNot found!\n");                     p = h -> next;
        else                                                    if (p == NULL)
              printf("The sequence number is :                    printf("\nThe list is NULL!\n");
%d\n",k);                                                       else
}                                                               {  printf("\nHead");
SLIST *creatlist(char *a)                                          do
{  SLIST *h, *p, *q;   int i;                                      {   printf(" ->%c",
   h = p = (SLIST *)malloc(sizeof(SLIST));                              p -> data);
   for(i = 0; i < N; i ++)                                            p = p -> next;
   {  q = (SLIST *)malloc(sizeof(SLIST));                          } while(p! = NULL);
      q -> data = a[i]; p -> next = q; p = q;                     printf(" ->End\n");
   }                                                            }
   p -> next = 0;                                             }
   return h;
```

【答案】【1】NULL　　【2】n　　【3】head,ch

【解析】本题考查：链表相关知识；while 循环语句；函数返回值。

标号【1】：while 循环语句用于判断是否到达链表结尾处，链表结尾处节点指针域是 NULL。

标号【2】：若找到指定字符，则通过 return 语句将该节点在链表中的顺序号返回给 main( )函数。

标号【3】：函数调用语句，其形式是函数名(实际参数表)，因此根据函数定义语句填入 head,ch。

## 考点7　在链表中插入和删除节点

**1. 在链表中插入节点**

在单向链表中插入节点，首先要确定插入的位置。插入节点在指针 p 所指的节点之前称为"前插"，插入节点在指针 p 所指的节点之后称为"后插"。前插操作中各指针的指向如图 11.2 所示。

当进行前插操作时，需要 3 个工作指针：用 s 指向新开辟的节点，用 p 指向插入的位置，用 q 指向要插入的前驱节点。

> **真考链接**
>
> 此知识点属于重点掌握的内容，其在选择题中的考核概率约为 30%；在操作题中，常以编程题的形式出现，考核概率约为 20%。

图 11.2　前插操作中各指针的指向

**2. 删除链表中的节点**

要删除单向链表中的某个节点，首先要找到待删除节点的前驱节点（即当前要删除节点的前一个节点），然后将此前驱节点的指针域指向待删除节点的后继节点（即当前要删除节点的后一个节点），最后释放被删除节点所占的存储空间即可。

 **常见问题**

动态链表中，节点元素有何特点？

在动态链表中，每个节点元素均没有自己的名字，只能靠指针维系节点元素之间的连续关系。一旦某个元素的指针"断开"，后续元素就无法找寻。

### 真题精选

下列给定程序中已建立了一个带头节点的单向链表，请向链表中插入一个整数，使插入后的链表仍然有序。

请在标号处填入正确的内容，使程序得出正确的结果。

注意：部分源程序给出如下。不得增行或删行，也不得更改程序的结构。

**试题程序**

```
#include <stdio.h>
#include <stdlib.h>
#define N 8
typedef struct list
{   int data;
    struct list *next;
} SLIST;
void fun(SLIST *P, int m)
{   SLIST *t, *s;
    s = (SLIST *)malloc (sizeof(SLIST));
    S->data = 【1】;
    t = p->next;
    while(t! = NULL&&t->data<m)
    {p = t; t = 【2】;}
      【3】
}
SLIST *creatlist(int *a)
{   SLIST *h, *p, *q; int i;
    h = p = (SLIST *)malloc(sizeof(SLIST));
    for(i = 0; i < N; i++)
    {q = (SLIST *)malloc(sizeof(SLIST));
     q->data = a[i]; p->next = q; p = q;
    }
    p->next = 0;
    return h;
}
void outlist(SLIST *h)
{   SLIST *p;
    p = h->next;
    if (p == NULL)
       printf("\nThe list is NULL!\n");
    else
    {  printf("\nHead");
       do
       {  printf(" ->%d",p->data);
          p = p->next;
       } while(p! = NULL);
       printf(" ->End\n");
    }
}
main()
{   SLIST *head;
    int a[N] = {11,12,15,18,19,22,25,29},n;
    head = creatlist(a);
    printf("\nThe list before insertting:\n");
    outlist(head);
    printf("Input a integer:");
    scanf("%d",&n);
    printf("\n The list after insertting:\n");
    fun(head,n);
    outlist(head);
}
```

【答案】【1】m 【2】t->next 【3】s->next = t; p->next = s;

【解析】标号【1】：申请一个节点空间，并将形参m中的值存入新节点的数据域。

标号【2】：使用循环语句遍历链表，查找待插入的位置，指针p和t依次向后移动。

标号【3】：将新节点插入链表，插入时先将节点s的指针域指向t，再将节点p的指针域指向s。

## 11.5 共 用 体

共用体的类型说明和变量的定义方式与结构体的类型说明和变量的定义方式基本相同。不同之处是，结构体的变量中的成员各自有着自己的存储空间，而共用体的变量中的所有成员占用同一个存储空间。可以把一个整型变量、一个字符型变量、一个实型变量放在以同一个地址开始的内存单元中，这3个变量在内存中所占的字节数不同，但都从同一个起始地址开始存放，也就是使用覆盖技术，几个变量相互覆盖。

## 考点 8  共用体类型的定义和引用

(1) 共用体类型的说明。一般地，共用体类型说明的形式如下：
union 共用体标识名
{
　　类型名 1 共用体成员名 1；
　　类型名 2 共用体成员名 2；
　　…
　　类型名 n 共用体成员名 n；
};

**真考链接**

此知识点属于简单识记类的内容，在选择题中的考核概率约为 30%。

例如：
union un_1
{　int i;
　　float x;
　　char ch;
};

说明：union 是关键字，是共用体类型的标志；un_1 是共用体标识名，共用体标识名和共用体成员名都是由用户定义的标识符。

另外，共用体标识名是可选项，在共用体类型说明中可以不出现。共用体中的成员可以是简单变量，也可以是数组、指针、结构体和共用体（结构体的成员也可以是共用体）。

(2) 共用体变量的定义。共用体变量的定义和结构体的一样，可以采用 4 种方式。

有以下几点需注意。

①共用体变量在定义的同时只能用第一个成员的类型值进行初始化。

②共用体变量的定义在形式上与结构体变量非常一致，但它们是有本质区别的：结构体变量中的每个成员分别占有独立的存储空间，因此结构体变量所占内存字节数是其成员所占字节数的总和；而共用体变量中的所有成员共享一段公共存储区，所以共用体变量所占内存字节数与其成员中占字节数最多的那个成员所占字节数相等。

③正是因为共用体变量中的所有成员共享同一存储区，所以变量中的所有成员的首地址相同，而且变量的地址就是该变量成员的地址。

共用体变量中每个成员的引用方式与结构体变量的基本相同，可以使用以下 3 种形式之一：
①共用体变量名.成员名；
②指针变量名 ->成员名；
③(*指针变量名).成员名。

共用体中的成员变量同样可参与其所属类型允许的任何操作，但在访问共用体成员时应注意：共用体变量中起作用的是最近一次存入的成员变量的值，原有成员变量的值将被覆盖。

 **真题精选**

【例 1】 以下程序的执行结果是（　　）。
```
#include<stdio.h>
union un
{　int i;
　char c[2];
}
main()
{　union un x;
　x.c[0]=10;
　x.c[1]=1;
　printf("\n%d",x.i);
}
```

A. 266　　　　　B. 11　　　　　C. 265　　　　　D. 138

【答案】A

【解析】此题考查共用体类型的特征。int 类型的变量 i 和字符数组 c 共用 2 字节的存储单元，通常 c[0] 位于低字节，c[1] 位于高字节。因此，x.i = x.c[1] * 256 + x.c[0] = 266，故选项 A 正确。

【例2】以下程序的输出结果是（　　）。

```
union myun
{ struct
    { int x, y, z; } u;
    int k;
} a;
main()
{ a.u.x = 4; a.u.y = 5; a.u.z = 6;
  a.k = 0;
  printf("%d\n", a.u.x);
}
```

A. 4　　　　　B. 5　　　　　C. 6　　　　　D. 0

【答案】D

【解析】共用体变量中起作用的成员是最后一次存入的成员，在存入一个新的成员后原有的成员就会失去作用。在本题中，当对 a.u.y 成员赋值时，a.u.x 的值就不存在了；当对 a.u.z 成员赋值时，a.u.y 的值就不存在了。

【例3】已知字符 0 的十进制 ASCII 值是 48，有以下程序：

```
#include <stdio.h>
main()
{ union {
        int i[2];
        long k;
        char c[4];
    } r, *s = &r;
    s->i[0] = 0x39; s->i[1] = 0x38;
    printf("%x\n", s->c[0]);
}
```

其输出结果是（　　）。

A. 39　　　　　B. 9　　　　　C. 38　　　　　D. 8

【答案】A

【解析】在共用体变量中，所有成员共用存储空间。因此变量 r 中，成员 i[0] 和成员 c[0]、c[1] 共用 2 字节的存储空间，c[0] 和 c[1] 都占 1 字节。c[0] 与 i[0] 的低 8 位共用 1 字节，而 c[1] 与 i[0] 的高 8 位共用 1 字节。程序以十六进制数的形式输出 s->c[0] 的值，因此只需求出 i[0] 的低 8 位中的值即可。程序有赋值语句 s->i[0] = 0x39; s->i[1] = 0x38; ，根据以上分析可知，只需关注 s->i[0] = 0x39; 的值即可。因为 c[0] 与 i[0] 的低 8 位共用 1 字节，所以 s->c[0] 的十六进制数就是 39。

## 11.6　综合自测

一、选择题

1. 在 16 位的 PC 上使用 C 语言，若有以下定义：

```
struct data
{   int i;
    char ch;
    double f;
```

} b;
则结构体变量 b 占用的内存字节数是（    ）。
A. 1　　　　　　　　B. 2　　　　　　　　C. 8　　　　　　　　D. 11

2. 设有以下说明和定义语句，则下面表达式中值为 3 的是（    ）。
```
struct s
{  int i;
   struct s *i2;
};
static struct s a[3] = {1, &a[1],2,&a[2],3,&a[0]};
static struct s *ptr;
ptr = &a[1];
```
A. ptr->i++　　　　B. ptr++->I　　　　C. *ptr->i　　　　D. ++ptr->i

3. 有以下程序：
```
main()
{  union {
       unsigned int n;
       unsigned char c;
   } u1;
   u1.c = 'A';
   printf("%c\n",u1.n);
}
```
执行后输出结果是（    ）。
A. 产生语法错误　　　　　　　　　　B. 随机值
C. A　　　　　　　　　　　　　　　D. 65

4. 设有以下说明语句：
```
struct stu
{  int a;
   float b;
} stutype;
```
则下面叙述中，正确的是（    ）。
A. struct 是结构体类型名　　　　　　B. struct stu 是用户定义的结构体变量名
C. stutype 是用户定义的结构体变量名　D. a 和 b 都是结构体变量名

5. 以下程序的输出结果是（    ）。
```
#include <stdio.h>
typedef union
{  long i;
   int k[5];
   char c;
} DATE;
struct date
{  int cat;
   DATE cow;
   double dog;
} too;
DATE max;
main()
{  printf("%d\n",sizeof(struct date) + sizeof(max));
}
```
A. 25　　　　　　　B. 30　　　　　　　C. 18　　　　　　　D. 8

6. 以下为对结构体变量 stu1 中的成员 age 非法引用的是（　　）。
```
struct student
{   int age;
    int num;
}stu1, *p;
p = &stu1;
```
　　A. stu1.age　　　　　　B. student.age　　　　　　C. p→age　　　　　　D. (*p).age

7. 下列程序中，结构体变量 a 所占内存字节数是（　　）。
```
union U
{   char st[4];
    int i;
    long l;
};
struct A
{   int c;
    union U u;
}a;
```
　　A. 4　　　　　　B. 5　　　　　　C. 6　　　　　　D. 8

8. 设有以下说明语句：
```
struct ex {
    int x ;float y;char z ;
} example;
```
则下面的叙述中，不正确的是（　　）。
　　A. struct 是结构体类型的关键字　　　　　　B. example 是结构体类型名
　　C. x、y、z 都是结构体成员名　　　　　　　D. struct ex 是结构体类型名

9. 若有下面的说明和定义：
```
struct test {
    int m1; char m2;float m3;
    union uu {
        char u1[5];
        int u2[2];
    } ua;
} myaa;
```
则 sizeof( struct test )的值是（　　）。
　　A. 12　　　　　　B. 16　　　　　　C. 14　　　　　　D. 9

10. 已知：
```
union
{   int i;
    char c;
    float a;
} test;
```
则 sizeof(test)的值是（　　）。
　　A. 4　　　　　　B. 5　　　　　　C. 6　　　　　　D. 7

11. 以下对 C 语言中共用体类型数据的叙述正确的是（　　）。
　　A. 定义一个共用体变量后，即可引用该变量或该变量中的任意成员
　　B. 一个共用体变量中可以同时存放其所有成员
　　C. 一个共用体变量中不能同时存放其所有成员
　　D. 共用体类型数据可以出现在结构体类型定义中，但结构体类型数据不能出现在共用体类型定义中

二、操作题

1. 下列给定程序的功能是建立一个带头节点的单向链表，并用随机函数为各节点赋值。函数 fun( )的功能是将单向链

表节点（不包括头节点）数据域中为偶数的值累加，并且将其作为函数值返回。

请改正函数 fun( ) 中的错误，使它能得出正确的结果。

注意：不要改动 main( ) 函数，不得增行或删行，也不得更改程序的结构。

### 试题程序

```c
#include <stdio.h>
#include <conio.h>
#include <stdlib.h>
typedef struct aa
{   int data;
    struct aa *next;
} NODE;
int fun(NODE *h)
{   int sum = 0;
    NODE *p;
    p = h->next;
    /* * * * * found * * * * */
    while(p->next)
    {   if(p->data%2 == 0)
        sum += p->data;
        /* * * * * found * * * * */
        p = h->next;
    }
    return sum;
}
NODE *creatlink(int n)
{   NODE *h, *p, *s;
    int i;
    h = p = (NODE *)malloc(sizeof(NODE));
    for(i = 1; i < n; i++)
    {   s = (NODE *)malloc(sizeof(NODE));
        s->data = rand()%16;
        s->next = p->next;
        p->next = s;
        p = p->next;
    }
    p->next = NULL;
    return h;
}
outlink(NODE *h)
{   NODE *p;
    p = h->next;
    printf("\n\nTHE LIST:\n\n HEAD");
    while(p)
    {   printf(" ->%d", p->data);
        p = p->next;
    }
    printf("\n");
}
main()
{   NODE *head;
    int sum;
    head = creatlink(10);
    outlink(head);
    sum = fun(head);
    printf("\nSUM = %d", sum);
}
```

2. 下列给定程序中已建立一个带头节点的单向链表，链表中的各节点按数据域递增有序链接。函数 fun( ) 的功能是删除链表中数据域值相同的节点，只保留其中一个。

请在标号处填入正确的内容，使程序得出正确的结果。

注意：部分源程序给出如下。不得增行或删行，也不得更改程序的结构。

### 试题程序

```c
#include <stdio.h>
#include <stdlib.h>
#define N 8
typedef struct list
{   int data;
    struct list *next;
} SLIST;
void fun( SLIST *h)
{   SLIST *p, *q;
    p = h->next;
    if(p != NULL)
    {   q = p->next;
        while(q != NULL)
        {   if(p->data == q->data)
            {   p->next = q->next;
                free(【1】);
                q = p->【2】;
            }
            else
            {   p = q;
                q = q->【3】;
            }
        }
    }
}
```

```c
}
SLIST *creatlist(int *a)
{   SLIST *h,*p,*q;
    int i;
    h=p=(SLIST *)malloc(sizeof(SLIST));
    for(i=0; i<N; i++)
    {q=(SLIST *)malloc(sizeof(SLIST));
     q->data=a[i]; p->next=q; p=q;
    }
    p->next=0;
    return h;
}
void outlist(SLIST *h)
{   SLIST *p;
    p=h->next;
    if (p==NULL)
        printf("\nThe list is NULL! \n");
    else
    {   printf("\nHead");
        do
        {   printf(" ->%d",p->data); p=p->next;
        } while(p!=NULL);
        printf(" ->End\n");
    }
}
main()
{   SLIST *head;
    int a[N]={1,2,2,3,4,4,4,5};
    head=creatlist(a);
    printf("\nThe list before deleting :\n");
    outlist(head);
    fun(head);
    printf("\nThe list after deleting :\n");
    outlist(head);
}
```

# 第12章

# 文 件

本章主要介绍全国计算机等级考试二级 C 语言程序设计中常考核的文件操作的知识点，包括文件类型指针，文件的打开与关闭，文件的读写和定位等考核内容。

**选择题分析明细表**

| 考 点 | 考核概率 | 难易程度 |
| --- | --- | --- |
| 文件的概念和文件指针 | 20% | ★★ |
| fopen( )函数和 fclose( )函数 | 60% | ★★★★ |
| fputc( )函数和 fgetc( )函数 | 10% | ★★ |
| fread( )函数和 fwrite( )函数 | 30% | ★★★ |
| fscanf( )函数和 fprintf( )函数 | 40% | ★★★ |
| fgets( )函数和 fputs( )函数 | 20% | ★ |

**操作题分析明细表**

| 考 点 | 考核概率 | 难易程度 |
| --- | --- | --- |
| fopen( )函数和 fclose( )函数 | 10% | ★★★ |
| fputc( )函数和 fgetc( )函数 | 5% | ★ |
| fread( )函数和 fwrite( )函数 | 10% | ★★★ |
| fscanf( )函数和 fprintf( )函数 | 10% | ★★★ |
| fgets( )函数和 fputs( )函数 | 5% | ★ |
| fseek( )函数和随机读写 | 5% | ★ |

## 12.1 C语言文件的概念

### 考点 1　文件的概念和文件指针

**1. 文件的概念**

在 C 语言中，对于输入、输出的数据都按"数据流"的形式来处理。输出时，系统不添加任何信息；输入时，逐一读入数据，直至遇到 EOF 或文件结束标识。C 程序中的输入、输出文件，都以数据流的形式存储在介质上。

> **真考链接**
> 此知识点较简单，属于理解的内容，在选择题中的考核概率约为 20%。

对文件的输入、输出方式也称"存取方式"。在 C 语言中，有两种对文件存取的方式：顺序存取和直接存取。

顺序存取文件的特点：每当"打开"这类文件进行读或写操作时，总是从文件的开头到结尾按顺序地读或写，即要读第 $n$ 个字节时，先要读取前 $n-1$ 个字节，而不能一开始就读到第 $n$ 个字节；要写第 $n$ 个字节时，先要写前 $n-1$ 个字节。

直接存取文件又称随机存取文件，其特点是可以通过调用 C 语言的库函数指定开始读（写）的字节号，然后直接对此位置上的数据进行读（写）操作。

数据存放在介质上的形式分为文本形式和二进制形式，因此可以按数据的存放形式将文件分为文本文件和二进制文件。这两种文件既可以采用顺序方式，又可以采用直接（随机）方式进行存取。

文本文件的特点：当输出时，数据按其值转换成一串字符，每个字符以字符的 ASCII 值存储到文件中，一个字符占一个字节。

当用 printf( ) 函数进行输出时就进行这样的转换，只是在内部处理过程中指定输出至终端屏幕。反之，当输入时，又把指定的一串字符按类型转换成数据，并存入内存。例如，当调用 scanf( ) 函数进行输入时就进行这种转换，只是在内部处理过程中指定从键盘输入。

当数据按照二进制形式直接输出到文件中时，数据不经过任何转换，按计算机内的存储形式直接存放到磁盘上。也就是说，对于字符型数据，每个字符占一个字节，对于 int 类型的数据，每个数据占两个字节，当从二进制文件中读入数据时，不必经过任何转换，而直接将读入的数据存入变量所占内存空间。在二进制文件中，因为不存在转换的操作，从而提高了对文件输入、输出的速度。

注意：不能将二进制数据直接输出到终端屏幕，也不能从键盘直接输入二进制数据。

在对文件进行输入或输出时，系统将为输入或输出文件开辟缓冲区。缓冲区是系统在内存中为各文件开辟的一片存储区。当对某文件进行输出时，系统首先把输出的数据填入为该文件开辟的缓冲区，当缓冲区被填满时，就把缓冲区中的内容一次性地输出到对应文件中。当从某文件输入数据时，首先将从输入文件中输入的一批数据放入该文件的内存缓冲区，输入语句将从该缓冲区中依次读取数据；当该缓冲区中的数据被读完时，再从输入文件中输入一批数据放入缓冲区。这样可以很好地提高读取效率。

**2. 文件指针**

文件指针是指向结构体类型的指针变量，这个结构体中包含缓冲区的地址、在缓冲区中当前存取的字符的位置、对文件是"读"还是"写"、是否出错、是否已经遇到文件结束标识等信息。编程时不必去了解其中的细节，所有一切都在 stdio.h 头文件中进行了定义。称此结构体类型名为 FILE，可以用此类型名来定义文件指针。

定义文件类型指针变量的一般形式如下：

FILE * 指针变量名；

例如：

FILE * fp;

fp 被定义为指向文件类型的指针变量，称为文件指针。

## 小提示

在C语言中，文件是字节流或二进制流，也就是说，对于输入、输出的数据都按"数据流"的形式进行处理。输出时，系统不添加任何信息；输入时，逐一读入数据，直至遇到文件结束标识。

顺序存取文件的特点是：每当"打开"文件进行读或写操作时，总是从文件的开头开始，从头到尾顺序地读或写。

## 常见问题

直接存取文件的特点是什么？

可以通过C语言的库函数指定开始读（写）的字节号，然后直接对此位置上的数据进行读（写）操作。

## 真题精选

若fp是指向某文件的指针，且已读到文件的末尾，则表达式feof(fp)的返回值是（　　）。

A. EOF　　　　　　B. -1　　　　　　C. 非零值　　　　　　D. NULL

【答案】C

【解析】因为fp的值就是1，故选项A和选项B皆不是正确答案。当读到文件末尾时，feof(fp)为非零值，否则为0。

## 12.2　文件的打开与关闭

对文件进行读、写操作时，首先要解决的问题是如何把程序中读、写的文件与磁盘上的实际数据文件联系起来，接着就应该打开文件，在使用结束之后应关闭文件。

### 考点2　fopen()函数和fclose()函数

**1. fopen()函数**

在C语言中，在对文件进行各种具体的操作之前，首先要打开文件，把程序中要读、写的文件与磁盘上实际的数据文件联系起来。此时需要调用C语言提供的库函数fopen()打开文件来实现这些联系。

fopen()函数的一般调用形式如下：

　　　fopen（文件名，文件使用方式）；

> **真考链接**
> 此知识点属于重点掌握的内容，在选择题中的考核概率约为60%，在操作题中的考核概率约为10%。

若函数调用成功，则返回一个FILE类型的指针，赋给文件指针变量fp，从而把指针fp与文件联系起来，在此调用之后，指针fp就指向了文件。

无论采用哪种使用方式，当打开文件时出现错误，fopen()函数都将返回NULL。常用的文件使用方式及其含义如下。

(1)"r"：为读而打开文本文件。当指定这种方式时，对打开的文件只能进行读操作。若指定的文件不存在，则会出错。另外，读一个不允许读的文件，也会出错。

(2)"rb"：为读而打开二进制文件。其余功能与"r"的相同。

(3)"w"：为写而打开文本文件。这时，如果指定的文件不存在，系统将用在fopen()调用中指定的文件名建立一个新文件；如果指定的文件已存在，则将从文件的起始位置开始写，文件中原有的内容将全部消失。

(4)"wb"：为写而打开二进制文件。其余功能与"w"的相似，但是从指定位置开始写的。

(5)"a"：为在文件后面添加数据而打开文本文件。这时，如果指定的文件不存在，系统将用在fopen()调用中指定的文件名建立一个新文件；如果指定的文件已存在，则文件中原有的内容将保存，新的数据写在原有内容之后。

(6)"ab"：为在文件后面添加数据而打开二进制文件。其余功能与"a"的相同。

(7)"r+"：为读和写而打开文本文件。采用这种方式时，指定的文件应当已经存在。这种方式既可以对文件进行读操作,也可对文件进行写操作,在读和写操作切换间不必关闭文件。只是对于文本文件来说,读和写总是从文件的起始位置开始的。在写新的数据时,只覆盖新数据所占的空间,其后的旧数据并不丢失。

(8)"rb+":为读和写而打开二进制文件。功能与"r+"的基本相同,只是在读和写时,可以由位置函数设置读和写的起始位置,也就是说不一定从文件的起始位置开始读和写。

(9)"w+":首先建立一个新文件,进行写操作,随后可以从头开始读。如果指定的文件已存在,则原有的内容将全部消失。

(10)"wb+":功能与"w+"的基本相同,只是在随后的读和写时,可以由位置函数设置读和写的起始位置。

(11)"a+":功能与"a"的基本相同,只是在文件尾部添加新的数据之后,可以从头开始读。

(12)"ab+":功能与"a+"的基本相同,只是在文件尾部添加新的数据之后,可以由位置函数设置读的起始位置。

注意:这些指针是常量,而不是变量,因此不能重新赋值。

### 2. fclose()函数

在C语言中,完成对文件的读(写)等具体操作之后,必须将文件关闭。关闭文件可调用库函数fclose()来实现。

一般地,fclose()函数的调用形式如下:

fclose(文件指针)

若对文件的操作方式为读方式,则经以上函数调用之后,要使文件指针与文件"脱离联系",可以重新分配文件指针指向其他文件。若对文件的操作方式为写方式,则系统首先把该文件缓冲区中的剩余数据全部输出到文件中,然后使文件指针与文件脱离联系。由此可见,在完成对文件的操作之后,应当关闭文件,否则文件缓冲区中的剩余数据会丢失。

当执行关闭操作后,成功则函数返回0,否则返回非零值。

> **小提示**
>
> 打开文件时设定的文件使用方式与后面对该文件的实际使用方式不一致时,会导致系统产生错误。
>
> 在C语言中,当运行一个C程序时,系统会自动打开3个文件,分别是标准输入文件、标准输出文件和标准出错文件,并规定相应的文件指针为stdin、stdout、stderr,它们已在stdio.h头文件中进行了说明。通常,stdin和键盘连接、stdout和stderr与终端屏幕连接。

**常见问题**

调用fopen()函数时,文件的使用方式为"rb+",则此函数有何功能?

此函数为读和写而打开二进制文件。"rb+"的功能与"r+"的基本相同,只是在读和写时,可以由位置函数设置读和写的起始位置,也就是说不一定从文件的起始位置开始读和写。

**真题精选**

【例1】下述关于C语言文件操作的结论中,( )是正确的。
  A. 对文件进行操作必须先关闭文件
  B. 对文件进行操作必须先打开文件
  C. 对文件进行操作的顺序无要求
  D. 对文件进行操作前必须先测试文件是否存在,再打开文件

【答案】B

【解析】本题考查文件操作的一般规则。对文件进行读写操作之前必须先打开文件,打开文件意味着将文件与一个指针相连,然后才能通过指针操作文件。通过打开文件也可以测试文件是否存在,例如,若文件不存在,则打开此文件时文件指针的值为0。况且,若为新创建文件,而打开文件进行写操作时,源文件根本不存在,此时更不必测试文件是否存在。总之,对文件进行操作前并不是必须先测试文件是否存在,再打开文件。

【例2】如果需要打开一个已经存在的非空文件"FILE"进行修改,正确的打开语句是( )。
  A. fp=fopen("FILE","r");           B. fp=fopen("FILE","ab+");
  C. fp=fopen("FILE","w+");          D. fp=fopen("FILE","r+");

【答案】D

【解析】此题考查文件打开方式对文件操作的影响。由于是对打开文件进行修改,可见选项A是错误的,因为用此种方式打开时,只能读,不能写,当然无法修改。选项B是以追加方式"ab+"打开文件进行读写的,以这种方式打开时,新写入的数据只能追加在文件原有内容之后,但可以读出以前的数据。换言之,以"ab+"或"a+"

方式打开文件后，对于写操作，文件指针只能定位在文件的原有内容之后，但对于读操作，文件指针可以定位在全文件范围内。可见，按此种方式打开文件不能实现对文件内容的修改。选项 C 以"w+"方式打开文件，此时，源文件中已存在的内容都被清除。但新写入文件的数据可以被再次读出或再次写入，故也不能实现对文件的修改。只有以"r+"方式打开文件时，才允许将文件原来的数据读出，也允许在某些位置上再写入，从而实现对文件的修改。

【例3】下列给定程序中，函数 fun()的功能：将自然数 1~10 及其平方根写到名为 myfile3.txt 的文本文件中，然后按顺序读出显示在屏幕上。

请在程序标号处填入正确的内容，使程序得出正确的结果。

注意：部分源程序给出如下。

不得增行或删行，也不得更改程序的结构。

### 试 题 程 序

```
#include <math.h>
#include <stdio.h>
int fun(char * fname )
{   FILE * fp;int i,n;float x;
    if((fp = fopen(fname, "w")) == NULL)
    return 0;
    for(i =1;i < =10;i ++)
        fprintf(【1】,"%d%f\n",i,sqrt((double)i));
    printf("\nSucceed!!\n");
    【2】;
    printf("\nThe data in file :\n");
    if((fp = fopen(【3】,"r")) == NULL)
    return 0;
    fscanf(fp,"%d%f",&n,&x);
    while(! feof(fp))
    {   printf("%d%f\n",n,x);
        fscanf(fp,"%d%f",&n,&x);
    }
    fclose(fp);
    return 1;
}
main()
{   char fname[ ] = "myfile3.txt";
    fun(fname);
}
```

【答案】【1】fp 　　【2】fclose（fp）　　【3】fname

【解析】本题考查文件的相关操作，fprintf()函数与 printf()函数功能相似，区别在于 fprintf()函数的对象不是键盘和显示器，而是磁盘文件；文件打开函数 fopen()和文件关闭函数 fclose()的使用。

标号【1】：fprintf()函数的形式是：fprintf(文件指针,格式字符串,输出列表)；所以填入文件指针 fp。

标号【2】：文件一旦使用完毕，应使用关闭函数 fclose()将文件关闭，以避免发生文件数据丢失等错误。

标号【3】：fopen()函数用来打开文件，其一般调用形式为：fopen(文件名,文件使用方式)；因此应填入文件名 fname。

## 12.3　文件的读、写

### 考点3　fputc()函数和fgetc()函数

**1. 调用 fputc()函数输出一个字符**

fputc()函数的调用形式如下：

　　fputc(ch,fp);

其中，ch 是待输出的某个字符，它可以是一个字符常量，也可以是一个字符变量；fp 是文件指针。fputc(ch,fp)的功能是将字符 ch 写到文件指针 fp 所指的文件中。当输出成功，fputc()函数返回所输出的字符；如果输出失败，则返回 EOF。EOF 是在 stdio.h 库函数文件中定义的符号常量，其值等于 –1。

putc()函数的调用形式和功能与 fputc()函数的完全一样。

**真考链接**

此知识点较简单，属于重点理解的内容，在选择题中的考核概率约为10%，在操作题中的考核概率约为5%。

**2. 调用 fgetc( )函数输入一个字符**

fgetc( )函数的调用形式如下：

ch = fgetc(fp);

其中 fp 是文件指针。函数的功能是从 fp 指定的文件中读入一个字符，并把它作为函数值返回，即 ch = fgetc(fp)的功能是把从文件中读入的一个字符赋给变量 ch。

getc( )函数的调用形式和功能与 fgetc( )函数的完全相同。

## 真题精选

【例1】以下程序用于把从终端输入的字符输出到名为 abc.txt 的文件中，直到从终端读入字符#时结束输入和输出操作，但程序有错。

```
#include <stdio.h>
main()
{  FILE *fout; char ch;
   fout = fopen('abc.txt','w');
   ch = fgetc(stdin);
   while(ch! = '#')
   {  fputc(ch,fout);
      ch = fgetc(stdin);
   }
   fclose(fout);
}
```

出错的原因是（　　）。

A. 函数 fopen( )调用形式错误　　　　B. 输入文件没有关闭

C. 函数 fgetc( )调用形式错误　　　　D. 文件指针 stdin 没有定义

【答案】A

【解析】本题没有复杂的算法，主要考查基本语法，本题函数 fopen( )调用形式有错误。

【例2】以下程序用来统计文件中字符的个数。请填空。

```
#include <stdio.h>
main()
{  FILE *fp;long num = 0;
   if((fp = fopen("fname.dat",_____)) == NULL)
      printf("Open error \n"); exit(0);
   while _____
   {_____;
      num ++;
   }
   printf("num = %ld \n", --num);
   fclose(fp);
}
```

【答案】"r"　(!feof(fp))　fgetc(fp)

【解析】按题目要求，程序要先从文件中读入字符，因此在第1个空处应填"r"。程序使文件指针 fp 指向输入文件，因此在 while 后面应填(!feof(fp))。从文件中输入字符应该调用 fgetc( )函数，因为只是统计文件中字符的个数，而没有对输入的字符进行处理，所以在第3个空处应填 fgetc(fp)。

【例3】以下 C 程序将磁盘中的一个文件复制到另一个文件中，两个文件名（假定文件名无误）在命令行中给出。请填空。

```
#include <stdio.h>
main(int argc, char *argv[ ])
{  FILE *f1,*f2;char ch;
```

```
        if(argc < _____)
            {printf("命令行参数错!\n");exit(0);}
        f1 = fopen(argv[1], "r");
        f2 = fopen(argv[2], "w");
        while(_____) fputc(fgetc(f1), _____);
        _____;
        _____;
}
```

**【答案】** 3　!feof(f1)　f2　fclose(f1)　fclose(f2)

**【解析】**（1）因为要把一个文件复制到另一个文件中，所以需要打开两个文件。从程序来看，从中读取数据的文件名是放在 argv[1] 中的，并由文件指针 f1 进行指向；进行写操作的文件名是放在 argv[2] 中，并由文件指针 f2 进行指向。所以在命令行中至少要有 3 个字符串，第 1 个是本程序的执行文件名，第 2 个是输入文件名，第 3 个是输出文件名。字符串的个数放在 main() 函数的第 1 个参数中，在此是 argc 中，因此 argc 的值不能小于 3，所以在第 1 个空处应填 3。

（2）读操作和写操作是同时在 while 循环中完成的。当 f1 所指文件遇到文件结束标识时，应退出循环，所以在第 2 个空处填 !feof(f1)。因为文件未结束时函数 feof(f1) 的值为 0，应该在其前面加求反运算符"!"，使文件未结束时循环继续。

（3）fgetc(f1) 函数是从 f1 所指文件中读取一个字符，并将其作为函数值返回。函数 fputc(c,fp) 是把 c 中的字符输出到 fp 所指的文件中。目前，在 fputc(fgetc(f1), _____) 中，字符直接由函数 fgetc(f1) 从文件中得到，所以，在第 3 个空处应填输出文件指针 f2。

（4）当退出程序时应当关闭已打开的文件，因此在第 4 个空和第 5 个空处应分别填写 fclose(f1) 和 fclose(f2)。注意：不要忽略文件关闭操作，此操作将把输入和输出缓冲区（在内存）中的数据继续处理完毕，然后才使文件指针与文件脱离关系，否则将会丢失应当处理的数据。

**【例4】** 下列给定程序的功能：调用函数 fun()，将指定源文件中的内容复制到指定的目标文件中，复制成功时函数返回 1，失败时返回 0。在复制的过程中，把复制的内容输出到屏幕。主函数中源文件名放在变量 sfname 中，目标文件名放在变量 tfname 中。

请在标号处填入正确的内容，使程序得出正确的结果。

注意：部分源程序给出如下。不得增行或删行，也不得更改程序的结构。

### 试题程序

```
#include <stdio.h>
#include <stdlib.h>
int fun(char *source, char *target)
{ FILE *fs,*ft;char ch;
    if((fs=fopen(source,【1】))==NULL) return 0;
    if((ft = fopen(target,"w"))==NULL) return 0;
    printf("\nThe data in file :\n");
    ch = fgetc(fs);
    while(!feof(【2】))
    { putchar(ch);
        fputc(ch,【3】);
        ch = fgetc(fs);
    }
    fclose(fs); fclose(ft);
    printf("\n\n");
    return 1;
}
main()
{ char sfname[20]="myfile1",tfname[20] = "myfile2";
    FILE *myf; int i; char c;
    myf = fopen(sfname,"w");
    printf("\nThe original data :\n");
    for(i =1; i<30; i++)
    { c ='A' + rand()% 25;
        fprintf(myf,"%c",c); printf("%c", c);
    }
    fclose(myf);printf("\n\n");
    if (fun(sfname, tfname))
        printf("Succeed!");
    else printf("Fail!");
}
```

【答案】【1】"r"　【2】source　【3】target
【解析】标号【1】：填"r"表示让source读出文件。
　　　　标号【2】：判断source文件是否读完。
　　　　标号【3】：向target文件写内容。

## 考点4　fread()函数和fwrite()函数

当要求一次性读和写一组数据时，如一个实数或一个结构体变量的值，就可以使用fread()函数和fwrite()函数，它们的一般调用形式如下：
　　fread(buffer,size,count,fp);
　　fwrite(buffer,size,count,fp);
其中，buffer代表的是一个指针；size代表的是要读和写的字节数；count用来指定每读和写一次，输入或输出数据块（每个数据块具有size个字节）的个数；fp是文件指针。

> **真考链接**
> 此知识点属于重点掌握的内容，在选择题中的考核概率约为30%；在操作题中，主要以修改题的形式出现，考核概率约为10%。

### 真题精选

有以下程序：
```
#include<stdio.h>
main()
{ FILE *pf;
  char *s1="China", *s2="Beijing";
  pf=fopen("abc.dat","wb+");
  fwrite(s2,7,1,pf);
  fwrite(s1,3,1,pf);
  fclose(pf);
}
```
以上程序运行后，abc.dat文件的内容是（　　）。
A. China　　　　B. Beijing　　　　C. BeijingChi　　　　D. BeijingChina
【答案】C
【解析】本题考查fwrite()函数的使用。fwrite(s2,7,1,pf);语句向文件写入字符串s2，fwrite(s1,3,1,pf);语句向文件写入s1的前3位，最终文件abc.dat的内容是BeijingChi。

## 考点5　fscanf()函数和fprintf()函数

fscanf()函数和fprintf()函数分别是格式化的读和写的函数，它们分别与scanf()和printf()函数的作用相似，但fscanf()函数和fprintf()函数读和写的对象是磁盘文件上的数据。它们的一般形式如下：
　　fscanf(文件指针,格式字符串,输入列表);
　　fprintf(文件指针,格式字符串,输出列表);

> **真考链接**
> 此知识点属于重点掌握的内容，在选择题中的考核概率约为40%；在操作题中，主要以编程题的形式出现，考核概率约为10%。

### 真题精选

【例1】下列程序的输出结果是（　　）。
```
#include<stdio.h>
main()
{ FILE *fp; int i,k=0,n=0;
  fp=fopen("d1.dat","w");
  for(i=1;i<4;i++) fprintf(fp,"%d",i);
  fclose(fp);
  fp=fopen("d1.dat","r");
  fscanf(fp,"%d%d",&k,&n);
```

```
        printf("%d%d\n", k, n);
        fclose(fp);
    }
    A. 12        B. 1230        C. 123        D. 00
```

【答案】B

【解析】fscanf()从磁盘上读取 ASCII 字符，给 k 和 n 赋值。在进行 fp = fopen("d1.dat","w")操作时，向文件写字符，由 fprintf()将1、2、3写入磁盘，再由磁盘将123传给k，且将0传给n。在进行文件写操作时，两个数之间应用空格隔开，而在本题中，没有用空格隔开，所以123视为一个数。

【例2】有以下程序：
```
    #include<stdio.h>
    main()
    {   FILE *fp;int i=20,j=50,k,n;
        fp = fopen("d1.dat","w");
        fprintf(fp,"%d\n",i);
        fprintf(fp,"%d\n",j);
        fclose(fp);
        fp = fopen("d1.dat","r");
        fscanf(fp,"%d%d",&k,&n);
        printf("%d%d\n",k,n);
        fclose(fp);
    }
```
程序运行后的输出结果是（　　）。
　　A. 20 30        B. 20 50        C. 30 50        D. 30 20

【答案】B

【解析】本题首先通过函数 fprintf()将变量 i、j 的值输出到已打开的 d1.dat 文件中，再由函数 fscanf()从 d1.dat 中读取 i、j 的值赋给 k、n。

【例3】下列给定程序中，函数 fun()的功能：对 N 名学生按学习成绩从高到低的顺序找出前 $m(m \leq 10)$ 名学生，并将这些学生的数据存放在一个动态分配的连续存储区中，此存储区的首地址作为函数值返回。

请改正程序中的错误，使它能得出正确的结果。

注意：不要改动 main()函数，不得增行或删行，也不得更改程序的结构。

## 试 题 程 序

```
#include<stdlib.h>
#include<conio.h>
#include<string.h>
#include<stdio.h>
#include<malloc.h>
#define N 10
typedef struct ss
{   char num[10];
    int s;
} STU;
STU *fun(STU a[], int m)
{   STU b[N],*t;
    int i,j,k;
    /*****found*****/
    *t = calloc(m,sizeof(STU));
    for(i=0;i<N;i++)
        b[i] = a[i];
    for(k=0;k<m;k++)
    {   for(i=j=0;i<N;i++)
            if(b[i].s>b[j].s)
                j = i;
        /*****found*****/
        t[k].num = b[j].num;
        t[k].s = b[j].s;
        b[j].s = 0;
    }
    return t;
}
outresult(STU a[],FILE *pf)
{   int i;
    for(i=0;i<N;i++)
        fprintf(pf,"No=%s Mark=%d\n",a[i].num,a[i].s);
    fprintf(pf, "\n\n");
}
void main()
{   STU a[N]={{"A01",81},{"A02",89},
    {"A03",66},{"A04",87},{"A05",77},
    {"A06",90},{"A07",79},{"A08",61},
    {"A09",80},{"A10",71}};
```

```
      STU *pOrder;                                  }
      int i,m;                                      pOrder = fun(a,m);
      printf("* * * *THE RESULT * * * *\n");        printf(" * * * * THE RESULT * * * *\
      outresult(a,stdout);                      n");
       printf ( " \ nGive the number of the         printf("The top:\n");
   students who have better score:");               for(i = 0;i < m;i ++)
      scanf("%d",&m);                                  printf("%s%d\n",pOrder[i].num,
      while(m >10)                              pOrder[i].s);
      { printf ( " \ nGive the number of the        free(pOrder);
   students who have better score:");          }
          scanf("%d",&m);
```

【答案】 (1) t = calloc(m,sizeof(STU)); (2) t[k] = b[j];

【解析】 calloc()用于分配内存空间,调用形式为(类型说明符 *) calloc(n,size),功能为:在内存动态存储区中分配n块长度为size字节的连续区域,函数的返回值为该区域的首地址,(类型说明符 *)用于进行强制类型转换。calloc()函数与malloc()函数的区别在于calloc()函数一次可以分配n块区域。例如,ps = (struct stu *) calloc(2,sizeof(struct stu));,其中的sizeof(struct stu)是求stu的结构长度。因此该语句的意思是:按stu的长度分配两块连续区域,强制转换为stu类型,并把其首地址赋给指针变量ps。在本例中不用考虑得那么复杂,根据定义类型STU b[N], *t,就可以看出 *t = calloc(m,sizeof(STU))中的错误。t[k].num = b[j].num 这一错误旨在考查考生对结构体概念的掌握和灵活应用。

## 考点6　fgets()函数和fputs()函数

**1. fgets()函数**

fgets()函数用来从文件中读入字符串。fgets()函数的调用形式如下:

　　fgets(str,n,fp);

> **真考链接**
> 此知识点属于重点理解的内容,在选择题中的考核概率约为20%;在操作题中,主要以改错题的形式出现,考核概率约为5%。

其中,fp是文件指针;str是存放字符串的起始地址;n是一个int类型的变量。函数的功能是从fp所指文件中读入n-1个字符放入以str为起始地址的空间内。如果在未读完n-1个字符时,已经读到换行符或EOF(文件结束标识),则结束本次读操作,读入的字符串中最后包含读到的换行符。因此,确切地说,调用fgets()函数时,最多只能读入n-1个字符。读入结束后,系统将自动在最后加\0,并以str作为函数值返回。

**2. fputs()函数**

fputs()函数用来把字符串输出到文件中。fputs()函数的调用形式如下:

　　fputs (str, fp);

其中,fp是文件指针;str是待输出的字符串,可以是字符串常量、指向字符串的指针或存放字符串的字符数组名等。用此函数进行输出时,字符串中最后的\0并不输出,也不自动加\n。输出成功,则函数值为正整数,否则为-1(EOF)。

 **常见问题**

调用fputs()函数输出字符串时应注意什么问题?
根据fputs()函数的操作特点,在调用函数输出字符串时,文件中各字符串将首尾相接,它们之间将不存在任何间隔符。为了便于读入,在输出字符串时,应当注意人为地加入诸如\n这样的字符。

 **真题精选**

【例1】 标准函数fgets(s,n,f)的功能是(　　)。
　　A. 从f所指的文件中读取长度为n的字符串存入指针s所指的内存
　　B. 从f所指的文件中读取长度不超过n-1的字符串存入指针s所指的内存
　　C. 从f所指的文件中读取n个字符串存入指针s所指的内存
　　D. 从f所指的文件中读取长度为n-1的字符串存入指针s所指的内存

【答案】B

【解析】fgets(s,n,f)函数的功能是从 f 所指文件中读入 n-1 个字符放入以 s 为起始地址的空间内；如果未读完 n-1 个字符时已读到换行符或 EOF，则结束本次读入。因此确切地说，调用 fgets()函数最多只能读入 n-1 个字符。

【例2】下列给定程序的功能是从键盘输入若干行字符串（每行不超过 80 个字符），写入文件 myfile4.txt，用 -1 作为字符串输入结束的标志，然后将文件的内容显示在屏幕上。文件的读和写分别由函数 ReadText()和 WriteText()实现。

请在标号处填入正确的内容，使程序得出正确的结果。

注意：部分源程序给出如下。不得增行或删行，也不得更改程序的结构。

### 试 题 程 序

```
#include <stdio.h>
#include <string.h>
#include <stdlib.h>
void WriteText(FILE *);
void ReadText(FILE *);
main()
{ FILE *fp;
  if((fp = fopen("myfile4.txt","w")) ==
NULL){ printf("open fail!!\n"); exit(0);}
  WriteText(fp);
  fclose(fp);
  if((fp = fopen("myfile4.txt","r")) ==
NULL){ printf("open fail!!\n"); exit(0);}
  ReadText(fp);
  fclose(fp);
}
void WriteText(FILE【1】)
{ char str[81];
  printf("\nEnter string with -1 to end:
\n");
  gets(str);
  while(strcmp(str,"-1")!=0) {
    fputs(【2】,fw); fputs("\n",fw);
    gets(str);
  }
}
void ReadText(FILE *fr)
{ char str[81];
  printf("\nRead file and output to screen:
\n");
  fgets(str,81,fr);
  while(!feof(fr) ) {
    printf("%s",【3】);
    fgets(str,81,fr);
  }
}
```

【答案】【1】*fw  【2】str  【3】str

【解析】本题考查：函数定义及文件指针。fputs()函数的功能是向指定的文件写入一个字符串，其调用形式：fputs(str, fp)。

标号【1】：定义函数，函数的形参是一个文件类型的指针。

标号【2】：此处考查 fputs()函数的形式，应填入 str。

标号【3】：依据 printf()函数的格式，输出字符串内容，即 printf("%s",str)。

## 12.4　文件的定位

文件位置指针和文件指针是两个完全不同的概念。文件指针是在程序中定义的 FILE 类型的变量，fopen()函数使文件指针和某个文件建立联系。C 语言程序通过文件指针实现对文件的各种操作。文件位置指针只是一个形象化的概念，下面将用文件位置指针来表示当前读或写的数据在文件中的位置。当打开文件时，可以认为文件位置指针总是指向文件的开头，即第一个数据之前。当文件位置指针指向文件末尾时，表示文件结束。

## 考点7　fseek()函数和随机读写

如果控制好文件位置指针，就可以对流式文件进行顺序读写和随机读写。fseek()函数的功能就是移动文件位置指针到指定的位置，其一般调用形式为：

fseek(文件指针,位移量,起始点)

其中起始点的标识符和对应数字与起始地址见表12.1。

**真考链接**

此知识点属于重点理解的内容，在操作题中多以填空题的形式出现，考核概率约为5%。

表 12.1　　起始点的标识符和对应数字与起始地址

| 标识符 | 数　字 | 代表的起始地址 |
| --- | --- | --- |
| SEEK_SET | 0 | 文件开始 |
| SEEK_END | 2 | 文件末尾 |
| SEEK_CUR | 1 | 文件当前位置 |

位移量指以起始点为基点，向前移动的字节数。C语言要求位移量是long型数据，并规定在数字的末尾加一个字母L。

### 常见问题

文件位置指针和文件指针这两个概念有何区别？

文件指针是在程序中定义的FILE类型的变量，fopen()函数使文件指针和某个文件建立联系。文件位置指针只是一个形象化的概念，用文件位置指针来表示当前读或写的数据在文件中的位置。当打开文件时，可以认为文件位置指针总是指向文件的开头。当文件位置指针指向文件末尾时，表示文件结束。

### 真题精选

程序通过定义学生结构体变量，存储学生的学号、姓名和3门课的成绩。所有学生数据均以二进制方式输出到student.dat文件中。函数fun()的功能：从文件中找出指定学号的学生数据，读入此学生数据，对该学生的分数进行修改，使每门课的分数加3分，修改后重写文件中学生的数据，即用该学生的新数据覆盖原数据，其他的学生数据不变；若找不到，则不进行任何操作。

请在标号处填入正确的内容，使程序得出正确的结果。

注意：部分源程序给出如下。不得增行或删行，也不得更改程序的结构。

### 试题程序

```
#include <stdio.h>
#define N 5
typedef struct student {
    long sno;
    char name[10];
    float score[3];
} STU;
void fun(char *filename, long sno)
{   FILE *fp;
    STU n; int i;
    fp = fopen(filename,"rb+");
    while(!feof(【1】))
    {  fread(&n, sizeof(STU), 1, fp);
       if (n.sno【2】sno) break;
    }
    if (!feof(fp))
    {  for (i=0; i<3; i++) n.score[i] += 3;
       fseek(【3】, -(long)sizeof(STU), SEEK_CUR);
       fwrite(&n, sizeof(STU), 1, fp);
    }
    fclose(fp);
}
main()
{  STU t[N] = { {10001,"MaChao", 91, 92, 77},
{10002,"CaoKai", 75, 60, 88},{10003,"LiSi",
85, 70, 78},{10004,"FangFang", 90, 82, 87},
```

```
 {10005,"ZhangSan", 95, 80, 88}}, ss[N];
   int i,j;FILE * fp;
   fp = fopen("student.dat", "wb");
   fwrite(t, sizeof(STU), N, fp);
   fclose(fp);
   printf("\nThe original data :\n");
   fp = fopen("student.dat", "rb");
   fread(ss, sizeof(STU), N, fp);
   fclose(fp);
   for (j = 0; j < N; j ++)
   { printf("\nNo:%ld Name:% -8sScores: ",
ss[j].sno, ss[j].name);
       for (i = 0; i < 3; i ++) printf("% 6.2f ",
ss[j].score[i]);
       printf("\n");
   }

   fun("student.dat", 10003);
   fp = fopen("student.dat", "rb");
   fread(ss, sizeof(STU), N, fp); fclose
(fp);
   printf("\nThe data after modifying :\
n");
   for (j = 0; j < N; j ++)
   { printf("\nNo:%ld Name:% -8sScores:
",ss[j].sno, ss[j].name);
       for (i = 0; i < 3; i ++) printf("% 6.2f
", ss[j].score[i]);
       printf("\n");
   }
}
```

【答案】【1】 fp    【2】 ==    【3】 fp
【解析】本题考查：文件结束检测函数 feof()；if 语句条件表达式；fseek() 函数。
　　标号【1】：while 循环语句的循环条件用于判断文件是否结束，配合 feof() 函数来完成，其一般形式为 feof(文件指针)。
　　标号【2】：根据题目要求确定 if 语句条件表达式的内容，满足条件后跳出循环。
　　标号【3】：文件定位函数 fseek()，调用形式为 fseek(文件指针,位移量,起始点)，此处文件指针是 fp。

## 12.5　综合自测

一、选择题
1. C 语言中系统的标准输出是指（　　）。
　　A. 显示器　　　　　　　　　　　　　B. 键盘
　　C. 软盘　　　　　　　　　　　　　　D. 硬盘
2. 若 fp 是指向某文件的指针，且未读到文件的末尾，则表达式 feof(fp) 的返回值是（　　）。
　　A. EOF　　　　B. 1　　　　C. 0　　　　D. 非零值
3. 已知一个文件中存放了若干学生的档案记录，其数据结构如下：
　　struct st
　　{ char num[10];
　　  int age;
　　  float score[5];
　　};
定义一个数组：struct st a[10];
假定文件已正确打开，不能正确地从文件中读入 10 名学生的数据到数组中的是（　　）。
　　A. fread(a,sizeof(struct st),10,fp);
　　B. for(i = 0;i < 10;i ++) fread(a[i],sizeof(struct st),1,fp);
　　C. for(i = 0;i < 10;i ++) fread(a + i,sizeof(struct st),1,fp);
　　D. for(i = 0;i < 10;i + = 2)fread(a + i,sizeof(struct st),2,fp);
4. 如果需要打开一个已经存在的非空文件"FILE"并向文件末尾添加数据，正确的打开语句是（　　）。
　　A. fp = fopen("FILE", "r");　　　　　　B. fp = fopen("FILE", "r +");
　　C. fp = fopen("FILE", "w +");　　　　　D. fp = fopen("FILE","a +");

5. 有以下程序
   ```
   #include <stdio.h>
   main()
   {
   FILE *f;
   f=fopen("filea.txt","w");
   fprintf(f,"abc");
   fclose(f);
   }
   ```
   若文本文件 filea.txt 中原有内容为：hello，则运行以上程序后，文件 filea.txt 中的内容为（    ）。
   A. abc           B. abclo           C. helloabc           D. Abchello

6. 在高级语言中，对文件操作的一般步骤是（    ）。
   A. 打开文件→操作文件→关闭文件            B. 操作文件→修改文件→关闭文件
   C. 读写文件→打开文件→关闭文件            D. 读文件→写文件→关闭文件

7. C 语言可以处理的文件是（    ）。
   A. 文本文件和数据文件                    B. 文本文件和二进制文件
   C. 数据文件和二进制文件                  D. 以上答案都不完全

8. 以下叙述中，错误的是（    ）。
   A. 二进制文件打开后可以先读文件的末尾，而顺序文件不可以
   B. 在程序结束时，应当用函数 fclose() 关闭已打开的文件
   C. 在利用函数 fread() 从二进制文件中读数据时，可以用数组名给数组中所有元素读入数据
   D. 不可以用 FILE 定义指向二进制文件的文件指针

9. 函数调用语句 fseek(fp,10L,2); 的含义是（    ）。
   A. 将文件位置指针移动到距离文件开头 10 个字节处
   B. 将文件位置指针从当前位置向文件末尾方向移动 10 个字节
   C. 将文件位置指针从当前位置向文件开头方向移动 10 个字节
   D. 将文件位置指针从文件末尾处向文件开头方向移动 10 个字节

10. 若要用 fopen() 函数打开一个新的二进制文件，该文件要既能读也能写，则打开方式是（    ）。
    A. "ab+"         B. "wb+"         C. "rb+"         D. "ab"

11. 有以下程序（程序中 "fseek(fp,-2L*sizeof(int),SEEK_END);" 语句的作用是使文件位置指针从文件末尾向前移动 2*sizeof(int) 个字节）：
    ```
    #include <stdio.h>
    main()
    { FILE *fp;int i,a[4]={1,2,3,4},b;
      fp=fopen("data.dat","wb");
      for(i=0;i<4;i++)fwrite(&a[i],sizeof(int),1,fp);
      fclose(fp);
      fp=fopen("data.dat","rb");
      fseek(fp,-2L*sizeof(int),SEEK_END);
      fread(&b,sizeof(int),1,fp);/*从文件中读取sizeof(int)个字节的数据到变量b中*/
      fclose(fp);
      printf("%d\n",b);
    }
    ```
    执行后输出的结果是（    ）。
    A. 2             B. 1             C. 4             D. 3

12. 若要以 "a+" 方式打开一个已存在的文件，则以下叙述正确的是（    ）。
    A. 文件打开时，原有文件内容不被删除，文件位置指针移动到文件末尾，可进行添加和读操作
    B. 文件打开时，原有文件内容不被删除，文件位置指针移动到文件开头，可进行重写和读操作
    C. 文件打开时，原有文件内容被删除，只可进行写操作
    D. 以上各种说法都不正确

13. fscanf( )函数的正确调用形式是（    ）。
    A. fscanf(文件指针,格式字符串,输出列表);
    B. fscanf(格式字符串,输出列表,文件指针);
    C. fscanf(格式字符串,文件指针,输出列表);
    D. fscanf(文件指针,格式字符串,输入列表);
14. 读取二进制文件的函数调用形式为：fread(buffer,size,count,fp);,其中 buffer 代表的是（    ）。
    A. 一个内存块的首地址，代表读入数据存放的地址
    B. 一个整型变量，代表待读取的数据的字节数
    C. 一个文件指针，指向待读取的文件
    D. 一个内存块的字节数
15. fgetc( )函数的作用是从指定文件读入一个字符,该文件的打开方式必须是（    ）。
    A. 只写                          B. 追加
    C. 读或读写                      D. 选项 B 和选项 C 都正确
16. 在执行 fopen( )函数时,ferror( )函数的初值是（    ）。
    A. TURE          B. -1          C. 1          D. 0

二、操作题

下列给定程序的功能是调用 fun( )函数建立班级通讯录。通讯录中记录每位学生的编号、姓名和电话号码。班级人数和学生信息通过键盘输入，每个人的信息作为一个数据块写到名为 myfile5.dat 的二进制文件中。请在标号处填入正确的内容，使程序得出正确的结果。

注意：不得增行或删行，也不得更改程序的结构。

## 试 题 程 序

```
#include <stdio.h>
#define N 5
typedef struct
{  int num;
   char name[10];
   char tel[10];
} STYPE;
void check();
/******found******/
int fun(【1】 * std)
{  /******found******/
   【2】 * fp;int i;
   if((fp = fopen("myfile5.dat","wb")) ==NULL) return(0);
   printf("\nOutput data to file !\n");
   for(i = 0; i < N; i ++)
      /******found******/
      fwrite(&std[i], sizeof(STYPE), 1, 【3】);
   fclose(fp);
   return(1);
}
main()
{STYPE s[10] =
   {{1,"aaaaa","111111"},{1,"bbbbb","222222"},{1,"ccccc","333333"},{1,"ddddd","444444"},{1,"eeeee","555555"}}; int k = fun(s);
   if (k ==1)
   { printf("Succeed!"); check(); }
   else printf("Fail!");
}
void check()
{  FILE * fp; int i;
   STYPE s[10];
   if((fp = fopen("myfile5.dat","rb")) ==NULL)
   { printf("Fail !!\n"); exit(0); }
   printf("\nRead file and output to screen:\n");
   printf("\n numnametel\n");
   for(i = 0; i < N; i ++)
   { fread(&s[i],sizeof(STYPE),1, fp);
     printf("%6d%s%s\n",s[i].num,s[i].name,s[i].tel);
   }
   fclose(fp);
}
```

# 第13章

# 操作题高频考点精讲

本章主要介绍全国计算机等级考试二级 C 语言操作题高频考点精讲，包括 C 程序设计基础、C 语言的基本结构、函数、指针、数组、字符串、结构体、链表和用户定义类型、文件等内容。

**操作题分析明细表**

| 考 点 | 考核概率 | 难易程度 |
| --- | --- | --- |
| C 程序结构特点 | 10% | ★★ |
| 常量与变量 | 30% | ★★★★★ |
| 运算符及表达式 | 50% | ★★★ |
| 强制类型转换 | 10% | ★★ |
| 格式输入与输出 | 100% | ★★★★★ |
| 条件与分支语句（if、switch） | 10% | ★★ |
| 循环 | 100% | ★★★★★ |
| 函数的定义、调用及参数传递 | 60% | ★★★★ |
| 迭代算法和递归算法 | 10% | ★★★ |
| 指针变量的定义 | 60% | ★★★★ |
| 函数之间的地址传递 | 10% | ★★★ |
| 一维数组 | 40% | ★★★ |
| 排序算法 | 10% | ★★★★★ |
| 二维数组 | 20% | ★★★★ |
| 字符串的表示 | 80% | ★★★★ |
| 指向字符串的指针 | 30% | ★★★ |
| 字符串处理函数 | 30% | ★★★★ |
| 结构体变量的定义与表示方法 | 10% | ★★★ |
| 链表 | 25% | ★★★★ |
| 命名类型 | 35% | ★★★ |
| 宏定义 | 25% | ★★★★ |
| 文件的打开与关闭 | 20% | ★★ |
| 文件的读写 | 25% | ★★ |
| 文件检测函数 | 30% | ★★ |

## 13.1　C程序设计基础

### 考点1　C程序结构特点

C程序的结构特点如下。
(1) 一个C源程序有且仅有一个main()函数，程序执行总是从main()函数开始的。
(2) 函数体必须用花括号（{}）标识。
(3) 每个执行语句都必须以分号（;）结尾，预处理命令、函数头和"}"之后不加分号。
(4) 要区分大小写。

**题型剖析**：该知识点常在改错题中考查，常见问题如句末缺少分号、括号不匹配、运算符或关键字书写错误等。做题前先运行程序，即可很快找到语法错误。

### 考点2　常量与变量

**1. 整型数据**

(1) 整型常量：即整常数，包括十进制整数（如123、-456、0）、八进制整数（以0开头，如0123，即$(123)_8$）、十六进制整数（以0x开头，如0x123，即$(123)_{16}$）。

(2) 整型变量：可分为有符号基本整型（[signed] int）、无符号基本整型（unsigned [int]）、有符号短整型（[signed] short [int]）、无符号短整型（unsigned short [int]）、有符号长整型（[signed] long [int]）和无符号长整型（unsigned long [int]）的变量。

**2. 实型数据**

(1) 实型常量：也称浮点型常量，有两种表示形式，即十进制小数（如.123、123.、123.0）形式和指数（如123.456e3表示$123.456×10^3$）形式。

(2) 实型变量：可分为单精度型（float）、双精度型（double）和长双精度型（long double）的变量。

**3. 字符型数据**

(1) 字符常量：用单引号标识的一个字符，如'a'，'+'，'\0'。
(2) 字符变量：用来存储单个字符。
(3) 字符串常量：由一对双引号标识的字符序列，如"hello"，"123456"。字符串常量占用的内存字节数等于字符串中的字符数加1，最后一个字节存放字符"\0"（ASCII值为0），即字符串结束标识。

**4. 变量的初始化**

定义的变量在使用之前，需要赋予一个确定的初值，否则会出现冗余数据直接参与运算的情况。初始化有两种方法：(1) 先定义然后初始化，如int a;a=5;；(2) 在定义时直接初始化，如int a=5;。在遇到循环时，循环变量需要先定义，然后才能在循环结构中应用。

**题型剖析**：字符串和字符串结束标识（\0）是常考查的内容，在填空题和改错题中都时有出现，并且编程题中经常会考查对字符串进行操作，在编程题中出现的概率也很高。

常见的考查形式有两种。

(1) 判断是否到达字符串的结尾，即判断当前字符是否为"\0"。

例如，要遍历字符串s，使用整型变量n存放下标，那么判断当前字符是否为"\0"，可表示为while(s[n]!='\0'){…}。

**注意**：也可以使用指针实现，若指针p指向某一个字符，则为while(*p!='\0'){…}。

(2) 对字符串操作结束后，添加字符串结束标识（\0）。

例如，下标n为字符串中最后一个字符的下标，要添加字符串结束标识，可以表示为s[n++]='\0'。

**注意**：也可以用指针实现，若指针p指向最后一个字符，则为*(p++)='\0'。

### 考点3　运算符及表达式

（1）算术运算符：圆括号、求正值（+）、求负值（-）、乘（*）、除（/）、求余（%）、加（+）、减（-）。
（2）复合赋值运算符：+=、-=、*=、/=和%=。
（3）自加、自减运算符：i++表示i参加运算后再加1，++i表示i加1后再参加运算，i--和--i同理。
（4）逻辑运算符：&&（逻辑与）、||（逻辑或）、!（逻辑非）。
优先级的高低：! > && > ||。

应用逻辑运算符可以构成复杂的逻辑关系表达式。判断一个量是否为真的依据是其值是否为0，为0则为假，否则为真。

**题型剖析**：这一部分知识常在编程题中考查，表达式的应用是否正确直接决定一个算法是否有效。填空题和改错题中也经常要求根据上下文的算法来补全特定位置的表达式。

（1）应该强调的是部分运算符的优先级，如涉及逻辑关系表达式的语句，如果想表达两个或关系的与，应该严格地应用括号，如(exp1||exp2)&&(exp3||exp4)，而 exp1||exp2&&exp3||exp4 表示的是3个表达式的多元或关系。
（2）整数除法的问题，一个整数去除外一个整数，得到的结果是一个整数，这个整数是结果的整数部分，小数部分会被忽略掉，而且不是使用四舍五入的规则。比如3/2结果是1.5，但是如果返回一个整数，结果是1。这类情况通常在比较长的表达式的综合运算中被忽视，可能会造成整体运算的错误，所以在特定的时候，需要注意整数除法。相应的解决方法是设置数据类型为浮点型。
（3）除法运算符"/"和求余运算符"%"的区别。典型题目是求一个多位整数各个位上的数值。
例如，要得到三位数456的个位、十位和百位数值。
个位数：456%10=6
十位数：456/10%10=45%10=5
百位数：456/100=4
（4）自加、自减运算符的特点及区别。
f(i++)：表示i在参与f运算之后自加1。
f(++i)：表示i在参与f运算之前自加1。
（5）赋值号"="与等号"=="的区别。这两种符号考生容易在语句中由于疏忽而混淆。例如，if (a=5) 是错误的，因为在条件语句中不会出现赋值号。

### 考点4　强制类型转换

利用强制类型转换运算符，可以将一个表达式转换成所需类型，其一般形式如下：
（类型名）（表达式）
例如，(char)(x+y)表示将(x+y)的值强制转换为字符型。
**题型剖析**：该知识点常在填空题和改错题中考查，典型题目是求两个整数相除的值。
例如，int i; double f;，需要将整数i的倒数赋给f。这里直接使用 f=1/i 是错误的，因为两个整数相除的结果也是一个整数，f中存放的是1与i相除结果的整数部分。解决的方法有两种：

- 进行强制类型转换，f=(double)1/i;
- 在赋值运算中进行类型转换，将运算符左侧的整数变为浮点数，f=1.0/i。

# 13.2　C语言的基本结构

### 考点5　格式输入与输出

**1. printf( )用于格式化输出数据**

**格式**：printf(格式控制,输出列表);
其中，格式控制是用""标识的部分，它包括两种信息：格式说明和需要原样输出的字符。输出列表是需要输出的一些数据，可以是常量、变量或表达式。

```
printf("Hello World!!");           /*原样输出字符串 Hello World!! */
printf("%5d",123);                 /*输出□□123,即 123 前面还有两个空格,5 表示格式输出长度*/
printf("%2d",123);                 /*输出 123,即如果格式长度不足,则按实际长度输出*/
printf("%c",c);                    /*输出字符型变量c,其中c一定被赋值过*/
printf("%s","string");             /*输出字符串 string*/
printf("%f",a);                    /*输出单精度浮点数a*/
printf("%2.2",1.2);                /*输出"□1.20",即前面一个空格,小数点后两位有效数字*/
```

**2. scanf( )用于格式化输入数据**

**格式**：scanf(格式控制,地址列表);

其中,格式控制与 printf( )函数的基本相同,只是没有位数的设置。

值得注意的是,格式化输入字符的时候,空格也是被当作一个字符输入的,所以连续输入多个字符的时候,中间一定不能添加空格,例如:

```
#include<stdio.h>
void main(){
  char a,b,c;
  scanf("%c%c%c",&a,&b,&c);
  /*容易忽略的是输入时的空格以及这里的取地址符*/
  scanf("%c%c%c",&a,&b,&c);
}
```

可以看到,如果在格式控制中添加空格,那么连续输入字符的时候添加空格就是合法的。

**3. putchar( )用于向终端输出一个字符**

**格式**：putchar( );

```
putchar('a');            /*将字符a输出在屏幕上*/
putchar(65);             /*将ASCII值为65的字符输出在屏幕上*/
char a='c';putchar(a);   /*将字符型变量a的值输出在屏幕上*/
```

**4. getchar( )用于从终端获得一个字符**

**格式**：getchar( );

**题型剖析**：输入/输出是基本知识点,其他的功能往往通过输入/输出来体现。考点主要有以下3个方面。

(1) 格式控制：根据输出列表判断格式控制的形式。

(2) 输出列表：根据题目要求,输出不同结果。

(3) 地址列表：根据题目要求,输入不同的数据。

该知识点通常会在填空题和改错题中考查。填空题中会要求根据格式控制、输出列表或地址列表的部分内容补充另外部分的内容,从而使其符合语法要求。而改错题则要求判断格式控制、输出列表、地址列表之间的对应关系是否正确,如小数点后有效位数的保留情况,小数点之前整数位数的预留情况,输入输出格式中空格的作用等。

另外,应用 scanf( )函数接收终端输入的时候,涉及的待赋值变量参数一定要加上取地址符"&",以传值引用的方式调用,否则可能会出现未初始化,或者计算错误等问题。

## 考点6　条件与分支语句（if、switch）

**1. if 语句**

if 条件语句可以有两种形式：if(exp){ }或者 if(exp){ } else{ }。在嵌套结构中,else 只与其前面最近的且未匹配的 if 匹配,也可在嵌套结构中直接应用 { } 将 if...else 搭配关系表示清楚。

例如：
```
int a=0;
if(1) a=3;
if(0) a=4;
else a=5;
```
上述代码得到的答案是5,而下面的代码：
```
int a=0;
```

```
    if(1){
        a = 3;
        if(0) a = 4;
    }
    else a = 5;
```
得到的答案是3。

if 语句的另外一种表达方法是与使用三目运算符等价的方式，即（exp1）? exp2：exp3;，等价于 if( exp1 ) exp2 ; else exp3 ;，同样该表达方式也可以嵌套。

**2. switch 语句**

分支语句 switch 是支持多分支的选择语句，用来实现多分支选择结构。

格式：

```
switch(exp){
    case constexp1:exp1;
    case constexp2:exp2;
    ...
    default: expn;
}
```

如果想在执行某条 case 语句后直接跳出分支判断，则在 exp 后面添加 break 即可。每个 case 的值应该不同，否则会出现冲突。

**题型剖析**：if 语句作为条件判断必不可少的语句，常在填空题、改错题、编程题中考查，尤其是在编程题中。考查方式主要如下。

（1）if 语句的表达式，一般要根据题目要求填入判断的条件，如 if (＿＿＿)。语句的表达式有很多种，可以是简单的算术表达式、逻辑表达式，也可以是带有指针、数组等变量的表达式。

（2）if 语句体，需根据题目要求填入判断后应执行的语句，如 if (a == 0) {＿＿＿}。

（3）if 的嵌套形式，应该注意 if 语句的配对，在填空题中可以考查根据嵌套形式写出结果，也可以在改错题中考查判断所应用的嵌套形式中某个条件是否正确，是否满足算法的判断要求。

switch 语句的考查主要涉及填空题中语句的书写形式。一般需根据题目要求填入表达式，如 switch (＿＿＿);，或者选择条件及执行语句，如 case ＿＿＿：＿＿＿；抑或考查 break 语句。

## 考点7  循  环

**1. 常用的循环语句**

```
while(exp) {}              /* 当 exp 为真时,执行语句 */
do{}while(exp);            /* 先执行语句,然后判断 exp 是否为真,若为真则继续执行 */
for(exp1;exp2;exp3){}      /* 应用 exp1 初始化,满足条件 exp2 则执行,变化为 exp3 */
```

其中 {} 表示要执行的语句块。

循环是可以嵌套的，其实质是对应语句块的嵌套，也就是 {} 的配对。

考试中，循环的考查方式往往是给出一段程序，让考生填写循环表达式。循环表达式包括循环变量的初始化，循环变量的取值范围以及循环的结束条件等。

**2. 跳出循环的语句（continue，break）**

continue：表示跳过本次循环，而直接继续执行下一次循环。

break：表示跳出整个循环体，直接执行该循环的后继语句。

**题型剖析**：

（1）while 语句中条件表达式的考查。一般需根据题目要求填入循环条件，如 while (＿＿＿)。while 的表达式与 if 语句的表达式一样有很多种，可以是简单的算术表达式、逻辑表达式，也可以是带有指针、数组等变量的表达式。

（2）while 结构语句的考查，需根据题目要求填入循环执行语句，如 while (a > 5 && a < 10) {＿＿＿}。

（3）do…while 循环是经常考查的知识点，其考查形式如下。

①循环条件。即 while 语句的表达式的考查，与 while 语句考查形式基本相同。

②循环体。需根据题目要求填写，基本与 while 循环体语句的考查形式相同。但是要注意 do…while 循环先执行循环体，再进行循环判断，而 while 循环是先进行循环判断，再执行循环体。

③与迭代算法一起考查，如求级数，或者求阶乘。

(4) for 语句是 C 语言中常用的循环体语句。
①考查循环起始条件、继续条件、循环变量，如 for(＿＿＿＿；＿＿＿＿；＿＿＿＿)。
②for 语句执行语句部分的考查，需根据题目要求写出循环执行语句，如 for(i=0;i<100;i++){＿＿＿＿；＿＿＿＿}。
(5) 循环嵌套多出现在复杂的算法中，常见的考查形式有以下两种。
①循环嵌套的形式：6 种基本嵌套形式。
②for 循环的嵌套，执行的过程，内循环的执行以及循环语句的结束条件。

## 13.3 函 数

### 考点 8　函数的定义、调用及参数传递

**1. 函数的定义**

函数定义的格式如下：

类型名　函数名([形参列表]){
　　　　声明部分
　　　　语句部分
　　　　}

**2. 函数参数和返回值**

函数的参数分为形参和实参。在定义函数时，函数名后面括号中的变量称为形参；在主调函数中，函数名后面括号中的参数（可以是一个表达式）称为实参。形参与实参应该类型相同且个数相等。

函数的返回值是通过函数调用使主调函数能得到的一个确定的值。返回值的类型应与函数类型相同。

**3. 函数的调用**

函数调用的格式如下：

函数名(实参列表)

函数调用的方式如下。

(1) 函数语句：把函数调用作为一条语句，此时该函数不要求有返回值，只需要执行一定的操作。

(2) 函数表达式：函数出现在一个表达式中，称为函数表达式。因为要参与表达式的计算，所以要求函数有对应数据类型的返回值。

(3) 函数参数：函数调用可作为一个函数的实参。

**4. 参数的传递**

值传递的格式如下：

　　函数名(实参列表)

引用传递的格式如下：

　　函数名(& 参数,…)

它们的区别：在值传递时，参数在函数执行过程中所产生的变化不被记录，即形式参数中值的变化不会影响实际参数的值，而在引用传递时则恰好相反。

**题型剖析：**

(1) 函数的定义在上机考试中考查得比较简单，其考查形式如下。

①函数类型的考查，要求根据主调函数的调用形式写出被调用函数的类型标识符，如＿＿＿fun(int a)。其类型可以是基本类型，也可以是用户自定义类型。要确定函数的类型，只需要确定函数应返回的类型即可，如果函数不返回值，则为 void 型。

②参数类型的考查，要求根据实参类型填写被调用函数的形参类型，如 int fun(int a,＿＿＿c)。这里要记住形参与实参应一一对应。

(2) 函数的参数和返回值属于必考知识点，函数调用时经常需要返回值，所以要特别注意。

①函数的形参和实参，该知识点考查形式比较灵活，除了在定义时要使其个数和类型保持一一对应外，还要根据具体程序确定变量的名称。

②函数返回值，根据函数调用后要返回给主调函数的值填写返回值变量名，如 return ＿＿＿。

### 考点9　迭代算法和递归算法

**迭代算法**：使用计算机解决问题的一种基本算法，它利用计算机运算速度快、适合做重复性操作的特点，让计算机对一组指令（或一定步骤）进行重复执行，在每次执行这组指令（或这些步骤）时，都从变量的原值推出一个新值。迭代算法常用来求方程的近似根。

**递归算法**：在调用一个函数的过程中直接或间接调用函数本身的算法，称为函数的递归调用。常见的递归调用有：求n!、遍历树等。

**题型剖析**：求n!、斐波那契数列、递归输出回文等是递归算法的典型应用，该知识点在填空题、改错题、编程题中均有出现，具体考查形式不固定，多是对算法中关键步骤的考查。

例如：求10!。

```
#include<stdio.h>
long fun(int n)
{ if(n>1)   return(n*fun(n-1));
   return 1;
}
main()
{printf("10!=%ld\n",fun(10));}
```

## 13.4　指　　针

### 考点10　指针变量的定义

一个变量的地址称为该变量的指针。如果有一个变量专门用来存放地址，那么这个变量就是指针变量，即存放变量地址的变量是指针变量。

定义指针的格式如下：

　　基类型 * 指针变量名；

例如：

　　float * a;　　/*a是指向float型变量的指针变量*/
　　char * b;　　/*b是指向char型变量的指针变量*/

变量的前面加上符号&，如&a，表示变量的地址，可以将&a赋值给一个指针。例如：

```
#include<stdio.h>
void main(){
    int a=0;
    int *i=&a;
}
```

**注意**：①虽然在定义时用int*i定义了一个指向int类型变量的指针，但是该指针的变量名仍然是i；②定义指针时要在*前面声明指针的类型；③对指针赋值时，指针的类型应与其指向的值的类型一致；④对于*p=a来说，p和&a表示变量a的地址，*p和a表示变量a的值；⑤p++表示地址加1，(*p)++表示指针指向的数据加1。

**题型剖析**：指针是C语言的重要工具，也是考试考查的重点，其考查形式如下。

(1) 指针变量的声明，特别要注意声明时候的*号。
(2) 指针变量的赋值，指针变量存储的是地址，因此在考试时要注意变量的值与地址的区别。

### 考点11　函数之间的地址传递

在第8章已经讲述过，传递值不修改原参数的值，但是如果原参数是一个指针，就可以修改指针指向的内存地址中所存放的数据。例如：

```
#include<stdio.h>
void change(int *);
void main(){
    int a=0;
    int *p=&a;
    change(p);
    printf("%d\n",a);
}
void change(int *p){
    (*p)++;
}
```

输出结果为1。

**题型剖析**：函数之间的地址传递在填空题和改错题中均有出现，考查形式如下。

(1) 根据函数的实参，确定指针形参的类型，例如：
```
int *p3,*p4;
swap(p3,p4);
void swap(int *p1,*p2)      /*实参与形参的类型要一致*/
```
(2) 根据函数的形参，确定实参的变量名。

## 13.5 数　　组

### 考点12　一维数组

**1. 定义方法**

一维数组的定义格式如下：

类型说明符 数组名[常量表达式]；

其中，类型说明符指明数组元素的数据类型；常量表达式是一个整型值，指定数组元素的个数，即数组的长度，数组的长度必须用[ ]标识；常量表达式可以是常量或符号常量，不能包含变量。例如：

`int array[5];`　　　/*定义一个数组元素类型为整型，长度为5的数组*/

注意：数组元素的下标从0开始，即该数组元素分别为a[0]、a[1]、a[2]、a[3]、a[4]，这也是数组元素的访问方法。

**2. 一维数组的初始化**

一般采用在定义的时候为数组赋值。例如：

```
int array[5]={0,1,2,3,4};      /*分别赋值0、1、2、3、4*/
int array[5]={0,1,2};          /*前面3个元素赋值0、1、2，后面2个元素默认为0*/
int array[5]={0};              /*给5个元素均赋值0*/
int array[ ]={0,1,2,3,4};      /*定义并初始化一个长度为5的整型数组*/
```

**3. 一维数组元素的输入与输出**

如果需要逐个输入或输出数组元素，则均会使用循环语句来实现，以int array[5]为例：

```
#include<stdio.h>
void main(){
    int array[5],i;
    for(i=0 ; i<5 ; i++){     /*输入*/
        scanf("%d",&array[i]);
    }
    for(i=0 ; i<5 ; i++){     /*输出*/
        printf("%d",array[i]);
    }
}
```

输入：0 1 2 3 4

输出：0 1 2 3 4

注意：数组名a本身就是一个指向数组内存区域首地址的指针，其类型与数组元素的类型相同。也就是说，数组元素a[i]可以写成*(a+i)。

**题型剖析**：一维数组的考查比较频繁，其考查形式如下。

(1) 数组元素的引用，可以使用数组下标和指针两种方式来实现，其中常见的方式是使用数组下标。例如，要引用整型数组a[5]的第3个元素，使用数组下标的方式为a[2]，使用指针的方式为*(a+3)。

(2) 数组的遍历，常使用循环语句来实现，此时要注意数组的上下界。例如，要遍历数组a[5]，则该数组的下界为0，上界为4，用程序实现如下：

```
for (i=0 ; i<5 ; i++)
    ...
```

## 考点 13  排序算法

**1. 冒泡排序算法**

以升序为例,冒泡排序算法的基本思想是:将元素两两进行比较,把大数向后移动,经过一趟比较,使最大的数移动到数组的最后一位;经过第二趟比较,使第二大的数移动到数组的倒数第二位,以此类推,最终得到一个升序序列。

排序过程如下。

(1) 比较第一个数和第二个数,若为逆序 a[0] > a[1],则交换;然后比较第二个数与第三个数;以此类推,直到第 $n-1$ 个数和第 $n$ 个数比较完成为止,完成第一趟冒泡排序,结果使最大的数放到最后的位置。

(2) 下面需要排序前 $n-1$ 个元素,按照步骤 (1),将这 $n-1$ 个元素中最大的元素放到前面 $n-1$ 个元素的最后的位置,也就是整体的倒数第二位。

(3) 重复上述步骤,直到 $n-1$ 趟排序过后,整体冒泡排序算法结束。

程序如下:

```
#include<stdio.h>
void main(){
    int a[10],i,j,t;
    printf("Input 10 numbers:\n");
    for(i = 0 ; i <10 ; i ++){
        /* 由终端接收 10 个整数,一般情况下是无序
        的 */
        scanf("%d",&a[i]);
    }
    printf("\n");
    for(i = 0 ; i <9 ; i ++){
        /* 代表的是执行冒泡排序的次数,统一为从 0
        开始 */
        for( j = 0 ; j <9 - i ; j ++){
            /* 从 0 开始,两两比较,不用比较已经确定位置
            的大数 */
            if(a[j] > a[j +1]){
                t = a[j];
                a[j] = a[j +1];
                a[j +1] = t;
            }
        }
    }
    for(i = 0 ; i <10 ; i ++){
        printf("%d",a[i]);
    }
}
```

**2. 选择排序算法**

仍然以升序排序为例,选择排序算法的基本思想是:在第一趟进行排序时,从所有的元素中找到最小的元素,使其与第一个元素交换。在进行第二趟排序时,从剩下的 $n-1$ 个元素中找到最小的,使其与第二个元素交换。以此类推,完成排序。

排序过程如下。

(1) 首先通过 $n-1$ 次比较,从 $n$ 个数中找到最小的数,将它与第一个数交换,使最小的数被放到第一个元素的位置上。

(2) 再通过 $n-2$ 次比较,从剩余的 $n-1$ 个数中找出次小的数,将它与第二个数交换,使次小的数被放到第二个元素的位置上。

(3) 重复上述过程,经过 $n-1$ 趟排序后得到一个升序序列。

程序如下:

```
#include<stdio.h>
void main(){
    int a[10],i,j,k,x;
    printf("Input 10 numbers:\n");
            /* 从终端接收 10 个整数 */
    for(i = 0 ; i <10 ; i ++){
        scanf("%d",&a[i]);
    }
    printf("\n");
    for(i = 0;i <9;i ++){/* 开始执行选择排序
        算法 */
        k = i;
        for( j = i +1 ; j <10 ; j ++){
            if(a[j] < a[k]){k = j;}}
        if(i! = k)
        { x = a[i];
            a[i] = a[k];
            a[k] = x;
        }
    }
    printf("the sorted numbers:\n");
    for(i = 0;i <10;i ++)
        {printf("%d",a[i]);}
}
```

题型剖析：将这两个算法的完整代码写在这里，是为了强调这两个算法的基础性和重要性，排序是解决上机编程的重要工具，要学会灵活运用。要着重理解两重循环中内层循环和外层循环在算法中各自起的作用，以及它们的联系和区别。

### 考点 14　二维数组

**1. 定义方法**

二维数组的定义格式如下：

类型说明符　数组名[常量表达式1][常量表达式2]；

例如：int array[3][4];　　　/*定义一个3行4列共12个元素的数组，元素类型为整型*/

注意：①二维数组的定义不能写成 int array[3,4]；②二维数组中元素的排列顺序是按行排列，即存放完第一行的元素之后接着存放第二行的元素，数组名 array 代表二维数组的首地址，a[0]代表数组第0行的首地址，a[i]代表数组第i行的首地址；③允许定义多维数组。

**2. 二维数组的初始化**

例如：int a[3][4] = {{0,1,2,3},{4,5,6,7},{8,9,10,11}};　/*为3行数组元素分别赋值*/
　　　int a[3][4] = {0,1,2,3,4,5,6,7,8,9,10,11};　　　　/*为12个元素赋值*/
　　　int a[3][4] = {{0},{4},{8}};　　　　　　　　　　　/*同一维数组一样,没有赋值的元素默认为0*/
　　　int a[][4] = {0,1,2,3,4,5,6,7,8,9,10,11};　　　　/*为全部元素赋值的时候可以省去第一个常量表达式*/

**3. 二维数组的输入与输出**

如果需逐个输入或输出数组元素，则需要使用两层循环来实现，以 array[3][3]为例：

```
#include <stdio.h>
void main(){
    int array[3][3],i,j;
    for(i=0;i<3;i++)      /*输入*/
        for(j=0;j<3;j++)
            scanf("%d",&array[i][j]);
    for(i=0;i<3;i++)
        {for(j=0;j<3;j++)
            printf("%d ",array[i][j]);
         printf("\n");
        }
}
```

输入：1 2 3 4 5 6 7 8 9
输出：1 2 3
　　　4 5 6
　　　7 8 9

题型剖析：二维数组考查形式如下。

(1) 二维数组元素的引用，多使用数组下标来实现，常用于矩阵的运算。

例如，用二维数组 a[3][3]存放三阶矩阵 A，则该矩阵的对角线元素为 a[0][0]、a[1][1]、a[2][2]。

(2) 二维数组的遍历，常使用嵌套循环语句来实现，此时要注意内外两层循环分别表示的意义。

例如，要遍历二维数组 a[3][3]，用程序实现为：

for(i=0;i<3;i++)　　　　　　/*i表示行坐标*/
　　for(j=0;j<3;j++)　　　　/*j表示列坐标*/

## 13.6　字　符　串

### 考点 15　字符串的表示

由于没有字符串变量，所以用一维字符数组表示字符串，其定义、初始化均与一般数组的相似。

如果在声明字符数组的同时初始化数组，则可以不规定数组的长度，系统在存储字符串常量时，会在串尾自动加上一个结束标识"\0"。结束标识在字符数组中也要占用一个元素的存储空间，因此在声明字符数组的长度时，要预留出该字符的位置。

当然，还可以采用循环语句进行输入输出，程序如下：

```
#include<stdio.h>
void main(){
    char a[2];
    scanf("%s",a);/*或者用gets(a)进行输入操作*/
    printf("%s\\n",a);/*或者用puts(a)进行输出操作*/
}
```
输入：ab
输出：ab

**题型剖析**：字符串及其数组元素的引用在上机考试中的考查形式如下。
(1) 字符与字符常量的表示形式及输出形式，字符常量用单引号"' '"来表示，输入/输出时使用格式字符"%c"；字符串与字符串常量的表示形式及输出形式分别用"" ""和"%s"来表示。
(2) 字符串结束标识"\0"。根据"\0"来判断字符串是否结束，例如：
for(i=0;str[i]!='\0';i++)

## 考点16　指向字符串的指针

指向字符串的指针定义格式如下：
　　char * 指针变量；
指向字符串的指针初始化方法如下：
　　char * p = "abc";
指向字符串的指针引用方法如下：
　　while( * p){}
**注意**：只有字符数组才可以应用数组名称直接将整个数组中的元素输出，其他类型的数组不具备这种特征。

**题型剖析**：
(1) 填空题中，常常要求根据函数的调用写出参数中字符串指针的正确形式。如：a、b是两个数组，对于函数 void fun(char * a, char * b)，其调用形式为 fun(a,b)。
(2) 使用指针对字符串进行操作。
例如，字符串 s = "hello"，指针 p 指向字符串 s，要求将字符串中的字母"l"转换成字符"a"，程序如下：
```
while(p)
{   if( * p == 'l')
      * p = 'a';
    p ++;
}
```

## 考点17　字符串处理函数

**1. strcpy( )字符串复制函数**

例如：char a[ ] = "abc";
　　　char b[ ] = "b";
　　　strcpy(a,b);/*调用结束后，a = "b"*/
C语言中不可以应用"="直接将一个字符串的值复制给另一个字符串，但可以用库函数中的 strcpy( )函数来实现。

**2. strcat( )字符串连接函数**

例如：char a[ ] = "abc";
　　　char b[ ] = "b";
　　　strcat(a,b); /*调用结束后，a = "abcb"*/

**3. strlen( )字符串长度函数（从起始指针开始到"\0"处为止的字符总数）**

例如：char a[100] = "abc";
　　　int b = strlen(a); /*调用后 b = 3 */

**4. strcmp( )字符串比较函数**

例如：char a[ ] = "abc";
　　　char b[ ] = "b";

```
int c = strcmp(a,b);  /*调用结束后,c=-1*/
```
即按字典序排列,靠后的字符串比较大。a<b,返回-1;a>b,返回1;如果两个字符串相等,则返回0。

**题型剖析**:这里考生主要需牢记各个函数的功能和调用方法。字符串处理函数可以用于方便地对字符串进行处理,在上机过程中,熟练使用(除非题目要求不能使用)字符串处理函数可以大大减少我们的工作量。

## 13.7 结构体、链表和用户定义类型

### 考点18　结构体变量的定义与表示方法

**1. 结构体的定义**

```
struct   结构体名
{
    类型标识符    成员名;
    类型标识符    成员名;
    …
};
```

**2. 结构体变量的定义**

(1) 结构体变量的定义代码可以直接接在结构体定义代码之后,例如:

```
struct{
…
}Array[10];
```

(2) 先声明结构体类型,再单独定义结构体变量,例如:

```
struct student{
…
};
struct student Array[10];
```

(3) 先声明一个结构体类型名,再用新类型名来定义结构体变量,例如:

```
typedef struct{
…
}ST;
ST Arrny[10];
```

**3. 结构体变量的引用**

结构体变量的引用方法如下:

结构体变量名.成员名

可以将一个结构体变量直接赋值给另一个结构体变量,结构体嵌套时应逐级引用。

**题型剖析**:考点主要是结构体的定义和结构体变量的几种声明形式,主要在填空题中考查,比如根据上下文补全结构体中的成员等。

### 考点19　链　表

**1. 指针指向结构体的引用方法**

例如,struct *p=a;,则下面3种引用成员的方式效果是一样的:

a.b;
(*p).b;
p->b;

### 2. 链表的组成

（1）头指针：存放第一个数据节点的地址。
（2）节点：包括数据域和指针域。

链表的结构如图13.1所示。

头指针 → 数据域 指针域 → 数据域 指针域 → …… → 数据域 NULL

图 13.1　链表的结构

### 3. 链表的操作

链表是一种重要的数据结构，可以动态进行数据的存储分配。对链表的操作包括建立链表，以及链表节点的插入和删除等。

（1）插入节点。例如，若要在节点a、b之间插入c，则需要将指针指向a，然后将c -> next = a -> next; a -> next = c;，便可得到a -> c -> b;。

（2）删除节点。例如，若要在a、c、b这3个连续节点中删除c，则需要将指针指向a，再将a -> next = c -> next;。

总之，链表操作的原则是，保证操作顺利完成而且不能使指针丢失。

**题型剖析：**

（1）考查单个链表元素的时候，相当于同时考查结构体和指针。

①结构体指针的定义，要注意先赋值再使用。

②考查结构体内的成员用指针引用与直接用结构体变量名引用在形式上的区别，结构体变量指针及结构体变量指针引用结构体成员赋值，尤其要注意字符数组的赋值。

（2）链表方面的内容多在填空题和改错题中考查，主要是考查对链表的操作，往往还涉及前后元素的链接关系，所以需要特别注意指针指向的调整以及先后顺序。

## 考点20　命名类型

命名类型的格式如下：

typedef 定义体 新名称

例如：typedef int INT

之后便可以使用INT来定义一个int型的变量，如INT a = 0 与 int a = 0 等价。

**题型剖析：** 该知识点一般在填空题中考查，只要理解别名和原定义体实际上是同一个类型即可。

## 考点21　宏定义

### 1. 不带参数的宏定义

不带参数的宏定义格式如下：

#define 宏名 替换文本

例如：#define　R　13
　　　#define　PI　3.14

### 2. 带参数的宏定义

带参数的宏定义格式如下：

#define 宏名(参数列表) 字符串

例如：#define　MV(x,y)　((x)*(y))

**题型剖析：** 不带参数的宏替换比较简单，只需要将宏名替换为相应的常量即可。进行带参数的宏替换时要注意，程序不会将预定义字符串的运算结果进行替换，而是进行简单的字符替换。例如，#define MV(x,y) x*y 与 #define MV(x,y) (x)*(y)是不同的，当程序引用MV(a+3,5)时，该表达式被分别替换为MV(a+3*5)和MV((a+3)*5)。

## 13.8 文 件

### 考点 22　文件的打开与关闭

(1) 文件的定义。文件指存储在外部介质上的数据的集合，是操作系统进行数据管理的基本单位。文件分为文本文件和二进制文件。C 语言把文件看作字符（字节）的序列，即由一个个字符（字节）的数据按顺序组成。一个输入/输出流就是一个字节流或二进制流。

(2) 文件的打开与关闭。

定义文件类型指针：FILE *fp；

打开文件：fp = fopen(文件名,文件使用方式)；

关闭文件：fclose(fp)；

需注意文件打开函数和关闭函数的形式，其参数和返回值均为文件指针。打开文件时，自动生成一个文件结构体；关闭文件后，结构体自动释放。

文件的打开方式如表 13.1 所示。

表 13.1　文件的打开方式

| 打开方式 | 含义 | 打开方式 | 含义 |
| --- | --- | --- | --- |
| r/rb | 只读 | r+/rb+ | 读写 |
| w/wb | 只写 | w+/wb+ | 读写 |
| a/ab | 追加 | a+/ab+ | 读写 |

**题型剖析**：这部分是概念知识，考查考生对知识、概念的记忆。其通常会以填空题和改错题的形式出现，如补全文件名称，文件使用方式，操作完成后文件是否被关闭等。

### 考点 23　文件的读写

```
fputc(ch,fp);                              /*将字符(ch 的值)输出到 fp 所指向的文件中*/
fgetc(fp);                                 /*从 fp 所指向的文件中返回一个字符*/
fgets(char *str, int n, FILE *fp);         /*从指定的文件读入一个字符串*/
fputs(const str, FILE *fp);                /*向指定的文件输出一个字符串*/
fprintf(文件指针,格式字符串,输出列表);     /*将字符串输出到文件*/
fscanf(文件指针,格式字符串,输入列表);      /*从文件读入一个字符串*/
fread(buffer,size,count,fp);               /*数据块读写函数,是向文件读写一组数据。其中,buffer 是一个指
                                             针,表示起始地址。size 表示要读写的字节数*/
fwrite(buffer,size,count,fp);              /*count 表示要读写多少个 size 字节的数据项*/
```

**题型剖析**：这部分内容在考试中多考查其概念，因此考生要熟练地掌握这些函数的功能、调用格式以及参数的含义。

### 考点 24　文件检测函数

```
int feof(FILE *stream);            /*检测文件是否结束,如果结束则返回 1,否则返回 0*/
ferror(*fp);                       /*返回 0 表示文件未出错,非 0 表示出错*/
fseek(文件指针,位移量,起始点);     /*起始点有：
                                     文件开头         SEEK_SET    0
                                     文件当前位置     SEEK_CUR    1
                                     文件结尾         SEEK_END    2  */
```

**题型剖析**：重点考查 fseek() 函数的调用格式和参数的含义。例如：

　　int a = 2; fseek(fp,0,a);

# 第14章

# 新增无纸化考试套卷及其答案解析

目前，本书配套的智能模考软件中共有65套试卷，因篇幅所限，本章只提供新增的两套无纸化考试套卷及其答案解析，其余套卷及答案解析在配套软件中提供。建议考生在学习掌握本章试题内容的基础之上，通过配套软件进行模考练习，提前熟悉"考试场景"，体验真考环境及考试答题流程。

"二级C语言程序设计"科目考试共有四大题型，包括选择题、程序填空题、程序修改题和程序设计题。

（1）选择题。本题型包括40道小题，前10道小题考查公共基础知识的内容，后30道小题考查C语言的内容，大多是比较基础的题目。

（2）程序填空题。本题型要求填写2~4个空，考查的是C语言中的基本知识点，大多比较简单。

（3）程序修改题。本题型要求修改程序中的2~4个错误，所考查的知识点和题目难度与程序填空题的相当。

（4）程序设计题。本题型考查考生对众多知识点的综合应用，也是考试中较难的，要求考生有一定的编程能力。考查的内容除了基础知识外，还涉及一些固定的算法。

# 14.1 新增无纸化考试套卷

## 第1套 新增无纸化考试套卷

### 一、选择题

(1) 机器周期的同步标准是( )。
 A. CPU 执行指令所占用的时间
 B. CPU 访问存储器一次所需要的时间
 C. CPU 分析指令所需要的时间
 D. CPU 访问寄存器一次所需要的时间

(2) 一个正在运行的进程由于所申请的资源得不到满足则要调用( )。
 A. 创建进程原语
 B. 撤销进程原语
 C. 唤醒进程原语
 D. 阻塞进程原语

(3) 设顺序表的长度为 $n$。下列算法中,最坏情况下比较次数等于 $n(n-1)/2$ 的是( )。
 A. 堆排序
 B. 快速排序
 C. 顺序查找
 D. 寻找最大项

(4) 设栈的存储空间为 S(1:50),初始状态为 top=0。现经过一系列正常的入栈与出栈操作后,top=51,则栈中的元素个数为( )。
 A. 0
 B. 1
 C. 50
 D. 不可能

(5) 设一棵树的度为3,其中没有度为2的节点,且叶子节点数为6。该树中度为3的节点数为( )。
 A. 不可能有这样的树
 B. 1
 C. 2
 D. 3

(6) 某系统结构图如下图所示,该系统结构图的最大扇入数是( )。

 A. 1
 B. 2
 C. 3
 D. 4

(7) 软件测试的实施步骤是( )。
 A. 单元测试,集成测试,确认测试
 B. 集成测试,确认测试,系统测试
 C. 确认测试,集成测试,单元测试
 D. 单元测试,集成测试,回归测试

(8) 下列选项中不是关系数据库基本特征的是( )。
 A. 与行的次序无关
 B. 与列的次序无关
 C. 不同的列应有不同的数据类型
 D. 不同的列应有不同的列名

(9) 数据库管理系统应能实现的专门的关系运算包括( )。
 A. 选择、投影、连接
 B. 排序、索引、统计
 C. 关联、更新、排序
 D. 显示、打印、制表

(10) 定义学生选修课程的关系模式如下:
 S(S#,Sn,Sd,Sa)(其属性分别为学号、姓名、所在系和年龄)
 C(C#,Cn,P#)(其属性分别为课程号、课程名和选修课)
 SC(S#,C#,G)(其属性分别为学号、课程号和成绩)
 检索选修了课程名为"操作系统"的成绩在90分(含90分)以上的学生姓名的表达式是( )。
 A. $\pi_{Sn}(\pi_{S\#}(\pi_{Cn="操作系统"}(C)) \bowtie \sigma_{G>=90}(SC))$
 B. $\pi_{S\#}(\pi_{C\#}(\sigma_{Cn="操作系统"}(C)) \bowtie \sigma_{G>=90}(SC)) \bowtie S$
 C. $\pi_{Sn}(\pi_{S\#}(\sigma_{C\#=2,G>=90}(SC)) \bowtie \pi_{S\#,Sa}(S))$
 D. $\pi_{Sn}(\pi_{S\#}(\pi_{C\#}(\sigma_{Cn="操作系统"}(C)) \bowtie \sigma_{G>=90}(SC)) \bowtie S)$

(11) 以下说法正确的是（　　）。
　　A. C语言只接受十进制的数　　　　　　　B. C语言只接受八进制、十进制、十六进制的数
　　C. C语言接受除二进制之外任何进制的数　D. C语言接受任何进制的数
(12) 以下说法错误的是（　　）。
　　A. 由3种基本结构组成的结构化程序不能解决过于复杂的问题
　　B. 由3种基本结构组成的结构化程序能解决一些简单的问题
　　C. 由3种基本结构组成的结构化程序能解决递归问题
　　D. 由3种基本结构组成的结构化程序能解决数学上有解析解的问题
(13) 以下说法错误的是（　　）。
　　A. C语言标识符中可以有多个字母、数字和下画线字符
　　B. C语言标识符中下画线字符可以出现在任意位置
　　C. C语言标识符不能全部由数字组成
　　D. C语言标识符必须以字母开头
(14) 以下说法错误的是（　　）。
　　A. C语言中的常量是指在程序运行过程中经常被用到的变量
　　B. C语言中的常量是指在程序运行过程中其值不能被改变的量
　　C. C语言中的常量可以用一个符号名来代表
　　D. C语言中的常量可以用宏来定义
(15) 若有定义 int a=1234, b=-5678;，用语句 printf("%+-6d%+-6d",a,b); 输出，以下输出结果正确的是（　　）。
　　A. +1234 -5678（中间有一个空格，最后有一个空格）
　　B. +1234 -5678（最前面有一个空格，中间有一个空格）
　　C. +-1234+-5678（最前面和最后均无空格）
　　D. 1234 -5678（中间有两个空格，最后有一个空格）
(16) 设有定义 double a; float b; short c;，若想把1.2赋给变量a、3.4赋给变量b、5678赋给变量c，程序运行时通过键盘输入：
　　1.2 3.4 5678 <Enter>
　　则以下为正确的输入语句的是（　　）。
　　A. scanf("%lf%lf%d", &a, &b, &c);　　　B. scanf("%lf%lf%hd", &a, &b, &c);
　　C. scanf("%lf%f%hd", &a, &b, &c);　　　D. scanf("%f%f%d", &a, &b, &c);
(17) 有下列程序：
```
#include<stdio.h>
main()
{
    int a=1,b=1,c=1;
    if (a-- ||b-- && --c)
      printf("%d,%d,%d\n", a, b, c);
    else
      printf("%d,%d,%d\n", a, c, b);
}
```
程序执行后的输出结果是（　　）。
　　A. 0,1,0　　　　　B. 0,1,1　　　　　C. 0,0,1　　　　　D. 0,0,0
(18) 有下列程序：
```
#include<stdio.h>
main ()
{
    int a=123456, b;
    while (a)
    {
```

222

```
        b = a % 10;
        a /= 10;
        switch (b)
         {
          default: printf ("%d", b++);
          case 1: break;
          case 2: printf ("%d", b++); break;
          case 3: printf ("%d", b++);
          case 4: printf ("%d", b++);
          case 5: printf ("%d", b++);
         }
       }
```
程序执行后的输出结果是（　　）。
A. 654321　　　　　　B. 65432　　　　　　C. 65453452　　　　　　D. 654534521

(19) 有下列程序：
```
#include <stdio.h>
main()
{
    int a = 1, b = -2;
    for (; a-- && b++;)
       printf("%d,%d,", a,b);
    printf("%d,%d", a,b);
}
```
程序执行后的输出结果是（　　）。
A. 0,-1,-1,-1
C. 0,-1,-1,0,-1,0
B. 0,-1,-1,0
D. 0,-1,-1,-1,-1,-1

(20) 有下列程序：
```
#include <stdio.h>
main()
{
    int a = 7, i;
    for (i = 1; i <= 3; i++)
    {
       if (a > 14) break;
       if (a % 2) { a += 3; continue; }
       a = a + 4;
       printf("%d,%d,", i,a);
    }
    printf("%d,%d", i,a);
}
```
程序执行后的输出结果是（　　）。
A. 2,14,3,18,4,18
C. 2,14,3,18,4,22
B. 1,14,2,18,3,18
D. 1,14,2,18,3,18,4,18

(21) 正确的字符常量是（　　）。
A. '\089'　　　　　　B. '\012'　　　　　　C. '\0XAB'　　　　　　D. '\0xab'

(22) 有下列程序：
```
#include <stdio.h>
```

```
main()
{
    char b[] = "happychristmas", k;
    for (k = 0; b[k]; k ++)
    {
        if (b[k] < 'm')
            b[k] = b[k] - 'a' + 'A';
        printf("%c", b[k]);
    }
}
```

程序执行后的输出结果是（   ）。

A. hAppychristmAs　　B. happychristmas　　C. HAppyCHrIstmAs　　D. HAPPYCHRISTMAS

(23) 有如下形式的函数：

int fun(int a[4][5], int *p[10], int n)
{…}

调用函数之前需要对函数进行说明，即所谓函数向前引用说明，以下对fun()函数说明正确的是（   ）。

A. int fun(int b[ ][5], int *r[ ], int m);
B. int fun(int a[4][ ], int *p[10], int n);
C. int fun(int a[ ][ ], int *p[ ], int n);
D. int fun(int a[ ], int *p[ ], int n);

(24) 关于指针，以下说法正确的是（   ）。

A. 可以直接向指针中写入数据
B. 若指针指向变量，则可以向指针所指内存单元写入数据
C. 指针可以指向内存中的任何位置，并写入数据
D. 两个指针可以通过加运算求和，形成一个功能更强大的指针

(25) 有下列程序：

```
#include <stdio.h>
int *f(int *s)
{
    s += 1;
    s[1] += 6;
    *s -- += 7;
    return s;
}
main()
{
    int a[5] = {1,2,3,4,5}, *p;
    p = f(a);
    printf("%d,%d,%d,%d", a[1], a[2], *p, p[1]);
}
```

程序执行后的输出结果是（   ）。

A. 2,3,1,2　　B. 9,9,2,9　　C. 8,10,2,8　　D. 9,9,1,9

(26) 有下列程序：

```
#include <stdio.h>
void swap(int *a, int *b)
{
    int *tp,t;
    t = *a; *a = *b; *b = t;
    tp = a; a = b; b = tp;
    printf("%d,%d,", *a, *b);
```

```
}
main()
{
    int i = 3, j = 7, * p = &i, * q = &j;
    swap(&i, &j);
    printf("%d,%d", * p, * q);
}
```
程序执行后的输出结果是（　　）。
A. 3,7,3,7　　　　　　B. 7,3,7,3　　　　　　C. 3,7,7,3　　　　　　D. 7,3,3,7

(27) 有下列程序：
```
#include <stdio.h>
#define N 4
int fun(int a[][N])
{
    int i, y = 0;
    for(i = 0; i < N; i ++)
        y += a[i][0] + a[i][N - 1];
    for(i = 1; i < N - 1; i ++)
        y += a[0][i] + a[N - 1][i];
    return y;
}
main()
{
    int y, x[N][N] = {
        {1, 2, 3, 4},
        {2, 1, 4, 3},
        {3, 4, 1, 2},
        {4, 3, 2, 1}};
    y = fun(x);
    printf("%d", y);
}
```
程序执行后的输出结果是（　　）。
A. 30　　　　　　B. 35　　　　　　C. 40　　　　　　D. 32

(28) 有下列程序：
```
#include <stdio.h>
void fun(int a[], int n, int flag)
{
    int i = 0, j, t;
    for (i = 0; i < n - 1; i ++)
        for (j = i + 1; j < n; j ++)
            if (flag (a[i] < a[j]) : (a[i] > a[j]))
            { t = a[i]; a[i] = a[j]; a[j] = t;}
}
main()
{
    int c[10] = {7,9,10,8,3,5,1,6,2,4},i;
    fun(c, 5, 1);
    fun(c + 5, 5, 0);
```

```
        for(i=0;i<10;i++)
            printf("%d,",c[i]);
    }
```
程序执行后的输出结果是（   ）。
A. 3,7,8,9,10,6,5,4,2,1,
B. 10,9,8,7,3,1,2,4,5,6,
C. 10,9,8,7,6,1,2,3,4,5,
D. 1,2,3,4,5,10,9,8,7,6,

(29) 有下列程序：
```
#include<stdio.h>
main()
{
    int i,j=0;
    char a[]="ab1b23c4d56ef7gh89i9j64k",b[100];
    for (i=0; a[i]; i++)
        if (a[i]<'a'||a[i]>'z')
            b[j++]=a[i];
    for (i=0; a[i]; i++)
        if (a[i]<'0'||a[i]>'9')
            b[j++]=a[i];
    b[j]='\0';
    printf("%s",b);
}
```
程序执行后的输出结果是（   ）。
A. abbcdefghijk123456789964
B. 123456789964abbcdefghijk
C. 123445667899abbcdefghijk
D. abbcdefghijk123445667899

(30) 有下列程序：
```
#include<stdio.h>
main()
{
    char v[4][10]={"efg","abcd","mnopq","hijkl"},*p[4],t;
    int i,j;
    for (i=0; i<4; i++)
        p[i]=v[i];
    for (i=0; i<3; i++)
        for (j=i+1; j<4; j++)
            if (*p[i]>*p[j])
            { t=*p[i]; *p[i]=*p[j]; *p[j]=t; }
    for (i=0; i<4; i++)
        printf("%s ",v[i]);
}
```
程序执行后的输出结果是（   ）。
A. abcd efg hijkl mnopq
B. afg ebcd hnopq mijkl
C. efg abcd mnopq hijkl
D. mijkl hnopq ebcd afg

(31) 有下列程序：
```
#include<stdio.h>
main()
{
    char v[5][10]={"efg","abcd","snopq","hijkl","xyz"};
    printf("%s,%c,%s,%c,%s",*v,**(v+3),v[4]+2,*(v[2]+4),v[1]+1);
```

}
程序执行后的输出结果是（　　）。
A. efg,h,z,q,bcd
B. efg,d,zyz,w,bbcd
C. efgabcdsnopqhijklxyz,h,z,q,bcd
D. efgabcdsnopqhijklxyz,d,zyz,w,bbcd

(32) 有下列程序：
```
#include <stdio.h>
#include <string.h>
main()
{  char a[5][10] = {"efg","abcd","mnopq","hijkl","rstuvwxyz"};
   char *p[5];
   int i, len;
   for (i = 0;i < 5;i ++)
   {
     p[i] = a[i];
     len = strlen(p[i]);
     printf("%c", p[i][0]);
     printf("%s", p[i] + len/2);
   }
}
```
程序执行后的输出结果是（　　）。
A. eeaabmmnhhirrstu
B. efgabcdmnopqhijklrstuvwxyz
C. efgacdmopqhjklrvwxyz
D. eefgaabcdmmnopqhhijklrrstuvwxyz

(33) 有下列程序：
```
#include <stdio.h>
int f(int x)
{
   if (x < 2)
     return 1;
   return x * f(x - 1) + (x - 1) * f(x - 2);
}
main()
{
   int y;
   y = f(4);
   printf("%d\n", y);
}
```
程序执行后的输出结果是（　　）。
A. 11
B. 43
C. 57
D. 53

(34) 有下列程序：
```
#include <stdio.h>
int a = 5;
int func(int d)
{
   int b = 5;
   static int c = 5;
   a -- ; b -- ; --c; --d;
   return a + b + c + d;
}
```

```
main()
{
    int k, a = 4;
    for (k = 0; k < 3; k++)
        printf("%d,", func(a--));
}
```
程序执行后的输出结果是（　　）。

A. 15,12,9,　　　　B. 15,13,11,　　　　C. 15,11,7,　　　　D. 15,15,15,

(35) 有下列程序：
```
#include <stdio.h>
#define S1(x,y) x*y
#define S2(x,y) (x)*(y)
main()
{   int a = 2, b = 5;
    printf("%d,%d,%d,% d", S1(a+b,a+b), S1(a+b,b+a), S2(a+b,a+b), S2(a+b,b+a));
}
```
程序执行后的输出结果是（　　）。

A. 17,17,49,49　　　B. 17,29,49,49　　　C. 29,29,49,49　　　D. 49,49,49,49

(36) 有下列程序：
```
#include <stdio.h>
#include <string.h>
typedef struct stu {
    char name[9];
    char gender;
    int score;
} STU;
STU a = {"Zhao", 'm', 85};
STU f(){
    STU c = {"Sun", 'f', 90};
    strcpy(a.name, c.name);
    a.gender = c.gender;
    a.score = c.score;
    return a;
}
main()
{
    STU b = {"Qian", 'f', 95};
    b = f();
    printf("%s,%c,%d,%s,%c,%d", a.name, a.gender, a.score, b.name, b.gender, b.score);
}
```
程序执行后的输出结果是（　　）。

A. Sun,f,90,Sun,f,90　　　　　　　　B. Zhao,m,85,Sun,f,90

C. Zhao,m,85,Qian,f,95　　　　　　　D. Sun,f,90,Qian,f,95

(37) 有下列程序：
```
#include <stdio.h>
typedef struct stu {
    char name[9];
    char gender;
```

```
        int score;
    } STU;
    void f(STU *a)
    {
        STU c = {"Sun", 'f', 90}, *d = &c;
        *a = *d;
        printf("%s,%c,%d,", a->name, a->gender, a->score);
    }
    main()
    {   STU b = {"Zhao", 'm', 85}, *a = &b;
        f(a);
        printf("%s,%c,%d", a->name, a->gender, a->score);
    }
```

程序执行后的输出结果是（　　）。

A. Zhao,m,85,Zhao,m,85　　　　　　　　B. Sun,f,90,Zhao,m,85
C. Zhao,m,85,Sun,f,90　　　　　　　　　D. Sun,f,90,Sun,f,90

(38) 若有定义：

typedef int *T[10];
T *a;

则以下与上述定义中 a 类型完全相同的是（　　）。

A. int *a[10];　　B. int **a[10];　　C. int *(*a)[10];　　D. int *a[][10];

(39) 有下列程序：

```
#include <stdio.h>
main()
{   int x = 4, y = 2, z1, z2;
    z1 = x&&y; z2 = x&y;
    printf("%d,%d\n", z1, z2);
}
```

程序执行后的输出结果是（　　）。

A. 1,0　　　　B. 1,1　　　　C. 1,4　　　　D. 4,4

(40) 有下列程序：

```
#include <stdio.h>
main()
{   FILE *fp;
    int i, a[6] = {1,2,3,4,5,6};
    fp = fopen("d.dat", "w+b");
    for (i = 5; i >= 0; i--)
        fwrite(&a[i], sizeof(int), 1, fp);
    rewind(fp);
    fread(&a[3], sizeof(int), 3, fp);
    fclose(fp);
    for (i = 0; i < 6; i++)
        printf("%d,", a[i]);
}
```

程序执行后的输出结果是（　　）。

A. 6,5,4,4,5,6,　　B. 1,2,3,4,5,6,　　C. 4,5,6,4,5,6,　　D. 1,2,3,6,5,4,

## 二、程序填空题

给定程序 BLANK1.C 中函数 fun() 的功能：将整数 n 的值进行逆序转换，其结果通过函数值返回。

示例如下。

输入 123，则输出 321

输入 -810，则输出 -18

请在程序的下画线处填入正确的内容并把下画线删除，使程序得出正确的结果。

注意：不得增行或删行，也不得更改程序的结构！

```
#include <stdio.h>
int fun(int n)
{
    int m, y;
    y = 0;
    if (n >= 0)
        m = n;
    else
        m = -n;
    while (m != 0) {
/**********found**********/
        y = 【1】 + m%10;
/**********found**********/
        m = 【2】 ;
    }
    y = (n >= 0)? y: -y;
/**********found**********/
    【3】
}
int main()
{
    int m1, m2;
    scanf("%d%d", &m1, &m2);
    printf("%d的逆向是%d\t", m1, fun(m1));
    printf("%d的逆向是%d\n", m2, fun(m2));
    return 0;
}
```

### 三、程序修改题

给定程序 MODI1.C 中函数 fun() 的功能：将一个十进制整数 n 转换成 r（表示二~十六）进制形式。

示例如下。

输入 125 16，则输出 7D

输入 9 2，则输出 1001

请改正程序中的错误，使它能得出正确的结果。

注意：不要改动 main() 函数，不得增行或删行，也不得更改程序的结构！

```
#include <stdio.h>
void fun(int num, int r)
{   int i = 0, a[32];
    char b[16] = {'0','1','2','3','4','5','6','7','8','9','A','B','C','D','E','F'};

    do
    {
        a[i] = num % r;
```

```
/************found**********/
    num% =r;
    i++;
/************found**********/
} while(num==0);
/************found**********/
for(i; i>0; --i)
    printf("%c", b[a[i]]);
}

int main()
{   int num, r;
    printf("\n请输入整数和进制数:");
    scanf("%d%d", &num, &r);
    fun(num, r);
    printf("\n");
    return 0;
}
```

## 四、程序设计题

请编写函数 fun()，其功能：给定一个整数 n（n < 10000），如果 n 加上 100 后是一个完全平方数（所谓完全平方数，就是开方后的结果是整数的数），并且 n 加上 268 后也是一个完全平方数，则函数返回 1，否则返回 0。

注意：部分源程序在文件 PROG1.C 中。请勿改动主函数 main() 和其他函数中的任何内容，仅在函数 fun() 的花括号中填入你编写的若干语句。

```c
#include<stdio.h>
#include<math.h>
int fun(long n)
{


}
int main()
{
    long i;
    FILE *fp = fopen("out.dat", "w");

    for(i=1;i<10000;i++)
    {
        if (fun(i))
        {
            printf("%ld\n", i);
            fprintf(fp, "%ld\n", i);
        }
    }
    return 0;
}
```

## 第2套 新增无纸化考试套卷

### 一、选择题

(1) 当一个进程在运行过程中释放系统资源后要调用(　　)。
　　A. 撤销进程原语　　B. 唤醒进程原语　　C. 阻塞进程原语　　D. 创建进程原语

(2) 下列叙述中正确的是(　　)。
　　A. 机器数补码的符号位取反即移码
　　B. 机器数原码除符号位外各位取反即反码
　　C. 机器数反码的最后(最右边)一位上加1即补码
　　D. 机器数原码、反码、补码均相同

(3) 下列叙述中正确的是(　　)。
　　A. 具有两个以上指针的链表必定是非线性结构
　　B. 能采用顺序存储的必定是线性结构
　　C. 所有的线性结构都可以采用顺序存储结构
　　D. 循环队列是队列的链式存储结构

(4) 在希尔排序中,每经过一次数据交换后(　　)。
　　A. 不会产生新的逆序
　　B. 只能消除一个逆序
　　C. 能消除多个逆序
　　D. 消除的逆序个数一定比新产生的逆序个数多

(5) 设一棵树的度为3,其中没有度为2的节点,且叶子节点数为5。该树中度为3的节点数为(　　)。
　　A. 1　　B. 2　　C. 3　　D. 不可能有这样的树

(6) 对象实现了数据和操作(方法)的结合,其实现的机制是(　　)。
　　A. 抽象　　B. 继承　　C. 隐蔽　　D. 封装

(7) 软件需求规格说明书的内容不包括(　　)。
　　A. 算法详细设计　　　　　B. 软件的主要功能
　　C. 软件的性能　　　　　　D. 运行环境

(8) 下列叙述中正确的是(　　)。
　　A. 数据库系统减少了数据冗余
　　B. 经规范化后的数据库系统避免了一切冗余
　　C. 数据库系统中数据的一致性是指数据类型一致
　　D. 数据库系统相比文件系统能管理更多的数据

(9) 每个学校有一名校长,且不同学校的校长可以是同一人,则实体学校和实体校长间的联系是(　　)。
　　A. 一对一　　B. 多对多　　C. 多对一　　D. 一对多

(10) 定义部门的关系模式如下:
　　部门(部门号,部门名,部门成员,部门总经理)
　　使它不满足第一范式的属性是(　　)。
　　A. 部门号　　　　　　　　B. 部门名
　　C. 部门总经理　　　　　　D. 部门成员

(11) 一个算法应当具有5个特性,以下叙述中正确的是(　　)。
　　A. 有穷性、确定性、复杂性、有零个或多个输入、有一个或多个输出
　　B. 有穷性、确定性、可行性、有零个或多个输入、有一个或多个输出
　　C. 有穷性、确定性、可行性、必须要有一个以上的输入、有一个或多个输出
　　D. 有穷性、确定性、复杂性、有零个或多个输入、必须要有多个输出

(12) 以下不能定义为用户标识符的是(　　)。
　　A. Void　　B. scanf　　C. int　　D. _3com_

(13) 以下不能作为合法常量的是（　　）。
　　A. 'cd'　　　　　　　B. 1.234e04　　　　　C. "\a"　　　　　　　D. '\011'
(14) 若有定义int a=1,b=2,c=3,d=4,m=2,n=2;，则执行(m=a>b) && (n=c>d)后n的值是（　　）。
　　A. 4　　　　　　　　B. 3　　　　　　　　C. 2　　　　　　　　D. 1
(15) 设有定义int a,b;，如果输入111222333，使得a的值为111，b的值为333，则以下语句正确的是（　　）。
　　A. scanf("%3d%*3d%3d", &a, &b);
　　B. scanf("%*3d%3d%3d", &a, &b);
　　C. scanf("%3d%3d%*3d", &a, &b);
　　D. scanf("%3d%*2d%3d", &a, &b);
(16) 有以下程序：
```
#include<stdio.h>
void main()
{
    double x=2.0, y;
    if (x<0.0) y=0.0;
    else if (x<10.0) y=1.0/x;
    else y=1.0;
    printf("%f\n", y);
}
```
程序运行后的输出结果是（　　）。
　　A. 1.000000　　　　　B. 0.000000　　　　　C. 0.250000　　　　　D. 0.500000
(17) 有以下程序：
```
#include<stdio.h>
main()
{
    int s=0, i;
    for (i=1; i<5; i++)
    {
        switch (i)
        {
            case 0:
            case 3: s+=2;
            case 1:
            case 2: s+=3;
            default: s+=5;
        }
    }
    printf("%d\n", s);
}
```
程序运行后的输出结果是（　　）。
　　A. 20　　　　　　　　B. 13　　　　　　　　C. 10　　　　　　　　D. 31
(18) 有以下程序：
```
#include<stdio.h>
main()
{
    int w=4, x=3, y=2, z=1;
```

```
        printf("%d\n", (w<x? w:z <y ? z:x));
    }
```
程序运行后的输出结果是（　　）。
A. 4　　　　　　B. 2　　　　　　C. 3　　　　　　D. 1

(19) 有以下程序：
```
#include<stdio.h>
main()
{
    int x,i;
    for (i=1; i<=100; i++)
    {
        x=i;
        if (++x%2==0)
          if (++x%3==0)
            if (++x%7==0)
              printf("%d ", x);
    }
    printf("\n");
}
```
程序运行后的输出结果是（　　）。
A. 42 84　　　　B. 28 70　　　　C. 26 68　　　　D. 39 81

(20) 以下叙述中正确的是（　　）。
A. 在 switch 语句中，不一定会使用 break 语句
B. break 语句只能用于 switch 语句
C. break 语句必须与 switch 语句中的 case 配对使用
D. 在 switch 语句中必须使用 default 语句

(21) 有以下程序：
```
#include<stdio.h>
char fun(char ch)
{
    if (ch>='A' && ch<='Z') ch=ch - 'A'+'a';
      return ch;
}
main()
{
    char s[]="ABC+abc=defDEF", *p=s;
    while (*p)
    {
      *p=fun(*p);
      p++;
    }
    printf("%s\n", s);
}
```
程序运行后的输出结果是（　　）。
A. abc+abc=defdef　　　　　　　　B. abc+ABC=DEFdef
C. abcABCDEFdef　　　　　　　　D. abcabcdefdef

(22) 若要判断 char 型变量 c 中存放的是否为小写字母，以下表达式正确的是（　　）。
　　A. 'a'<=c<='z'
　　B. (c>='a') && (c<='z')
　　C. (c>='a') || (c<='z')
　　D. ('a'<=c) AND ('z'>=c)
(23) 以下叙述中错误的是（　　）。
　　A. 在一个函数内的复合语句中定义的变量在该函数范围内有效
　　B. 在一个函数内定义的变量只在该函数范围内有效
　　C. 在不同的函数中可以定义相同名字的变量
　　D. 函数的形参是局部变量
(24) 以下叙述中错误的是（　　）。
　　A. 形参可以是常量、变量或表达式
　　B. 实参可以是常量、变量或表达式
　　C. 实参的类型应与形参的类型赋值兼容
　　D. 实参的个数应与形参的个数一致
(25) 有以下程序：
```
#include<stdio.h>
main()
{
    int k=2,m=4,n=6,*pk=&k,*pm=&m,*p;
    *(p=&n)=*pk*(*pm);
    printf("%d\n",n);
}
```
程序运行后的输出结果是（　　）。
　　A. 6　　　　B. 10　　　　C. 8　　　　D. 4
(26) 若有定义 int *p[3];,则以下叙述中正确的是（　　）。
　　A. 定义了一个指针数组 p，该数组包含3个元素，每个元素都是基类型为 int 的指针
　　B. 定义了一个基类型为 int 的指针变量 p，该变量具有3个指针
　　C. 定义了一个名为 *p 的整型数组，该数组包含3个 int 类型的元素
　　D. 定义了一个可指向一维数组的指针变量 p，所指一维数组应具有3个 int 类型的元素
(27) 以下不能对二维数组 a 进行正确初始化的语句是（　　）。
　　A. int a[2][3]={0};
　　B. int a[2][3]={{1,2},{3,4},{5,6}};
　　C. int a[][3]={{1,2},{0}};
　　D. int a[][3]={1,2,3,4,5,6};
(28) 若有以下说明和定义：
int fun (int *c) {...}
main()
{
　　int (*a)(int *)=fun,*b(),x[10],c;
　　...
}
则对函数 fun() 正确调用的语句是（　　）。
　　A. (*a)(&c);　　　　　　　　　　B. a=a(x);
　　C. b=*b(x);　　　　　　　　　　D. fun(b);

(29) 有以下函数：
```
int fun (char *p, char *q)
{
    while ((*p!='\0') && (*q!='\0') && (*p == *q))
    {
        p++; q++;
    }
    return (*p - *q);
}
```
此函数的功能是（　　）。
A. 比较 p 和 q 所指字符串的大小
B. 计算 p 和 q 所指字符串的长度差
C. 将 q 所指字符串连接到 p 所指字符串后面
D. 将 q 所指字符串复制到 p 所指字符串中

(30) 有以下程序：
```
#include<stdio.h>
void fun(char *a, char *b)
{
    a = b;
    (*a)++;
}
main()
{
    char ch1='A', ch2='a', *p1=&ch1, *p2=&ch2;
    fun(p1,p2);
    printf("%c%c\n", ch1, ch2);
}
```
程序运行后的输出结果是（　　）。
A. Aa　　　　　　B. Ab　　　　　　C. ab　　　　　　D. Ba

(31) 有以下程序：
```
#include<stdio.h>
int fun(int a[], int n)
{
    if (n>1)
        return a[0]+fun(a+1,n-1);
    else
        return a[0];
}
main()
{
    int a[10]={1,2,3,4,5,6,7,8,9,10}, sum;
    sum = fun(a+2,4);
    printf("%d\n", sum);
}
```
程序运行后的输出结果是（　　）。
A. 34　　　　　　B. 55　　　　　　C. 10　　　　　　D. 18

(32) 有以下程序:
```c
#include<stdio.h>
void fun(int n, int *s)
{
    int f1, f2;
    if (n==1||n==2) *s=1;
    else
    {
        fun(n-1, &f1);
        fun(n-2, &f2);
        *s = f1 + f2;
    }
}
main()
{
    int x;
    fun(6, &x);
    printf("%d\n", x);
}
```
程序运行后的输出结果是（　　）。
A. 5　　　　　　B. 2　　　　　　C. 3　　　　　　D. 8

(33) 以下叙述中错误的是（　　）。
A. 将函数内的局部变量说明为static存储类是为了限制其他编译单位的引用
B. 一个变量作用域的开始位置完全取决于变量定义语句的位置
C. 全局变量可以在函数以外的任何地方进行定义
D. 局部变量的"生存期"只限于本次函数调用，因此不能将局部变量的运算结果保存至下一次调用中

(34) 有以下程序:
```c
#include<stdio.h>
#include<stdlib.h>
void fun(int **s, int p[2][3]) { **s=p[1][1]; }
main()
{
    int a[2][3]={1,3,5,7,9,11}, *p;
    p=(int *)malloc(sizeof(int));
    fun(&p, a);
    printf("%d\n", *p);
}
```
程序运行后的输出结果是（　　）。
A. 1　　　　　　B. 11　　　　　　C. 7　　　　　　D. 9

(35) 以下叙述中正确的是（　　）。
A. 宏替换不占用程序的运行时间
B. 预处理命令行必须位于源文件的开头
C. 在源文件的一行上可以有多条预处理命令
D. 宏名必须用大写字母表示

(36) 有以下程序:
```c
#include<stdio.h>
```

```
struct NODE
{
    int k;
    struct NODE *next;
};
main()
{
    struct NODE m[5], *p=m, *q=m+4;
    int i=0;
    while(p!=q)
    {
        p->k=++i; p++;
        q->k=i++; q--;
    }
    q->k=i;
    for(i=0; i<5; i++) printf("%d", m[i].k);
    printf("\n");
}
```

程序运行后的输出结果是（　　）。

A. 13442　　　　B. 13431　　　　C. 01234　　　　D. 02431

(37) 以下叙述中正确的是（　　）。

A. 结构体变量中的成员可以是简单变量、数组或指针变量

B. 不同结构体的成员名不能相同

C. 定义结构体时，其成员的数据类型可以是本结构体类型

D. 定义结构体时，类型不同的成员项之间可以用逗号隔开

(38) 有以下程序：

```
#include <stdio.h>
main()
{
    int ch=020;
    printf("%d\n", ch=ch>>1);
}
```

程序运行后的输出结果是（　　）。

A. 10　　　　B. 40　　　　C. 32　　　　D. 8

(39) 标准库函数 fgets(str,n,fp) 的功能是（　　）。

A. 从 fp 所指的文件中读取长度不超过 n-1 的字符串并将其存入指针 str 所指的内存

B. 从 fp 所指的文件中读取长度为 n 的字符串并将其存入指针 str 所指的内存

C. 从 fp 所指的文件中读取 n 个字符串并将其存入指针 str 所指的内存

D. 从 fp 所指的文件中读取长度为 n-1 的字符串并将其存入指针 str 所指的内存

(40) 函数 fread(buffer, size, count, fp) 中 buffer 代表的是（　　）。

A. 一个存储区，存放要读的数据项

B. 一个整数，代表要读入的数据项总数

C. 一个文件指针，指向要读的文件

D. 一个指针，指向读入数据要存放的地址

二、程序填空题

给定程序 BLANK1.C 中主函数的功能：输入一个实数 a，根据迭代公式 $x1=(x0+a/x0)/2.0$，计算并输出其平方根。

要求误差不超过 1e-6(0.000001)。

请在程序的下画线处填入正确的内容并把下画线删除，使程序得出正确的结果。

注意：不得增行或删行，也不得更改程序的结构！

```
#include<stdio.h>
main()
{
    double a,x0,x1;
    printf("输入一个实数,本程序计算并输出其平方根\n");
    do
/************found************/
    【1】
    while(a<=0);
    x1=a/2.0;
    do
    {
/************found************/
        【2】
        x1=(x0+a/x0)/2.0;
/************found************/
    }while((x1-x0)>1e-6【3】);
    printf("%f 的平方根是%f\n",a,x1);
}
```

### 三、程序修改题

给定程序 MODI1.C 中函数 char *fun(char *s1,char *s2,char *r)的功能：将两个长度相等的数字字符串当作两个加数，求其代表的数值之和并将其以字符串的形式存入 r 所指内存且返回。

例如：s1 是 "723"，s2 是 "567"，则返回的字符串为 "1290"。要考虑进位。

请改正程序中的错误，使它能得出正确的结果。

注意：不要改动 main()函数，不得增行或删行，也不得更改程序的结构！

```
#include<stdio.h>
#include<string.h>
char *fun(char *s1,char *s2,char *r)
{
    int len,cy=0,md;
    char *p,*q,*t;
    len=strlen(s1);
    p=s1+len-1;
    q=s2+len-1;
    t=r+len;
/************found************/
    *t='\0';
    while(p>=s1)
    {
/************found************/
        md=*p+*q-'0'+cy;
        if(md>=10)    cy=1;
```

```
        else  cy = 0;
        *t = md% 10 + '0';
        p--;
        q--;
        t--;
    }
/************found************/
    if(cy = 1)
        *t = '1';
    else
    {
        while(*r++ = *++t);
    }
    return r;
}
void main()
{
    char s1[100],s2[100],s3[101];
    strcpy(s1,"65743");
    strcpy(s2,"85339");
    fun(s1,s2,s3);
    printf("%s+%s=%s\n",s1,s2,s3);
}
```

## 四、程序设计题

请编写函数 fun(char *s0,char *s1,char *s2, char *s3)，要求实现将 s0 所指字符串分解成 3 个字符串，分别存入 s1、s2、s3 所指内存。分解的方法是，s1、s2、s3 从 s0 中依次按顺序每隔 3 个字符取 1 个。

例如：s0 为 "abcdefghij" 时，分解完成后，s1、s2、s3 分别为 "adgj" "beh" "cfi"。

注意：部分源程序在文件 PROG1.C 中。请勿改动主函数 main() 和其他函数中的任何内容，仅在函数 fun() 的花括号中填入你编写的若干语句。

```
#include<stdio.h>
#include<string.h>
void fun(char *s0,char *s1,char *s2, char *s3)
{



}
void main()
{
    void NONO();
    char s0[100],s1[40],s2[40],s3[40];
    printf("请输入一行字符串\n");
    gets(s0);
    fun(s0,s1,s2,s3);
    puts(s1);
    puts(s2);
```

```c
        puts(s3);
        NONO();
    }
    void NONO()
    {
        FILE *fp = fopen("out.dat", "w");
        char s0[10][100] = {"1234567890qazwsx","abcdefghij","0987654321plmokn","fsdjfsdlrj564342dsf","gfdklgjdsfl4754398","zxcvbnmasdfg","asdfghjkl123","qwertyuiop456","qweasdzxc789","poiuytrewqwsxqaz"};
        char s1[40],s2[40],s3[40];
        int i;
        for(i=0;i<10;i++)
        {
            fun(s0[i],s1,s2,s3);
            fprintf(fp,"s1=%s,s2=%s,s3=%s\n", s1,s2,s3);
        }
        fclose(fp);
    }
```

## 14.2 新增无纸化考试套卷的答案及解析

### 第1套 答案及解析

**一、选择题**

(1) B 【解析】考虑到所有的器件中存储器的运行速度很慢，CPU 访问一次内存所花的时间较长，因此，通常用内存中读取一个指令的最短时间来规定 CPU 周期，也称为机器周期。本题答案为 B 选项。

(2) D 【解析】一个正在运行的进程由于所申请的资源得不到满足，进程将从运行状态变为等待（阻塞）状态，需要调用阻塞进程原语。本题答案为 D 选项。

(3) B 【解析】最坏情况下比较次数：堆排序为 $n\log_2 n$，快速排序为 $n(n-1)/2$，顺序查找为 $n$，寻找最大项为 $n-1$。故最坏情况下比较次数等于 $n(n-1)/2$ 的是快速排序。本题答案为 B 选项。

(4) D 【解析】栈的存储空间为 $S(1:50)$，初始状态为 top = 0，栈为空。top = 1 时，栈中有一个元素；top = 50 时，栈满，无法再进行入栈操作，所以 top 不能为 51。本题答案为 D 选项。

(5) A 【解析】假设度为 3 的节点数为 $x$，度为 1 的节点数为 $y$。树的总节点数为度为 3 的节点数 + 度为 2 的节点数 + 度为 1 的节点数 + 度为 0 的节点数，即 $x+0+y+6$。再根据树的总节点数为树中所有节点的度数之和再加 1，可知总节点数为 $3\times x+2\times 0+1\times y+0\times 6+1$。$3\times x+y+1=x+y+6$，则 $x=2.5$，节点数不可能为小数，所以不可能有这样的树。本题答案为 A 选项。

(6) C 【解析】扇入指调用一个给定模块的模块个数。在该系统结构图中，"功能 n.1" 模块能被第 2 层中的 "功能 1" "功能 2" "功能 n" 3 个模块调用，则最大扇入数为 3。本题答案为 C 选项。

(7) A 【解析】软件测试的实施过程主要有 4 个步骤：单元测试、集成测试、确认测试（验收测试）和系统测试。符合测试步骤的只有 A 选项。本题答案为 A 选项。

(8) C 【解析】关系数据库中的二维表一般满足 7 个基本特征。
①元组（行）个数是有限的——元组个数有限性。
②元组（行）均不相同——元组的唯一性。
③元组（行）的次序可以任意交换——元组的次序无关性。
④元组（行）的分量是不可分割的——元组分量的原子性。
⑤属性（列）名各不相同——属性名唯一性。
⑥属性（列）与次序无关，可以任意交换——属性的次序无关性。
⑦属性（列）的分量具有与该属性相同的值域——分量值域的统一性。
本题答案为 C 选项。

(9) A 【解析】数据库管理系统中关系代数的运算有：投影、选择、笛卡儿积、交、连接等。本题答案为 A 选项。

(10) D 【解析】检索课程名需要涉及关系 C 的 Cn 列，检索成绩需要涉及关系 SC 的 G 列，检索姓名需要涉及关系 S 的 Sn 列，则表达式中应同时存在关系 C、SC、S，因此 A、C 两项错误。B 选项检索的结果是选修课程名为"操作系统"的成绩在 90 分（含 90 分）以上的学生，还需要进行投影运算选择 Sn 列，B 选项错误。本题答案为 D 选项。

(11) B 【解析】C 语言可以使用格式控制符 "%d" "%u" "%f" 等接收十进制的数，可以使用 "%o" 接收八进制的数，可以使用 "%x" 接收十六进制的数。本题答案为 B 选项。

(12) A 【解析】顺序结构、选择结构、循环结构是 3 种基本结构，由 3 种基本结构构成的程序称为结构化程序，由 3 种基本结构组成的算法可以解决任何复杂的问题，故选项 A 错误。本题答案为 A 选项。

(13) D 【解析】C 语言合法的标识符的命名规则是：由字母、数字和下画线组成，并且第 1 个字符必须是字母或下画线。故选项 D 错误。本题答案为 D 选项。

(14) A 【解析】C 语言中的常量是指在程序运行过程中其值不能被改变的量，它可以用宏来定义，用一个符号名来代表。故选项 A 错误，选项 B、C、D 正确。本题答案为 A 选项。

(15) A 【解析】printf() 函数的参数包括格式控制字符串和输出参数，其中格式控制字符串中除了格式控制字符外，其他字符原样输出。对于本题中的 printf("%+-6d%+-6d",a,b);，在% 和格式控制字符 d 之间，+表示输出的数字带正负号，-表示输出数据左对齐，6表示输出宽度，如果输出数据的宽度不足6，那么左对齐，右边补空格。所以本题输出+1234  -5678（中间有一个空格，最后有一个空格）。本题答案为A选项。

(16) C 【解析】scanf()函数用于输入数据。其第1个参数表示输入格式控制。本题中变量a是double类型，使用格式控制字符%lf；变量b是float类型，使用格式控制字符%f；变量c是short类型，使用格式控制字符%hd，故选项C正确。本题答案为C选项。

(17) B 【解析】if条件式表达式"a--||b--&&--c"，使用了逻辑或运算符和逻辑与运算符。因为逻辑与运算符优先级比逻辑或运算符优先级高，所以条件表达式等价于"(a--)||(b--&&--c)"，自左向右运算，执行"a--"，因为a的初值为1，所以a--的值为1，执行完后a的值为0；又因为逻辑或运算符的短路原则，当a--的值为1时，条件为真，后面的表达式"b--&&--c"不执行。程序执行if语句块，输出a、b、c的值为0，1，1。本题答案为B选项。

(18) C 【解析】程序首先定义整型变量a和b，a的初值为123456。接着通过while循环判断a的值是否为0，若不为0，则执行循环体。每次循环将a当前值的个位数字（a%10）赋给b，a自身除以10。再通过switch语句判断b的值来执行对应分支语句。所以对应a的每个个位数，b的取值为6，5，4，3，2，1。当b取值为6时，执行default，输出6，接着继续执行case 1，通过break退出switch语句。执行下一次循环，当b取值为5时，执行case 5输出5。执行下一次循环，当b取值为4时，执行case 4输出4，继续执行case 5输出5。接着执行下一次循环，当b取值为3时，执行case 3输出3，执行case 4输出4，执行case 5输出5；当b取值为2时，执行case 2输出2，通过break退出switch语句；当b取值为1时，执行break，此时a的值为0，循环终止。综上，程序输出结果为65453452。本题答案为C选项。

(19) A 【解析】程序定义整型变量a和b，初值分别是1和-2。for语句中循环条件表达式为"a--&&b++"，因为--和++的优先级高于逻辑与运算符&&的，所以循环条件表达式等价于"(a--)&&(b++)"，自左向右运算。第1轮循环，a、b的值分别为1、-2，首先执行a--，a--的值为1，执行完后a的值为0；继续执行b++，b++的值为-2，执行完后b的值为-1。整个表达式"a--&&b++"的值为真，程序输出0、-1。第2轮循环，a、b的值分别为0、-1，首先执行a--，a--的值为0，执行完后a的值为-1，由于a--的值为0，根据逻辑与运算的短路原则，表达式"a--&&b++"的值一定为假，表达式b++不再执行，循环结束，执行循环体外的printf语句，输出的a、b的值分别为-1、-1。所以本题输出结果为0，-1，-1，-1。本题答案为A选项。

(20) A 【解析】程序定义整型变量a和i，其中a的初值为7。for循环中，循环变量i的取值为1，2，3。循环体中判断a的取值，当a>14时，执行break跳出循环；当a取值为奇数时（a%2==1），a自增3，执行continue继续执行循环体；当a取值为偶数时（a%2==0），a自增4，输出i和a的值。i取值为1时，a取值为7，自增3后a的值为10，执行下一个循环。i取值为2时，a取值为10，自增4后a的值为14，输出2，14。i取值为3时，a取值为14，自增4后a的值为18，输出3，18。i取值为4时，a取值为18，循环终止，输出4，18。综上，程序输出：2,14,3,18,4,18。本题答案为A选项。

(21) B 【解析】题目中的选项都以转义字符"\"开头，"\ddd"表示3位八进制数代表的一个ASCII字符，"\xhh"表示2位十六进制数代表的一个ASCII字符。选项A中"089"是不合法的八进制数，错误；选项C、D中"\0X"或"\0x"不合法，错误；选项B表示八进制数012代表的ASCII字符，正确。本题答案为B选项。

(22) C 【解析】程序定义一个字符数组b和一个字符变量k。for循环通过循环变量k，遍历数组b中的各个字符，通过if语句判断当前下标为k的字符的ASCII值与字符"m"的ASCII值的大小，ASCII值小于"m"的ASCII值的字符改成大写字母（b[k]=b[k]-'a'+'A'），然后输出b[k]。在字符串"happychristmas"中，ASCII值小于"m"的ASCII值的字符有h、a、c、h、i、a，所以程序输出：HAppyCHrIstmAs。本题答案为C选项。

(23) A 【解析】题干中函数的定义指出了函数名为fun，返回值的数据类型为int。函数包含3个参数，第1个参数是整型二维数组，第2个参数是整型数组，第3个参数是整型变量。在定义二维数组时，必须指定第二维的长度，所以选项B、C、D错误，选项A正确。本题答案为A选项。

(24) B 【解析】C语言中指针就是变量的地址，它必须有确定的基类型。只有当指针指向某个变量时，才能向其中写入数据，故选项A错误，选项B正确；指针除了指向变量外，还可以赋值为NULL，表示未指向任何地址，此时不能写入数据，另外指针必须有基类型，其只能指向基类型相同的变量，故选项C错误；指针只能与一个整数进行运算，即移动指针，两个指针不能运算，故选项D错误。本题答案为B选项。

(25) D 【解析】程序定义一个整型数组a，它包含5个整型元素，分别是1，2，3，4，5。数组名a代表数组的首地址。程序另外还定义整型指针p，将a传给函数f()。在函数f()中，首先将指针s向右移动一个整型变量的长度，此时s指向元素2(a[1])。s[1](a[2])表示元素3，自增6后s[1]的值为9。表达式"*s--+=7"表示将*(s--)指向的元素自增7，即s[0](a[1])的值为9，s向左移动一个整型变量的长度，此时s指向元素1(a[0])。最后将s返回并赋给p。经过函数f()的调用可知：p指向数组a的第1个元素，a[1]和a[2]的值为9。综上，输出结果为9,9,1,9。

本题答案为 D 选项。

(26) C 【解析】程序定义两个整型变量 i、j，初值分别为 3、7。另外，程序定义两个整型指针变量 p、q，其中 p 指向 i，q 指向 j。将 i、j 的地址传给 swap() 函数。在 swap() 函数中，a 指向 i，b 指向 j。通过临时变量 t 交换 a 和 b 指向的值，此时 a 指向的实参 i、b 指向的实参 j 的值发生交换。即 a 指向 i 的值为 7，b 指向 j 的值为 3；再通过临时变量 tp 交换 a 和 b 的指针值，使得 a 指向 j，b 指向 i。所以 swap() 函数中输出 a 指向的值为 3(j)，b 指向的值为 7(i)；swap() 函数调用结束后，输出 p 和 q 指向的值，即 i、j 的值为 7、3。所以程序输出：3，7，7，3。本题答案为 C 选项。

(27) A 【解析】程序定义一个整型变量 y 和整型二维数组 x，并对 x 赋初值。接着调用函数 fun()，在函数 fun() 中，第 1 个 for 循环将数组 a 的第 0 列和第 N−1 列的所有元素累加到 y 中；第 2 个 for 循环将数组 a 的第 0 行的 2、3 和第 N−1 行的 3、2 累加到 y 中，再将 y 返回。所以 fun() 函数的功能是将数组 a 的行列下标为 0、N−1 的所有元素累加起来，即将 1、2、3、4、2、3、3、2、4、3、2、1 累加，输出 30。本题答案为 A 选项。

(28) B 【解析】程序中函数 fun() 的功能是将数组 a 的 n 个元素按照 flag 的值进行排序：当 flag 为 0 时，升序排列；当 flag 为 1 时，降序排列。main() 函数中定义数组 c，初始化 10 个元素的值。第 1 次调用函数 fun()，flag 为 1，即将 c 的下标为 0 开始的 5 个元素降序排列。第 2 次调用函数 fun()，flag 为 0，即将 c 的下标为 5 开始的 5 个元素升序排列。所以输出数组 c 的元素为 10,9,8,7,3,1,2,4,5,6。本题答案为 B 选项。

(29) B 【解析】程序定义数组 a 和 b，其中 a 使用小写字母和数字构成的字符串完成初始化。第 1 个 for 循环将数组 a 中所有的非小写字母（数字字符）自左向右存放到 b 数组中；第 2 个 for 循环将数组 a 中所有的非数字字符（小写字母）自左向右存放到 b 的后续单元中，在所有字符后添加空字符，输出 b，此时 b 的值为 123456789964abbcdefghijk。本题答案为 B 选项。

(30) B 【解析】程序首先定义二维字符数组 v，使用 4 个字符串对其初始化，另外定义字符指针数组 p。通过第 1 个 for 循环，将 v 的 4 个字符串的首地址赋给 p。第 2 个 for 循环通过两层内嵌循环将 p 中元素指向的字符串首字母进行排序交换。规则是将指向的字符串的首字母按照字母表中的顺序排序后交换。注意，这里交换的是首字母，而不是整个字符串，所以程序输出：afg ebcd hnopq mijkl。本题答案为 B 选项。

(31) A 【解析】程序定义一个二维字符数组 v，使用 5 个字符串对其初始化。表达式 "*v" 等价于 "*(v+0)"，输出的是数组 v 的第 1 个元素 efg；"**(v+3)" 等价于 "*(*(v+3)+0)"，输出的是数组 v 的第 4 个元素的第 1 个字符 h；"v[4]" 表示数组 v 的第 5 个元素，"v[4]+2" 表示输出从下标 2 开始的所有字符，即 z；"v[2]" 表示数组 v 的第 3 个元素，"*(v[2]+4)" 表示数组 v 的第 3 个元素的下标为 4 的字符，即 q；"v[1]+1" 表示数组 v 的第 2 个元素从下标 1 开始的子字符串，即 bcd。所以程序输出：efg, h, z, q, bcd。本题答案为 A 选项。

(32) C 【解析】程序定义一个二维字符数组 a，使用 5 个字符串对其初始化。另外定义字符指针数组 p。for 循环中，每次将数组 a 当前下标为 i 的字符串首地址赋给 p[i]，再求得 p[i] 的长度并赋给 len，第 1 个 printf() 输出 p[i] 字符串的首字母，第 2 个 printf() 输出 p[i] 字符串下标从 len/2 开始的子字符串。当下标 i = 0 时输出 efg；当下标 i = 1 时输出 acd；当下标 i = 2 时输出 mopq；当下标 i = 3 时输出 hjkl；当下标 i = 4 时输出 rvwxyz。所以程序输出：efgacdmopqhjklrvwxyz。本题答案为 C 选项。

(33) D 【解析】函数 f() 是一个递归函数。当 x>=2 时，递归调用自身，返回值为 x*f(x−1)+(x−1)*f(x−2)；当 x<2 时，返回值为 1。main() 函数中，调用函数 f() 传入 4，所以 y 的值是 f(4)。f(4) 等价于 4*f(3)+3*f(2)；f(3) 等价于 3*f(2)+2*f(1)；f(2) 等价于 2*f(1)+1*f(0)；f(0)、f(1) 等价于 1。综上：f(2) 等于 3，f(3) 等于 11，f(4) 等于 53。本题答案为 D 选项。

(34) A 【解析】程序定义整型的全局变量 a，初值为 5，main() 函数定义整型局部变量 a，初值为 4。所以在 main() 函数中，局部变量 a "屏蔽" 全局变量 a。func() 函数中定义局部变量 b，初值为 5；定义静态变量 c，初值为 5。在 func() 函数中变量 a 引用的是全局变量 a。综上，我们使用 a_a 代表全局变量 a，使用 m_a 代表 main() 函数中的局部变量 a。main() 函数中，当 k=0 时，a_a=5，m_a=4，调用 func(4)，函数 func() 中 d 的值为 4，b 的值为 5，c 的值为 5，执行表达式 "a_a−−; b−−; −−c; −−d;" 后，a_a 的值为 4，b 的值为 4，c 的值为 4，d 的值为 3，a+b+c+d 的值为 15，程序输出 15。当 k=1 时，a_a=4，m_a=3，调用 func(3)，函数 func() 中 d 的值为 3，b 的值为 5，c 的值为 4（静态变量使用上一次调用结束时的值），执行表达式 "a_a−−; b−−; −−c; −−d;" 后，a_a 的值为 3，b 的值为 4，c 的值为 3，d 的值为 2，a+b+c+d 的值为 12，程序输出 12。当 k=2 时，a_a=3，m_a=2，调用函数 func(2)，函数 func() 中 d 的值为 2，b 的值为 5，c 的值为 3，执行表达式 "a_a−−; b−−; −−c; −−d;" 后，a_a 的值为 2，b 的值为 4，c 的值为 2，d 的值为 1，a+b+c+d 的值为 9，程序输出 9。本题答案为 A 选项。

(35) B 【解析】对于题干中的宏，替换如下：S1(a+b,a+b) 等价于 a+b*a+b，即 2+5*2+5，等于 17；S1(a+b,b+a) 等价于 a+b*b+a，即 2+5*5+2，等于 29；S2(a+b,a+b) 等价于 (a+b)*(a+b)，即 (2+5)*(2+5)，等

于49；S2(a+b,b+a)等价于(a+b)*(b+a)，即(2+5)*(5+2)，等于49。本题答案为B选项。

(36) A 【解析】程序定义结构体类型STU，定义类型STU的全局变量a。main()函数定义局部类型为STU的变量b，并对它初始化，调用函数f()。将局部变量c的各个成员的值赋给a，覆盖a的旧值，将a的新值返回并赋给b，此时a、b的各个成员的值都是Sun,f,90，程序输出：Sun,f,90,Sun,f,90。本题答案为A选项。

(37) D 【解析】程序定义结构体类型STU，main()函数定义结构体类型变量b，并将b的地址赋给指针变量a。调用函数f()，传入a。在函数f()中，定义了结构体类型变量c，并将c的地址赋给d，再将d指向的值赋给a指向的地址，接着输出a指向的值，也就是c的值：Sun, f, 90。由于函数f()的调用通过指针参数a修改了变量b的值，因此a指向的值也就是b的值，其等价于c：Sun, f, 90。本题答案为D选项。

(38) B 【解析】由题意可知，T是一个数组指针，即int *[]，所以使用T *a定义，可知a属于int * *[]类型。本题答案为B选项。

(39) A 【解析】&&是逻辑与运算符，x、y的取值分别为4、2，两个都是非零值，所以x&&y的结果为真，值为1；&是位运算符，x的二进制数为0100，y的二进制数为0010，0100&0010的结果为0。本题答案为A选项。

(40) D 【解析】程序定义数组a，使用6个元素对其初始化，接着以写二进制方式打开文件d. dat。首先调用fwrite()函数将a的6个元素逆序(654321)写入文件。接着调用rewind()函数将文件指针移动到文件开始位置。然后调用fread()函数读入3个整数，逐个存放到a开始下标为3的3个位置，即a[3]=6，a[4]=5，a[5]=4。最后关闭文件。再次调用for循环输出a，结果为1,2,3,6,5,4。本题答案为D选项。

二、程序填空题

【参考答案】

【1】y*10 或 10*y

【2】m/10;

【3】return y;

【解题思路】

题干要求将整数n逆序转换，需要取变量n的每位上的数字。n%10的值为变量n的个位，n/10得到的数是去掉个位后的数。

(1) 程序将逆序转换后的数存放到变量y中，y乘10以后，加m的个位数字。此空填写"y*10"或"10*y"。

(2) m的个位数字已被用于y中，需要取出十位数字，m/10得到的数为去掉原先的个位后的数，这时通过循环再取出个位数字。此空填写"m/10;"。

(3) 程序将逆序转换后的数存放于变量y中，函数返回这个值。此空填写"return y;"。

三、程序修改题

【参考答案】

(1) num /= r; 或者 num = num /r;

(2) while(num > 0); 或者 while(num ! = 0);

(3) for( --i; i > =0; --i) 或者 for(i--; i >=0; --i)

【解题思路】

将十进制整数转换为r进制数可以采用基数除法，即除基数取余法，余数反序排列。

(1) 数组a中存放变量num除以r的余数。num等于变量num除以r的商。此处将"num %= r;"修改为"num /= r;"或"num = num /r;"。

(2) 当变量num的值为0时退出循环。正常进行循环的条件为num不等于0，或者num>0。此处将"while( num == 0);"修改为"while( num > 0);"或者"while( num ! = 0);"。

(3) 将得到的余数逆序存放，此时的i为余数的个数，此处需将i减1后的值作为循环变量遍历数组a，循环条件为i >= 0。此处将"for(i; i >0; --i)"修改为"for( --i; i >=0; --i)"或"for(i--; i >=0; --i)"。

四、程序设计题

【参考答案】

```
int s1,s2;
s1 = sqrt((double)n +100);
s2 = sqrt((double)n +268);
if(s1 == sqrt((double)n +100) && s2 == sqrt((double)n +268))
    return 1;
else return 0;
```

【解题思路】

定义整型变量 s1 和 s2，开平方的函数为 sqrt()。s1 = sqrt((double)n + 100) 表示将开平方后的结果的整数部分赋给 s1，s2 = sqrt((double)n + 268) 表示将开平方后的结果的整数部分赋给 s2，然后通过 s1 == sqrt((double)n + 100) 来判断 s1 与 sqrt((double)n + 100) 开平方的结果是否相等，若相等，则说明 sqrt((double)n + 100) 的结果为整数。同理，判断 sqrt((double)n + 268) 的结果是否为整数。s1 == sqrt((double)n + 100) 和 s2 == sqrt((double)n + 268) 两个条件都成立，则返回 1，否则返回 0。

## 第 2 套  答案及解析

### 一、选择题

(1) B 【解析】唤醒进程原语是把进程从等待队列移到就绪队列并设置进程为就绪状态。当一个进程在运行过程中释放系统资源后进入就绪状态，调用唤醒进程原语。本题答案为 B 选项。

(2) A 【解析】机器数中正数的原码、反码、补码均相同。负数的反码是对该数的原码除符号位外各位取反；补码是在该数的反码的最后（最右边）一位上加 1。不管是正数还是负数，其补码的符号位取反即移码。本题答案为 A 选项。

(3) C 【解析】双向链表有两个指针，但属于线性结构，A 选项叙述错误。二叉树属于非线性结构，但其中的满二叉树与完全二叉树可以按层次进行顺序存储，B 选项叙述错误。循环队列是队列的一种顺序存储结构，D 选项叙述错误。本题答案为 C 选项。

(4) C 【解析】在一个序列中，如果一对数的前后位置与大小顺序相反，即前面的数大于后面的数，那么它们就称为一个逆序。希尔排序的基本思想是，先取一个整数（称为增量）$d1 < n$（元素个数），把全部数据元素分成 $d1$ 组，所有距离为 $d1$ 倍数的元素放在一组中，组成一个子序列，对每个子序列分别进行简单插入排序，然后取 $d2 < d1$ 重复上述分组和排序操作，直到增量 $di = 1$，即所有记录在一组中为止。希尔排序可以实现通过一次交换消除多个逆序。本题答案为 C 选项。

(5) B 【解析】设度为 3 的节点数为 $x$，度为 1 的节点数为 $y$，则树的总节点数为度为 3 的节点数 + 度为 2 的节点数 + 度为 1 的节点数 + 度为 0 的节点数，即 $x + 0 + y + 5$。再根据树的总节点数为树中所有节点的度数之和再加 1，可知总节点数为 $3 \times x + 2 \times 0 + 1 \times y + 0 \times 5 + 1$。$x + y + 5 = 3 \times x + y + 1$，则 $x = 2$，所以度为 3 的节点数为 2。本题答案为 B 选项。

(6) D 【解析】对象是由描述该对象属性的数据以及可以对这些数据施加的所有操作封装在一起构成的统一体。本题答案为 D 选项。

(7) A 【解析】软件需求规格说明书应该明确软件的功能、性能、数据、界面等要求，从而确定系统的逻辑模型。算法详细设计是详细设计阶段的工作。本题答案为 A 选项。

(8) A 【解析】数据库系统共享性强，冗余度小，但只是减少了冗余，并不是避免一切冗余。数据的一致性是指系统中同一数据在不同位置出现时应保持相同的值，而不是数据类型一致。数据库系统比文件系统有更强的管理控制能力，而不是能管理更多的数据。本题答案为 A 选项。

(9) C 【解析】一个学校只能有一名校长，一个人可以是多个学校的校长，则学校和校长之间的联系是多对一。本题答案为 C 选项。

(10) D 【解析】第一范式（1NF）要求主属性（主键）不为空且不重复，字段不可再分。在关系模式"部门"中，属性"部门成员"字段可以再分，如"部门成员号"和"部门成员姓名"，不满足第一范式。本题答案为 D 选项。

(11) B 【解析】算法是指解决某个特定问题而采取的确定且有限的步骤，一个算法应当具有 5 个特性：有穷性、确定性、可行性、有零个或多个输入、有一个或多个输出。本题答案为 B 选项。

(12) C 【解析】用户标识符可以由字母、数字或下画线组成，并且第 1 个字符必须为字母或下画线，另外用户标识符不能使用关键字。选项 A 中的 Void 可以定义为用户标识符，因为 C 语言对大小写敏感，Void 与关键字 void 属于不同的标识符；选项 B 中的 scanf 是库函数名，属于预定义标识符，它也可以作为用户标识符使用，不过通常不建议这么用；选项 C 中的 int 属于关键字，错误；选项 D 符合用户标识符的命名规则，也不属于关键字，可以作为用户标识符使用。本题答案为 C 选项。

(13) A 【解析】字符常量是使用单引号标识的单个字符，故选项 A 错误；选项 B 属于浮点数常量，正确；选项 C 属于转义字符常量，正确；选项 D 属于转义字符，代表八进制数 011 的 ASCII 码值的字符，正确。本题答案为 A 选项。

(14) C 【解析】对于表达式 (m = a > b) && (n = c > d)，首先执行 m = a > b，由于 a、b 的值分别为 1、2，因此 a > b 的值为 0，m 的值为 0，又由于逻辑与运算符 && 的短路原则，第 1 个表达式的值为假，因此整个表达式的值已经确定为假，第 2 个表达式不会被执行，n 的值依然是 2。本题答案为 C 选项。

(15) A 【解析】根据题意,要使a的值为111,b的值为333,必须在读入时指定a的读入宽度为3,b的读入宽度为3,且a和b的控制字符之间必须额外增加%*控制字符,用于跳过中间的3位输入数字,故选项A正确。本题答案为A选项。

(16) D 【解析】程序定义double型变量x、y,给x赋初值2.0。if语句判断,当x小于0.0时,给y赋值0.0;否则当x小于10.0时,y的值为1.0/x;当x大于等于10.0时,y的值为1.0。题干中x的值为2.0,所以y的值为1.0/x,即0.500000。本题答案为D选项。

(17) D 【解析】程序首先定义整型变量s和i,s的初值为0。for循环中i的取值为1、2、3、4。另外在switch语句中,执行各个分支后,若没有break语句,则会继续执行后续分支。当i=1时,switch语句执行case 1、case 2和default,将s自增3后再自增5,此时s的值为8;当i=2时,switch语句执行case 2、default,将s自增3后再自增5,此时s的值为16;当i=3时,switch语句执行case 3、case 1、case 2、default,将s逐步自增2、自增3、自增5,此时s的值为26;当i=4时,switch语句执行default语句,将s自增5,此时s的值为31。本题答案为D选项。

(18) D 【解析】条件表达式形式:表达式1?表达式2:表达式3。当表达式1的值为非零值时,整个表达式的值是表达式2的值;当表达式1的值为零时,整个表达式的值是表达式3的值。题干中的表达式是嵌套的条件表达式w<x?w: z<y?z: x,等价于w<x? w: (z<y? z: x)。由于w取值为4,x取值为3,所以w<x的值为零,整个表达式的值为z<y? z: x的值,z取值为1,y取值为2,所以z<y的值为非零值,整个表达式的值为z的值1。本题答案为D选项。

(19) B 【解析】for循环中,i取值为1~100。循环体中,3个if语句必须同时满足才会输出x,输出的x取值为i+3,所以x的取值只能是4~103。x必须满足以下条件:①x%7==0(x必须是7的倍数);②(x-1)%3==0(x必须是3的倍数+1);③(x-2)%2==0(x必须是2的倍数)。满足条件①的x取值为7、14、21、28、35、42、49、56、63、70、77、84、91、98;又满足条件②的x取值为7、28、49、70、91;又满足条件③的x取值为28、70。本题答案为B选项。

(20) A 【解析】switch语句中不一定会使用break语句,故选项A正确;break语句除了用于switch语句,还可以用于循环语句,故选项B、C错误;switch语句中不一定需要使用default语句,故选项D错误。本题答案为A选项。

(21) A 【解析】题干中,函数fun()的功能是:判断形参ch是否为大写字母,若是大写字母则将其改成小写字母,其他字符不变。main()函数中,通过while循环,调用fun()函数,将字符数组s中的各个字符传入,将s中的大写字母改成小写字母,程序输出:abc+abc=defdef。本题答案为A选项。

(22) B 【解析】C语言中,char型变量的值是其对应字符的ASCII码值,可以进行比较运算。由于小写字母的ASCII值按字母表的顺序连续递增,因此判断char型变量c是否为小写字母时,判断c的ASCII值是否在"a"和"z"之间,即(c>='a') && (c<='z')。本题答案为B选项。

(23) A 【解析】在一个函数内的复合语句中定义的变量在该复合语句块范围内有效,故选项A错误,其他选项正确。本题答案为A选项。

(24) A 【解析】函数中,形参必须是变量,实参可以是常量、变量或表达式,故选项A错误,选项B正确;实参的个数和类型要与形参的一致,故选项C、D正确。本题答案为A选项。

(25) C 【解析】题干中,整型指针变量pk指向k,pm指向m,所以右边表达式"*pk*(*pm)"的值为"k*m",即2*4=8;左边表达式"*(p=&n)"先将变量n的地址赋给p,然后对p的值进行引用,引用到n,将n的值赋为8。本题答案为C选项。

(26) A 【解析】int *p[3]的含义是定义一个指针数组p,数组中包含3个元素,每个元素都是基类型为int的指针。本题答案为A选项。

(27) B 【解析】选项A中,将二维数组a的6个元素都赋值为0,正确;选项B中,由于a包含2个元素,每个元素都是包含3个元素的一维数组,初始化列表中包含3个元素,每个元素是包含2个元素的数组,错误;选项C中,a的每个元素是包含3个元素的一维数组,初始化列表将a[0]的3个元素初始化为1,2,0,将a[1]的3个元素初始化为0,0,0,正确;选项D中,将a[0]初始化为1,2,3,将a[1]初始化为4,5,6,正确。本题答案为B选项。

(28) A 【解析】题干中,函数fun()接收一个整型指针参数,返回值为int类型。main()函数首先定义一个函数指针a,将函数fun()的地址赋给a,所以a是指向函数fun()的指针,可以通过a调用函数fun()。选项A中,通过a调用函数fun(),可以使用(*a),接收的参数是整型变量c的地址,正确;选项B中,参数x是一个数组,错误;选项C中,调用b()函数,由于程序没有给出函数b()的定义,因此这里调用b()是错误的,而且b()是没有参数的,这里调用b的时候传入了参数,所以选项C错误;选项D中,由于b是一个函数,不能作为整型指针变量传给fun()函数,因此选项D错误。本题答案为A选项。

(29) A 【解析】函数fun()接收两个整型指针变量作为参数,通过while循环比较p和q对应位上的各个字符,如果字符相同，则继续向后比较；否则循环结束，返回第1次对应不同字符的ASCII差值。所以函数fun()是对p和q指向的字符串进行比较，其大小是按第1个对应位置上不同字符的ASCII值来比较的。本题答案为A选项。

(30) B 【解析】函数fun()将形参b赋给形参a，使得a和b都指向原来b所指向的地址，然后对该地址的值执行自增1；main()函数中p1指向ch1，p2指向ch2。通过fun()函数的调用，将ch2的值完成自增1，字符"a"自增1后变成字符"b"，所以程序输出：Ab。本题答案为B选项。

(31) D 【解析】题干中，函数fun()的功能是通过递归将数组a中下标为0~n-1位置上的元素累加，并将其作为函数返回值返回。main()函数调用fun()时，传入的a+2作为数组参数，传入n的值为4，所以函数返回值是元素a[2]、a[3]、a[4]、a[5]的和，程序输出18。本题答案为D选项。

(32) D 【解析】题干中，函数fun()的第2个参数通过指针作为函数返回值，它的功能是通过递归求得fun(n)的值为fun(n-1)+fun(n-2)。由于当n取值为1和2时，值为1。所以可知整个数列为1，1，2，3，5，8，…，即某一项是前两项之和。所以当n取值为6时，fun(6, *s)返回s的值为3+5=8。本题答案为D选项。

(33) A 【解析】将函数内的局部变量说明为static存储类，第1次调用该函数时才对其初始化，后续调用时使用上一次调用结束后的值；函数体内的局部变量无论是否声明为static，外部编译单位都不能引用，故选项A错误，其他选项正确。本题答案为A选项。

(34) D 【解析】题干中，函数fun()的功能是将二维数组p的行下标为1、列下标为1的元素（p[1][1]）的值赋给二维地址s指向的*s所指向的存储单元。main()函数中定义了整型指针p，动态分配了整型长度的内存空间，调用函数fun()将数组元素a[1][1]即9赋给p所指向的空间。本题答案为D选项。

(35) A 【解析】宏替换是在编译阶段前的预处理阶段，对程序中的宏完成文本替换，宏替换不占用运行时间，故选项A正确；预处理命令行无须在源文件的开头，它可以出现在程序的任何一行的开始位置，其作用一直持续到源文件的末尾，故选项B错误；在源文件的一行上至多只能有一条预处理命令，故选项C错误；宏名通常使用大写字母表示，这并不是语法规定，只是一种习惯，故选项D错误。本题答案为A选项。

(36) B 【解析】main()函数中定义了包含5个元素的数组m，每个元素都是NODE类型的。指针p指向数组第1个元素，指针q指向数组最后一个元素。while循环使用p、q从首尾向中间遍历，遍历的同时为各个元素赋值。所以第1轮循环，i的值为0，先执行++i，值为1，后执行i++，值也为1，m[0].k和m[4].k的值都为1；第2轮循环，i的值为2，先执行++i，值为3，后执行i++，值也为3，m[1].k和m[3].k的值都为3；第3轮循环，p和q指向的都是m[2]元素，指针相同，循环结束，此时i的值为4，即m[2].k的值为4。综上，程序输出：13431。本题答案为B选项。

(37) A 【解析】结构体变量中的成员可以是简单变量、数组、指针变量或者结构体变量，故选项A正确；不同结构体的成员名可以相同，故选项B错误；定义结构体时，其成员的数据类型不能是本结构体类型，故选项C错误；定义结构体时，类型不同的成员项之间使用分号隔开，故选项D错误。本题答案为A选项。

(38) D 【解析】整型变量ch使用八进制数020初始化，二进制数为10000，右移一位结果为1000，使用%d输出的十进制数为8。本题答案为D选项。

(39) A 【解析】fgets()函数的功能是从fp所指文件中读取n-1个字符放入以str为起始地址的空间，读取长度不超过n-1，读取结束后，自动在最后添加"\0"，故选项A正确。本题答案为A选项。

(40) D 【解析】fread()函数用来读二进制文件，其中buffer是数据块的指针，它表示内存块的首地址，输入的数据存入此内存；size表示每个数据块的字节数；count用来指定每一次读入的数据块个数；fp是文件指针，指向要读的文件。故选项A、B、C错误。本题答案为D选项。

二、程序填空题
【参考答案】
【1】scanf("%lf",&a);
【2】x0 = x1;
【3】||(x1 - x0) < -1e-6
【解题思路】
(1) 输入一个实数存放变量a，故此空填写"scanf("%lf",&a);"。
(2) x1 = a/2.0，x0 = x1，x1 = (x0 + a/x0)/2.0，在do…while循环中不断迭代值，最终找到x的值为a的平方根，故此空填写"x0 = x1;"。
(3) 要求误差不超过1e-6，x1-x0的值可能为负值，故此空填写"||(x1 - x0) < -1e-6"。

三、程序修改题
【参考答案】
(1) *(t+1) = '\0';或*(1+t) = '\0';

(2) md = *p-'0'+*q-'0'+cy;
(3) if(cy = = 1)

**【解题思路】**

题干要求将两个长度相等的数字字符串当作两个加数，求其代表的数值之和并将其以字符串的形式存入 r 所指内存且返回。指针 p 指向字符串 s1 的最后一个字符，指针 q 指向字符串 s2 的最后一个字符，指针 t 指向 r+len。

(1) 指针变量 r 存放相加以后的字符串，相加后可能会发生进位（多一位），因此，指针 t 后面一位用来存放字符串结束标识。这里将"*t='\0';"修改为"*(t+1)='\0';"或"*(1+t)='\0';"。

(2) 将指针变量 p 和 q 指向的数字字符相加，所以需要减去字符 0。这里将"md = *p+*q-'0'+cy;"修改为"md = *p-'0'+*q-'0'+cy;"。

(3) 如果 cy 为 1，则加法运算发生进位，指针 t 的位置存放 1。这里将"if（cy=1）"修改为"if（cy==1）"。

## 四、程序设计题

**【参考答案】**

```
{   char *p1 = s0, *p2 = s0 + 1, *p3 = s0 + 2;
    int len = strlen(s0), i = 0, j = 0, k = 0;
    while(p1 < s0 + len || p2 < s0 + len || p3 < s0 + len)
    {
        if(p1 < s0 + len)
        {
            s1[i + +] = *p1;
            p1 = p1 + 3;
        }
        if(p2 < s0 + len)
        {
            s2[j + +] = *p2;
            p2 = p2 + 3;
        }
        if(p3 < s0 + len)
        {
            s3[k + +] = *p3;
            p3 = p3 + 3;
        }
    }
    s1[i] = '\0';
    s2[j] = '\0';
    s3[k] = '\0';
```

**【解题思路】**

分别定义字符指针 p1、p2、p3，p1 指向字符串 s0 的第 1 个字符，p2 指向字符串 s0 的第 2 个字符，p3 指向字符串 s0 的第 3 个字符。在 while 循环内，循环条件为指针 p1、p2、p3 指向字符串末尾，循环结束。在循环内分别将指针 p1、p2、p3 指向的字符存放到对应的数组中，再将指针移动 3 个位置。最后将数组 s1、s2、s3 的最后一个字符赋值为字符串结束标识。

# 附　录

## 综合自测参考答案

**第1章**

| | | | | | | | | | |
|---|---|---|---|---|---|---|---|---|---|
| 选择题 ||||||||||
| 1 | A | 2 | B | 3 | D | 4 | C | 5 | A |
| 6 | C | 7 | D | 8 | D | 9 | B | 10 | D |
| 11 | D | 12 | C | 13 | B | 14 | D | 15 | A |
| 16 | B | 17 | D | 18 | A | 19 | D | 20 | A |
| 21 | B | | | | | | | | |

**第2章**

| | | | | | | | | | |
|---|---|---|---|---|---|---|---|---|---|
| 一、选择题 ||||||||||
| 1 | A | 2 | C | 3 | C | 4 | D | 5 | C |
| 6 | D | 7 | C | 8 | B | 9 | A | 10 | A |
| 11 | D | 12 | B | | | | | | |
| 二、操作题 ||||||||||
| 第4行：r 后面应为逗号"，" ||| 第7行：行尾应加上分号"；" ||| 第11行：行尾不应加分号"；" |||

**第3章**

| | | | | | | | | | |
|---|---|---|---|---|---|---|---|---|---|
| 一、选择题 ||||||||||
| 1 | B | 2 | A | 3 | C | 4 | D | 5 | C |
| 6 | A | 7 | B | 8 | D | 9 | B | 10 | C |
| 11 | B | 12 | D | 13 | C | 14 | A | 15 | D |
| 二、操作题 ||||||||||
| 【1】0 ||| 【2】10 * x ||| 【3】n/10 |||

**第4章**

| | | | | | | | | | |
|---|---|---|---|---|---|---|---|---|---|
| 一、选择题 ||||||||||
| 1 | C | 2 | B | 3 | A | 4 | A | 5 | C |
| 6 | A | 7 | B | 8 | B | | | | |
| 二、操作题 ||||||||||
| 【1】char ||| 【2】ch <= '9' ||| 【3】'0' |||

**第5章**

| | | | | | | | | | |
|---|---|---|---|---|---|---|---|---|---|
| 一、选择题 ||||||||||
| 1 | D | 2 | B | 3 | A | 4 | B | 5 | D |
| 6 | C | 7 | B | 8 | B | 9 | A | 10 | C |
| 11 | B | 12 | A | | | | | | |
| 二、操作题 ||||||||||
| 第6行：c = c + 32; ||||| 第9行：c = c + 5; |||||

**第6章**

| | | | | | | | | | |
|---|---|---|---|---|---|---|---|---|---|
| 一、选择题 ||||||||||
| 1 | D | 2 | D | 3 | D | 4 | A | 5 | C |
| 6 | B | 7 | A | 8 | D | 9 | B | 10 | A |
| 11 | C | 12 | B | | | | | | |
| 二、操作题 ||||||||||
| 1 | 【1】0 ||| 【2】n ||| 【3】(t * t) |||
| 2 | 【1】s[i] ||| 【2】'9' ||| 【3】*t = n |||

第7章

一、选择题

| 1 | D | 2 | A | 3 | A | 4 | A | 5 | D |
|---|---|---|---|---|---|---|---|---|---|
| 6 | D | 7 | D | 8 | B | 9 | C | 10 | A |
| 11 | D | 12 | A | 13 | A | 14 | A | 15 | C |
| 16 | D | 17 | D | 18 | D | 19 | A | 20 | A |

二、操作题

| 1 | 【1】1 | 【2】i | 【3】a[p+i]或*(a+p+i) |
|---|---|---|---|
| 2 | 【1】1 | 【2】s[k]或*(s+k) | 【3】c |

第8章

一、选择题

| 1 | A | 2 | B | 3 | C | 4 | B | 5 | A |
|---|---|---|---|---|---|---|---|---|---|
| 6 | C | 7 | B | 8 | C | 9 | D | 10 | B |
| 11 | A | 12 | A | 13 | B | 14 | D | 15 | C |
| 16 | D | 17 | A | 18 | C | 19 | D | | |

二、操作题

| 第5行：long s=0，t=0； | 第11行：t=t/10； |
|---|---|

第9章

一、选择题

| 1 | D | 2 | D | 3 | D | 4 | A | 5 | B |
|---|---|---|---|---|---|---|---|---|---|
| 6 | A | 7 | B | 8 | A | 9 | B | 10 | D |
| 11 | C | 12 | C | 13 | B | 14 | B | 15 | C |
| 16 | C | 17 | B | 18 | A | 19 | D | | |

二、操作题

| 1 | 【1】&& | 【2】0或'\0' | 【3】s[j]或*(s+j) |
|---|---|---|---|
| 2 | 第9行：while(*r) | 第19行：r++； | |

第10章

一、选择题

| 1 | B | 2 | B | 3 | C | 4 | C | 5 | B |
|---|---|---|---|---|---|---|---|---|---|
| 6 | B | 7 | C | 8 | C | 9 | C | 10 | D |
| 11 | C | 12 | B | 13 | D | | | | |

二、操作题

| 【1】s[i] | 【2】k | 【3】'\0'或0 |
|---|---|---|

第11章

一、选择题

| 1 | D | 2 | D | 3 | C | 4 | C | 5 | B |
|---|---|---|---|---|---|---|---|---|---|
| 6 | B | 7 | C | 8 | B | 9 | A | 10 | A |
| 11 | C | | | | | | | | |

二、操作题

| 1 | 第13行：while(p!=NULL) | 第17行：p=p->next； | |
|---|---|---|---|
| 2 | 【1】q | 【2】next | 【3】next |

第12章

一、选择题

| 1 | A | 2 | C | 3 | B | 4 | D | 5 | A |
|---|---|---|---|---|---|---|---|---|---|
| 6 | A | 7 | B | 8 | D | 9 | A | 10 | B |
| 11 | D | 12 | A | 13 | D | 14 | A | 15 | C |
| 16 | D | | | | | | | | |

二、操作题

| 【1】STYPE | 【2】FILE | 【3】fp |
|---|---|---|